Die Naturgeschichte

in

der Volksschule und in den mittleren Klassen der Real- und höheren Bürgerschulen,

zur Benutzung

für Lehrer und Schüler, sowie für Freunde der Natur.

Zusammengestellt und bearbeitet

von

G. A. Ritter.

Zweiter Abschnitt.

Botanik.

Erster Cursus.

Unsere Kulturpflanzen in Biographien.

Berlin.

Verlag von Georg Reimer.

1858.

Vorrede.

Schon in der Vorrede des ersten Cursus der Zoologie wiesen wir darauf hin, wie nöthig es sei, für den Unterricht in der Botanik eine geeignete Auswahl zu treffen. Die Zahl der uns umgebenden Pflanzen, welche namentlich in den Monaten Mai, Juni und Juli ihre Blüthen entfalten, ist eine so große, daß es selbst für denjenigen, der die Botanik zu seinem besonderen Studium gemacht hat, zuweilen schwer hält, die schwieriger bestimmbaren Arten zu erkennen. Da es aber unmöglich ist, in jeder, auch der gehobenen Volksschule, einem Botaniker von Fach, der aus seinem reichen Wissen das gerade für die Volksschule Ersprießliche herausnimmt, diesen Unterrichtszweig zu übertragen, so darf es nicht Wunder nehmen, wenn — wie man häufig bemerken kann — die Resultate solches Unterrichts zu der Zeit, welche darauf verwendet wurde, durchaus in keinem Verhältnisse stehen und überhaupt keinen reellen Werth für den Bildungsgang der Schüler haben; und wie selten kann man die erfreuliche Bemerkung machen, daß die Lust und Liebe für die schöne Natur in den Kindern geweckt worden ist.

Einen Wegweiser aber für die Volksschullehrer bei ihrem Unterricht in der Botanik giebt keine nach einem Systeme, sei es das Linné'sche oder das Jussieu'sche, bearbeitete Flora, indem dieselbe ja sämmtliche Pflanzen irgend eines Gebietes, mögen sie selten oder zahlreich vorkommen, in aphoristischer, nur die hervorstechenden Merkmale hervorhebender Weise aufführt. — Einen solchen Wegweiser, der zugleich den Stoff ausführlich bietet, will der Verfasser mit vorliegendem Hefte geben und legt ihn den Lehrern der Volksschule zur Prüfung vor.

Analog dem ersten Cursus in der Zoologie behandelt auch dieser erste Cursus der Botanik das Bekannte, das uns zunächst Liegende. Die Kenntniß sämmtlicher Kulturpflanzen der Heimath soll den Grund legen zu einem weitergehenden Unterrichte in der Botanik, wenn die Zeit es gestattet; während in einer Schule, in der nur Zeit für einen Cursus gewonnen werden kann, nach unserer Ansicht durch die Kulturpflanzen das Zweckmäßigste und Nützlichste geboten wird.

Die Reihenfolge, in welcher diese Pflanzen zur Besprechung kommen sollen, wird bedingt durch die Blüthezeit, da für die Erkennung und Bestimmung der meisten Pflanzen überhaupt die charakteristischen Merkmale in der Blüthe enthalten sind. Daher beginnt der Cursus z. B. mit dem Safran, einer Pflanze, welche in ihren kultivirten Arten zu den Verkündern des Frühlings gehört, namentlich aber dadurch eine Stellung unter unseren Kulturpflanzen erhält, daß die eine Art einen wichtigen Handelsartikel bietet. Doch haben wir, wo es irgend ausführbar erschien, die verwandten Pflanzen aufeinander folgen lassen, damit die unterscheidenden Merkmale für die Schüler um so deutlicher hervortreten sollen.

Jede einzelne Pflanze ist, unserem Grundsatze getreu, in biographischer Form vorgeführt, weil — wir wiederholen es auch hier — lebenskräftige Biographien besonders geeignet sind, Herz und Gemüth für die Natur zu gewinnen, und vor Allem eine Anregung sind, auf die Natur und ihren Schöpfer mit Dankbarkeit und Ehrfurcht zu blicken.

Ebenso dient jede einzelne Pflanze in Hinblick darauf, daß diese Art der Vorführung für manche Schule nur die Grundlage eines weitergehenden Unterrichtes sein soll, als der Mittelpunkt einer ganzen Familie, deren einzelne Glieder entweder nur aufgezählt oder mit ganz kurzen Anmerkungen versehen sind. Wir hatten hierbei gleichzeitig noch die Absicht, dadurch die Schüler auf die unendliche Fülle und Mannigfaltigkeit im Gewächsreich hinzuweisen, und wir glauben, daß es immerhin den Schülern leicht sein wird, den Charakter der Pflanzengruppe oder Familie durch die Biographie wieder zu erkennen, wenn ihnen eine oder die andere der aufgezählten Arten auf ihren Spaziergängen begegnet. Die Erkennung und Bestimmung jeder einzelnen Art innerhalb eines Gebiets kann nicht Ziel der Volksschule sein, die Behandlung der Kulturpflanzen in der angegebenen Weise dürfte aber einem solchen Ziele wesentlich vorarbeiten.

Zum Schlusse bemerken wir noch, daß bei der Vorführung jeder einzelnen Biographie die betreffende Pflanze, oder ist es ein Baum oder ein Strauch, ein Blüthenzweig, nie fehlen darf, denn nur durch die frische Pflanze, welche in der Hand des Lehrers den Kindern vor Augen steht, kann erst der Unterricht rechtes Leben erhalten. Die meisten dieser Pflanzen bringen die

Schüler selbst, da sie ihnen schon oberflächlich bekannt sind, wenn der Lehrer in der vorhergehenden Stunde diejenigen bezeichnet, welche in der nächsten folgen sollen. Die lebendige Pflanze durch Abbildungen ersetzen zu wollen, halten wir durchaus nicht für rathsam, denn ein noch so sauber ausgeführter Holzschnitt ist doch immer nur ein todtes Bild, und Herz und Gemüth kann nur Freude an einer grünen, blühenden Pflanze empfinden und durch sie den wahren echten Natureindruck empfangen, der geeignet ist, dieselben für die schöne Gottes-Natur zu erschließen, während eine auch noch so gute Abbildung nur die Phantasie zu erregen im Stande ist.

Um diesen belebenden Eindruck noch zu erhöhen, sollte es kein Lehrer der Botanik versäumen, seine Schüler von Zeit zu Zeit hinauszuführen, um ihnen zu zeigen, wie die in der Klasse besprochenen Pflanzen im Freien zu ihrer Umgebung sich ausnehmen, um auch deren Verwandten aufzusuchen, und überhaupt Blick und Kenntniß der Schüler auf diesem Gebiete zu erweitern.

Berlin, im Januar 1858.

G. A. R.

Der Safran.

Diese Pflanze hat eine mit faserigen Häuten umgebene Zwiebelknolle, an deren unterem Theile die fadenartigen Wurzeln im Boden sich ausbreiten. Auf dem oberen Theile sitzen unmittelbar die sehr schmalen Blätter und die Blüthe. Letztere besteht aus einer trichterförmigen, einblättrigen, sechsspaltigen Blüthenhülle. Sie ist gefärbt und erscheint daher blumenkronenartig. Die sehr lange Röhre, welche dicht mit Scheiden besetzt ist, bildet scheinbar den Stiel der Blüthe, ist aber eigentlich nur ein Theil derselben. Staubgefäße sind drei vorhanden, der Fruchtknoten befindet sich unterhalb der Blüthenhülle, und der lange fadenförmige Griffel trägt drei zusammengerollte, an den Spitzen gezähnelte oder auch eingeschnittene Narben. Der Schlund der Blüthenhülle ist bärtig, d. h. mit Härchen besetzt.

Die meisten Arten entwickeln ihre Blätter im ersten Frühjahre, denen unmittelbar die Blüthe folgt. Sie werden deßhalb in Töpfen und in unseren Gärten in großer Menge zur Zierde gezogen. Ganz besonders gilt dies vom Frühlingssafran (Crocus vernus All.) mit violetten oder weißen, oder auch violett- und weißgestreiften Blüthen und vom gelben Safran (Crocus luteus) mit gelben Blüthen, welche uns liebliche Boten des Frühlings sind.

Der echte Safran (Crocus sativus L.) dagegen, welcher im Oriente seine Heimath hat, blüht erst im September und October. Er gleicht durch seine violetten Blumen, ebenfalls mit bärtigem Schlunde, sehr dem Frühlingssafran und unterscheidet sich nur von demselben durch seine späte Blüthezeit und die sehr langen scharlachrothen Narben, welche fast so lang als die Blüthenhüllen sind und sich seitlich nach außen hervorbiegen. Diese Art wird in mehreren Ländern im Großen cultivirt, besonders in Nordafrica, Italien und Frankreich, ferner in Spanien, England, Deutschland, Griechenland, in der Türkei, in Rußland, in Oestreich unter der Ens 2c., weil er einen bedeutenden Handelsartikel ausmacht. Und zwar sind es die getrockneten Narben, deren Farbe, wenn sie getrocknet sind, braunroth wird, welche in den Handel kommen und unter dem Namen Safran (arabisch Zafran) bekannt sind. Ihr Geruch ist sehr stark gewürzhaft und etwas betäubend, sie schmecken balsamisch-bitterlich und etwas scharf und färben beim Kauen den Speichel dunkelgelb. In ihnen ist ein ätherisches, nicht sehr flüchtiges, brennend scharf und bitter schmeckendes Oel enthalten, so wie ein gelber Farbestoff (Polychroit), dessen Auflösungen aber schon vom Sonnenlichte gebleicht werden. Man benutzt daher den Safran zum Färben; von vielen Völkern wird er auch als Gewürz an Speisen gebraucht, und die Orientalen verwenden ihn als Zusatz bei mehreren berauschenden Getränken. In Apotheken wird er als Heilmittel gehalten; er wirkt stark erregend, nervenbelebend, krampfstillend und erregt in größeren Gaben bedeutende Congestionen.

Es ist eine ungeheure Menge Blüthen zu einem Pfunde Safran nöthig, da allein nur die fadenförmigen Narben gebraucht werden können. Daher steht der Safran auch hoch im Preise und dies hat manchen habsüchtigen Industriellen veranlaßt, ihn zu verfälschen, was besonders häufig durch die röhrenförmigen, fünfspaltigen Blüthen des Saflors und die zungenförmigen Randblüthen der Ringelblume (Calendula officinalis), die in schmale längliche Streifen geschnittene Blumenblätter der Granate und selbst durch getrocknete Fasern vom Rindfleisch geschieht. Man kann aber solche Verfälschungen sehr leicht entdecken, wenn man den Safran in lauem Wasser aufweicht. Alsdann zeigen sich die drei am Grunde noch zusammenhängenden Narben ganz deutlich und unterscheiden sich merklich von den Beimischungen. Den Narben der übrigen Safranarten fehlt der starke Geruch und Geschmack. Als die beste Sorte des Safran gilt der orientalische; ihm zunächst kommt der östreichische und französische, schlechter ist der englische, italienische und spanische.

Schon im Alterthume war der Safran mehr oder weniger bekannt. — Salomo soll ihn in seinem Garten an der Südseite des Berges Zion gehegt haben. — Die Griechen hatten ihn in ihren Gärten unter den Zierpflanzen und er war dort die Blume der Aurora; — schon Homer läßt Aurora mit Rosenfingern die Pforte des Himmels öffnen, umwallt von einem Krokusschleier. Auch wurde er von ihnen als Riechmittel vielfältig verwendet; so bestreute man das Brautbett, und parfümirte die Theater damit. — In Persien wurde er schon sehr lange für den Handel gebaut und ist noch jetzt ein

Ausfuhrartikel des nördlichen Theiles. — In den Gärten der Römer prangte er nach Columella unter vielen andern Zierpflanzen. Man bestreute damit nicht allein Säle, Theater und Plätze, die man durch einen angenehmen und kostbaren Wohlgeruch verherrlichen wollte, sondern man knetete ihn auch in Backwerk, würzte den Wein damit, gebrauchte ihn als Heilmittel und bei feierlichen Opfern, vermischte ihn mit Wachs und bereitete eine Pomade daraus. Sogar das aus ihm bereitete Riechwasser ließ man durch Springbrunnen fließen, um den beliebten Geruch zu verbreiten. — Die Araber verpflanzten ihn nach Spanien und bauten ihn besonders in Catalonien und in der Gegend von Granada an. — Seit 1267 befindet er sich auch in Deutschland und wird als Fabrikgewächs aufgezählt. Im Anfang des 14. Jahrhunderts ist er bei den Kaufleuten in Augsburg schon ein bekanntes Gewürz. Bei der Vermählung des Herzogs Ulrich von Würtemberg 1575, wo das Gewürz pfundweise verwendet wurde, durfte auch der Safran nicht fehlen. —

Der Safran gehört zu der Familie der **Schwertlilien**, deren Blätter eine schwertförmige Gestalt haben. Aus dieser Familie kommen noch bei uns vor: die allgemein bekannte und in feuchten Gräben häufige, gelb blühende Wasserschwertlilie (Iris Pseud-Acorus L.), welche im Mai und Juni blüht; die deutsche Schwertlilie (Iris germanica L.); die sibirische Schwertlilie (Iris sibirica L.). Außerdem kommen viele Spielarten der Schwertlilie in Gärten vor. Auch die Sumpf-Siegwurz (Gladiolus palustris Gaud.) findet sich hin und wieder auf sumpfigen Wiesen (z. B. auf den Rudow-Wiesen bei Berlin).

Die Aprikose.

Die Aprikose (Prunus Armeniaca L.) gehört zu den Bäumen, welche bei uns sorgfältig gepflegt werden müssen, wenn ihnen unser rauhes Klima nicht verderblich werden soll. Der Baum erreicht eine Höhe von 15 bis 20 Fuß. Seine Blätter, die erst später als die Blüthen erscheinen, sind lanzettlich, spitz-eiförmig, am Grunde herzförmig; ihre Oberfläche ist glatt, aber ihr Rand ist doppelt scharf-gesägt. Die Blüthen erscheinen schon im März und April; sie haben eine weiße Farbe mit einem röthlichen Anfluge, sitzen seitenständig an den Aesten zu zweien oder auch einzeln, und sind ganz kurz gestielt, fast stiellos. Daher sitzen auch die Früchte fest an die Zweige gepreßt. Letztere sind rundliche, auf der Sonnenseite geröthete Früchte mit gelbem, etwas trockenem Fleische, das einen Kern, der Stein genannt wird, einschließt und daher werden die Früchte des Aprikosenbaumes zu den **Steinfrüchten** gezählt. Der Stein ist unregelmäßig mit Furchen durchzogen, aber ohne Löcher, die sich beim Pfirsichsteine vorfinden.

Die Aprikose wird in unseren Gegenden theils freistehend, theils an Spalieren gezogen und meist durch Oculiren auf Kernwildlinge oder Zwetschenstämme fortgepflanzt. — Es giebt jetzt schon mehr als 20 Sorten, unter denen sich die besseren durch Größe, schöne Färbung, Süßigkeit und Saftreichthum der Frucht auszeichnen. — Die Früchte, welche frisch nicht lange dauern, werden theils frisch genossen, theils eingemacht. Aus Italien kommen die Aprikosen gespalten, entkernt und getrocknet über Triest, Genua und Livorno in den Handel; in Frankreich bilden sie eingemacht und candirt einen Ausfuhrartikel. Sie liefern süße und bittere Fruchtkerne, welche im Allgemeinen wie die Mandeln benutzt werden können. Zu Briançon wird aus ihnen durch Auspressen sogar ein Oel, das Huile de marmotte gewonnen, und aus den bitteren, Blausäure enthaltenden Kernen brennt man in Frankreich das Eau de noyaux. Die verkohlten Steine liefern eine der Tusche ähnliche schwarze Farbe und das Holz des Baumes eignet sich sehr gut zu zierlichen Drechslerarbeiten. —

Das Vaterland dieses Baumes ist Asien, besonders Armenien. — Auf Madeira, das früher eine echte Wildniß bildete, gehört die Aprikose zu den Bäumen, welche an die Stelle der düstern Waldungen getreten sind und liefert Früchte von ganz vorzüglicher Güte. — In Aegypten, wo fast kein Baum gedeihet, hat sich auch dieser Baum mit wenigen anderen Arten eine Heimath gegründet und kann jetzt daselbst als heimisch betrachtet werden. — Nach Griechenland und Epirus brachte diesen Baum Alexander der Große, als er siegend diese Länder durchzog. Aus Epirus gelangte er zu den Römern, die ihn deshalb Mala epirotica aber auch Mala Armeniaca nannten. Zur Zeit des Plinius waren die Aprikosen erst seit etwa 30 Jahren bekannt, und weil man sie nur sehr selten hatte, so waren sie zu dieser Zeit noch so theuer, daß jede einzelne Frucht einen Denar kostete. — Weil die Aprikose in Italien sehr früh zur Reife gelangte, erhielt sie auch den Namen

Mala praecocia. Sie wurde bei den Römern sogar als Arzneimittel empfohlen und gebraucht. Ob sie aber eine andere, als die kleine, trockne, also nicht die schöne saftreiche Frucht kannten, ist kaum anzunehmen.

Auch nach Australien verpflanzte man diesen Baum und er erreicht dort jetzt eine bedeutende Ausbreitung, da das Klima für sein Gedeihen besonders geeignet ist; — ebenso ist es auch mit ihm in Afrika und Amerika (Chile).

Zu uns gelangte dieser Baum schon 1562 aus Italien, und wurde darauf vielfach kultivirt. Sehr bald suchte man die Frucht zu veredeln. Einen Beweis dafür, wie weit man es in kurzer Zeit darin brachte, finden wir in Frankreich, wo es 1651 nur 3 Sorten gab, aber sehr bald darauf zählte Dyhammel schon 13 verschiedene Sorten.

Die Kirsche.

Das erste Obst, welches uns der Sommer beut, sind die Kirschen, und mancher Kranke und Gesunde hat sich durch den Genuß derselben schon wahrhaft erquickt. — Es kommen bei uns jetzt die verschiedensten Sorten vor, die man gewöhnlich süße Kirschen nennt und die viel größer werden als die bei uns in Gärten und an Wegen häufig gepflanzten und gezogenen Sauerkirschen.

Die beiden Hauptsorten der ersteren bilden die Morellen, schwarzrothe Kirschen mit gefärbtem Saft, und die Glaskirschen, hellrothe und nur auf der Sonnenseite meist geröthete Kirschen mit ungefärbtem Saft. —

Der Süßkirschbaum, auch Vogel- oder Waldkirschbaum (Prunus avium L.), hat wahrscheinlich seine Heimath in Europa, und selbst in Deutschland trifft man ihn noch in Wäldern, auf Felsen und in Gebirgen wachsend an. Am häufigsten findet er sich freilich in Gärten. — Der Sauerkirschbaum (Prunus Cerasus L.) stammt dagegen aus Asien und zwar aus Pontus. Seinen lateinischen Namen Cerasus soll er von der Stadt Kerasunt an der Küste des Schwarzen Meeres erhalten haben. Nach Europa gelangte dieser Baum wahrscheinlich durch Lucullus, der ihn im Jahre 74 v. Chr., nachdem er den Mithridates besiegt hatte, nach Italien verpflanzte. Denn zu Cato's Zeiten gab es noch keine Sauerkirschen, dagegen hatte die Süßkirsche schon mancherlei Veredelungen erfahren. Zu

Lucullus Zeiten kannte man bereits 10 Sorten. Die vorzüglichsten davon waren:

1. Die Apronianische, wahrscheinlich die Stammsorte mehrerer Rothkirschen (Cerises à trochets), z. B. die Büschel- oder Bouquetkirsche, die Süßweichselkirsche.

2. Die Julianische (Guignes), wozu unsere Weichselkirsche gehört. Diese, nämlich die Weichselkirsche, wird als eine Bastardform der Vogel- und Sauerkirsche angesehen. Ihr Holz hat einen eigenthümlichen Wohlgeruch und soll dem Tabaksrauch einen angenehmen Geschmack verleihen, weshalb es vielfach zu Pfeifenröhren verarbeitet wird.

3. Die hartfleischige Kirsche (duracina), wahrscheinlich die Stammmutter unserer Herzkirsche, Knorpelkirsche (Bigarreau).

4. Die Lusitanische Kirsche, wie sie in Belgien genannt wird, weil sie wahrscheinlich aus Lusitanien über Gallien nach Belgien kam, die übrigens als Abkömmling der vorigen Art anzusehen ist und welche die Franzosen Griottes nennen.

5. Die Erdkirsche (Chamaicerasa), unsere Erdweichselkirsche.

6. Die Kornelkirsche, welche bei den Römern den Schweinen gefüttert wurde. Aus dem Holze fertigten sie Lanzenschafte an. Dieser Baum gehört aber nicht hieher, wie schon sein lateinischer Name Cornus mascula L. beweist, wir erwähnen ihn aber noch besonders hier, weil er öfters von Unkundigen zu den Kirschen gerechnet wird. Er findet sich bei uns öfters angepflanzt (z. B. im Thierarzneischulgarten in Berlin). Seine Blüthen erscheinen vor den Blättern schon Anfangs April, sind kurz gestielt und sitzen in doldenartigen Büscheln an den Zweigen. Sie verleihen dem Baume ein schönes gelbes Frühlingskleid. Das Holz ist sehr hart und eignet sich deshalb sehr gut zu Drechslerarbeiten. Die geschälten und gebrannten Aeste geben Stöcke, die unter dem Namen Ziegenhainer bekannt sind. —

Auch in Gallien gab es zur Römerzeit schon Kirschen und namentlich wurde am Rhein die lusitanische vielfach kultivirt. Sie verbreitete sich später in Belgien und wurde etwa 50 Jahre nach Chr. Geb. auch nach England verpflanzt.

In Deutschland wirkte erst für die weitere Ausbreitung des Kirschbaums Karl der Große, der ihn auf seinen Gütern allenthalben in großer Zahl anpflanzen ließ. Zur Zeit der Hohenstaufen hatte sich die Baumzucht schon weiter verbreitet und dies gab Veranlassung, die strengsten Gesetze gegen den Baumfrevel zu erlassen, der sogar mit dem Abhauen der rechten Hand bestraft wurde. Die in diesem Zeitraume vorkommenden Obstsorten sind Aepfel, Birnen, Kirschen, Nüsse. Aus dieser Zeit findet man auch in den Augsburger Statuten die Benennung Steinobst für die Kirschen rc. — Auch die Klöster machten sich um die Obstkultur in hohem Grade verdient, und selbst schon im 11. Jahrhundert pflegte man in mehreren derselben verschiedene Arten, darunter auch Kirschen.

Nach Australien wurde der Kirschbaum durch den Capitain Wallis 1767 verpflanzt. Derselbe ließ an verschiedenen Orten allerlei Obstkerne in die Erde stecken, darunter auch Kirschkerne. Dieselben keimten und wuchsen bald empor und gediehen so üppig, daß sie im freien Felde den höchsten Grad an Vollkommenheit erreichten.

Auch nach Afrika suchte man ihn zu verpflanzen, aber in Aegypten gedieh er nicht; nur im Caplande findet man ihn hin und wieder, doch erfordert er auch dort die sorgfältigste Pflege.

Der Kirschbaum ist sehr astreich, hat eine graue mit länglichen Flecken versehene Rinde, die sich mit dem Alter abschält. — Erhält dieser Baum eine Wunde, so quillt aus demselben ein dickflüssiger Saft, der sich an der Luft verhärtet, er ist von dunkelbrauner Farbe, schön durchsichtig gleich dem Bernstein, und ist eine ähnliche Masse, wie die, welche man beim Gummibaum Gummi elasticum nennt. Die Blüthen, welche in Büscheln stehen, erscheinen schon im April und Mai, einige Wochen vor den Blättern. In der Regel ist der Kirschbaum über und über mit weißen Blüthen bedeckt, und deshalb nennt man die abfallenden Kronenblätter den Blüthenschnee. Jeder Stengel trägt eine Blüthe, welche aus einem einblättrigen, 5 theiligen Kelch und aus einer 5 blättrigen Blumenkrone besteht, in welcher auf dem Fruchtknoten eine Menge Staubfäden mit den gelben Staubbeutelchen hervorragen und in deren Mitte der Griffel steht. Nach der Blüthezeit vertrocknet der Kelch, die anschwellende Frucht zerreißt ihn, er bleibt aber noch längere Zeit daran, bei einzelnen sogar bis zur Reife haften. —

Ein mit schönen reifen Kirschen bedeckter Baum gewährt einen erhebenden Anblick und gern wandelt man solche Straßen, welche auf beiden Seiten mit fruchttragenden Kirschbäumen bepflanzt sind. Kindern und Sperlingen ist die lockende Frucht eine leckere Speise. Die Blätter des Sauerkirschbaumes sind flach, kahl, glänzend und zugespitzt, während sie beim Süßkirschbaum etwas runzelig und unterseits weichhaarig sind.

Aus der Frucht bereitet man das Kirschwasser und den Kirschgeist; letzterer hat einen süßlichen Geschmack und wird unter dem Namen Kirsch in jedem Kaufladen verabreicht. Auch werden die Früchte eingemacht und bei Gastmählern als Desert verabreicht; aber auch den Kranken sind sie eingemacht eine wohlthuende Speise und Erquickung. — Das Holz dieses Baumes wird von Tischlern verarbeitet, und geschickte Tischler wissen ihm die täuschendste Aehnlichkeit mit Mahagoni zu geben.

Die mit der Kirsche verwandten in Deutschland wild wachsenden Arten sind die Ahlkirsche (Prunus Padus L.), wegen ihres unangenehmen Geruches auch Faulbaum genannt, die sehr seltene Zwerg-Kirsche (Prunus Chamaecerasus Jacq.) und die schon erwähnte Weichselkirsche (Prunus Mahaleb L.).

Die Mandel.

Zwar finden wir diesen Baum, der eine Höhe von 6 bis 8 Fuß erreicht, nicht in unseren Gärten, da aber seine Früchte einestheils zu der Abtheilung der Steinfrüchte gehören, anderntheils vielfach verwendet werden, so wollen wir ihn hier betrachten. Schon in Mitteldeutschland findet man ihn bisweilen angepflanzt; je weiter man aber nach Süden kommt, desto häufiger trifft man ihn an, und in Italien ist er gar nichts Seltenes.

Seine Blätter, welche eine lanzettliche Form haben, und deren Rand gesägt erscheint, brechen viel später hervor, als die Blüthen. Der Blattstiel ist oberwärts mit Drüsen besetzt, und etwa so lang als das Blatt breit ist. Die Blüthe wird von einer glockenförmigen Kelchröhre umhüllt und die Blumenkrone ist hell rosenroth oder weiß. Schon im März, spätestens im April sind die fast nackten Zweige mit jenen duftenden Blüthen geschmückt.

Die Frucht ist eine Steinfrucht. Die äußere Hülle derselben ist eine fleischige, unbrauchbare grünliche Schaale, welche einen festen Stein umschließt. Oeffnet man denselben, so erhält man den Kern, der bei Groß und Klein unter dem Namen Mandel bekannt ist und bei der einen Art einen süßen, bei der andern einen bittern Geschmack hat. — Die süßen Mandeln sind wegen ihres fetten Oels sehr nährend und von angenehmem Geschmack; sie dienen dem Menschen als Speise, indem sie an Kuchen und verschiedene Speisen gethan werden, und namentlich in Conditoreien eine vielfache Verwendung finden, oder sie werden auch in der Medizin verwendet, namentlich das Mandelöl. — Die bitteren Mandeln enthalten neben dem wohlschmeckenden fetten Oele, noch ein flüchtiges Oel, die sogenannte Blausäure, welche der Frucht nicht nur einen unangenehmen Geschmack verleiht, sondern ihr sogar betäubende Eigenschaften giebt, die sich bei kleineren Thieren, z. B. bei Hunden, Katzen, Vögeln u. s. w. oft sehr stark und lebensgefährlich äußern, andere, z. B. das Eichhörnchen, sofort tödten.

Der gemeine Mandelbaum (Amygdalus communis L.) stammt aus dem südwestlichen Asien und Nordafrika, ist jedoch jetzt in dem südlichen Europa so verbreitet, daß man ihn dort ganz gut einheimisch nennen kann. Die besten Mandeln, d. h. Früchte, sind diejenigen, welche eine längliche Form haben, sie kommen aus Malaga. Ebenso gesucht, wie diese, sind die, welche aus Valencia kommen und die italienischen Ambrosiamandeln. Sicilien und die Provence liefern eine Mittelsorte, die mehr rund als lang ist und die bitteren kommen meist aus der Türkei. Die süßen Mandeln, denen man noch die Schaale gelassen hat, nennt man Knackmandel.

Die Zwerg-Mandel (Amygdalus nana L.) wird nur 1 bis 2 Fuß hoch und findet sich hier und da theils angepflanzt, theils eingebürgert.

Die Pfirsiche.

Die saftige Frucht des Pfirsichbaumes (Persica vulgaris L.) ist äußerst wohlschmeckend, und ein Baum, beladen mit diesen lieblichen Früchten, welche mit einem weichen Flaum überzogen und an der Sonnenseite sanft geröthet sind, zieht uns unwillkürlich an. Nur sehr kurz gestielt, sind sie an die schlanken nach oben strebenden Zweige des Baumes fest angedrückt, als wenn sie unmittelbar aus denselben herausgewachsen wären. Das saftige Fleisch umschließt einen festen, sehr unebenen Stein, der wiederum den eigentlichen Kern umschließt. Dieser Kern ist es, welcher, in die Erde gesenkt, durch die Macht des Schöpfers Leben empfängt, die Schaale gewaltsam auseinanderwirft und sich zu einem neuen Baume erhebt. Dieser Kern enthält gleichfalls Blausäure.

Nach 4 bis 5 Jahren ist der junge Baum so weit, daß er Früchte trägt. Die Blüthen erscheinen ebenfalls vor den Blättern im April und Mai. Die schlanken Zweige sind über und über damit bedeckt und wenn sie alle sich zu einer Frucht ausbildeten, dann würde das dünne Stämmchen die ungeheure Last gar nicht tragen können. Aber nur die kleinere Zahl entwickelt Früchte, während alle übrigen nach dem Verblühen vertrocknen und abfallen. Der eintheilige in mehrere Lappen getrennte Kelch umschließt die fünfblättrige Blumenkrone, welche in schöner Rosafarbe prangt. Erst wenn die Blüthen abgefallen sind, erscheinen die Laubblätter, welche sehr lang werden; doch bleiben sie ganz schmal und ihr Rand ist scharf gesägt. —

Das Heimathland dieses Baumes ist aber nicht Deutschland, auch nicht Europa, sondern das warme Asien. Viele sind der Meinung, daß in Persien sein Ursprung zu suchen sei, und da diese Ansicht früher noch mehr geltend war, so hat er auch danach von den Römern seinen Namen Persica erhalten.

Später kam der Pfirsichbaum nach Griechenland, Italien, Spanien und zuletzt auch nach Deutschland. Obwohl seine Früchte bei uns noch von ziemlicher Größe und recht wohlschmeckend zu nennen sind, so verläugnet er doch nicht, daß die wärmeren Länder ihm mehr zusagen, denn dort wird er selbst höher, seine Früchte sind viel größer und hauptsächlich saftiger und wohlschmeckender.

Wann er nach Deutschland gekommen ist, läßt sich nicht angeben, aber es muß sehr früh geschehen sein, vielleicht durch die Römer, denn zu Karls des Großen Zeit war er schon so weit veredelt, daß man mehrere Sorten von ihm zog.

In Aegypten gehört er zu den wenigen Bäumen, welche in dem Lande, wo es fast nie thaut und regnet, gedeihen, und zwar ist er dort schon so lange bekannt, daß man ihn gleichfalls für einheimisch hält. Sonst findet er sich noch an verschiedenen Orten Afrikas. In Australien hat er gleichfalls eine Heimath gefunden, um die Zahl der Bäume, welche dem Menschen eßbare Früchte bieten, vermehren zu helfen, namentlich war es der englische Kapitain Wallis, der unter vielen Sämereien an verschiedenen Punkten einige Pfirsichkerne aussteckte, die der Boden dankbar aufnahm. Die Bäume liefern daselbst die schönsten Früchte.

Auf Madeira hat er mit vielen andern Obstbäumen die Stelle der Urwälder eingenommen, welche mit großer Mühe von den Ansiedlern ausgerottet wurden. Zwar hat die Insel an Feuchtigkeit und an Holzvorräthen verloren, aber der Gewinn, welcher durch die Kulturpflanzen, besonders durch den Wein, dort erzielt wird, läßt diesen Verlust leicht verschmerzen.

Die Pflaume.

Der Pflaumenbaum (Prunus domestica L.) hat sich jetzt so allgemein verbreitet, daß er fast in jedem Obstgarten an Zahl die erste Stelle einnimmt. Zwar gedeiht er nicht in zu leichtem Boden, doch aber verlangt er auch nicht gerade den schwersten. An Wegen bildet er ebenfalls nicht selten lange Alleen. Er wird ein mäßig hoher Baum und breitet seine vielfachen Aeste gern weit umher. Die Zweige sind meist dornenlos, doch findet man ihn auch nicht selten, namentlich in der Jugend, mit langen spitzigen Dornen besetzt, ähnlich wie es bei seinem unansehnlichen Vetter, dem Schlehenstrauch, der Fall ist.

Schon im April, ehe die Blätter Zeit gehabt haben, sich hervorzustrecken, hat der warme Sonnenschein, unterstützt von einem Frühlingsregen, die Blüthen hervorgelockt. — Zwar sind die Blumenblätter von milchweißer Farbe, aber da der ziemlich kurze Stiel und der einblättrige Kelch blaßgrün gefärbt sind, so bekommt der ganze Blüthenschmuck dadurch ein grünliches Ansehen. Auffallend ist es, daß aus jeder Blüthenknospe, — dieselben sind schon daran zu erkennen, daß sie dicker und runder als die Blattknospen sind, — immer zwei Blüthen hervorkommen, und da beide nicht selten zur Frucht entwickelt werden, so hängen meist zwei und zwei Pflaumen zusammen, zwar jede an einem Stiel, doch gehen die Stiele von einem gemeinschaftlichen Punkte aus. Nun kommt es öfters vor, daß die beiden Stiele so nahe an einander gerathen, daß sie verwachsen, was denn auch mit den Früchten der Fall ist, und solche Bildung nennt man denn „Pärchen." Bei den Pflaumen findet sich diese Bildung nicht selten, weniger häufig findet man solche Pärchen bei den Kirschen. Bei den Aepfeln tritt es zwar auch manchmal auf, aber dort entwickelt sich die eine Hälfte weit mehr und dann erscheint die andere Hälfte meistens nur als ein kleiner Auswuchs der ersteren.

In manchen Jahren sind die Pflaumenbäume außerordentlich

fruchtbar, so daß öfters die Zweige die Last der Früchte nicht mehr tragen können. Sie brechen entweder, wenn sie nicht besonders gestützt werden, schon vor oder doch während der Reife der Frucht ab. — Die Pflaume hat, wie ja allen bekannt, eine längliche Form, ist mit einem zarten bläulichen Reife überzogen und hat eine hängende Stellung an den Zweigen. — Die Witterung hat auf die Fruchtbarkeit der Pflaumenbäume einen bedeutenden Einfluß, und daher kommt es, daß, wenn dieselben noch so voller Blüthen saßen, doch keine einzige zur Frucht sich ausbildete, sondern nach der Blüthezeit alle abfielen. Starke Nachtfröste und anhaltende Regengüsse schaden der Entwickelung der Blüthe. In nassen Jahren bemerkt man auch nicht selten eine Mißbildung der Früchte, wodurch die Hoffnung auf eine ergiebige Pflaumenernte gleichfalls vernichtet wird. Die Pflaumen erhalten nämlich in der ersten Zeit eine ungemein schnelle Entwickelung, ihre Form bleibt aber nicht rund, sondern sie wird breit und länglich; diese Mißbildung wird bald gelb und verdorrt zuletzt. Sie führt den Namen: „Täschchen."

In dem Haushalte des Menschen füllt die Frucht des Pflaumenbaumes eine bedeutende Stelle aus. Sie wird frisch, eingemacht oder getrocket genossen. Doch frisch hält sie sich nur kurze Zeit, und wird in dieser Zeit in Menge zu dem beliebten Pflaumenkuchen verwendet. Desgleichen wird sie, nachdem vorher der Stein herausgelöst wurde, zu Mus eingekocht; dasselbe wird vielfach zum Brote gegessen oder aber in Conditoreien z. B. in den Pfannenkuchen verwendet. Den eingemachten Pflaumen muß man, wenn sie sich lange halten sollen, den Stengel und möglicher Weise sogar den zarten Reif lassen. So werden sie häufig als Desert genossen. Besser noch halten sie sich aber gedörrt. Sie werden in einen heißen Ofen gethan und dort der Hitze so lange ausgesetzt, bis sie ganz zusammengeschrumpft sind. In diesem Zustande heißen sie „Backobst" und können ohne Gefahr in Kisten oder Säcken verpackt nach allen Weltgegenden verschickt werden. Sie halten sich Jahre lang, und werden, je älter sie werden, mit einem weißen Bezug überdeckt, welcher von den Unkundigen für Zucker gehalten wird, aber nach neueren Untersuchungen soll es weiter nichts sein, als eine Milbenkolonie, welche sich angesiedelt hat und die Pflaume allmälig verzehrt. In unseren Kaufläden ist die Sorte, welche aus Ungarn kommt, eine der besten, weil sie von ansehnlicher Größe und bedeutender Süßigkeit ist, also keinen Zucker als Zusatz erfordert. Die „Backpflaumen" werden

z. B. an Klößen sehr geschätzt und von den Aerzten den Genesenden als erste Nahrung empfohlen.

Die Kultur hat auf diesen Baum bedeutend eingewirkt, was sich in der Mannigfaltigkeit seiner Früchte zeigt. Man hat weit über 50 Spielarten, unter denen die Mirabelle und die Reineclaude die vorzüglichsten sind. Natürlich gehören auch hierher alle Arten, die mit dem Namen „Zwetschen" oder „Spillinge" bezeichnet werden. Diese Spielarten unterscheiden sich vielfach durch Gestalt, Farbe und Geschmack, haben aber alle, mögen sie dunkelblaue, grüne, gelbe oder rothe Schaalen haben, ein gelbes Fleisch. — Im Innern der Frucht befindet sich noch ein harter Stein, der den Kern umschließt.

Ursprünglich ist dieser Baum wohl in Asien heimisch, jetzt findet er sich aber beinahe über die ganze Erde und namentlich fast durch ganz Europa, die nördlichsten Gegenden ausgenommen, verbreitet. Er ist schon sehr lange bekannt. — Die Juden gewannen schon Pflaumen; die Griechen kannten sogar mehrere Arten, obwohl ihnen die köstlichsten Sorten der asiatischen Pflaumen noch fehlten. Das eigentliche Vaterland dieses nützlichen Fruchtbaumes scheint das reizende Thal Algota in Cölesyrien zu sein. Zu Damascus wandte man besonderen Fleiß auf die Zucht und Veredlung dieser Bäume. Die Einwohner dieser Stadt pflanzten sie in großer Zahl. Aus Syrien wurden sie nach Griechenland gebracht, von wo sie später nach Italien kamen. Doch erzählt man auch wieder, daß die Römer diesen Baum aus Armenien erhalten hätten.

Zur Zeit des Nero hatte man 30 Spielarten, und im Umfange des ganzen römischen Reiches zählte man 200 Sorten, die man aber jetzt nicht mehr alle kennt. Die besten Sorten davon waren: Die buntgefleckten Pflaumen, die weißen Pflaumen, die Eselspflaumen, die schwarzen Pflaumen, die Wachspflaumen, die Purpurpflaumen, die Armenischen Pflaumen, die Nußpflaumen, die Apfelpflaumen und die Damascener Pflaumen.

In Deutschland erhielt der Pflaumenbaum seine Ausbreitung durch Karl den Großen und durch die Klöster, doch scheint schon vorher mancher Andere dafür etwas gethan zu haben, denn man besaß zu Karls Zeiten bereits mehrere Sorten; später sorgten sehr angelegentlich mehrere Herzöge Würtembergs für die Ausbreitung dieses nützlichen Baumes.

Nach Australien brachte sie wieder Capitain Wallis durch Auslegen der Steine an verschiedenen Orten.

In Frankreich haben einzelne Gegenden durch ihre Pflaumenzucht einen bedeutenden Ruf erlangt und deshalb senden sie ihre schönen Früchte, natürlich gedörrt, nach den entferntesten Gegenden; namentlich sind es die Gegenden von Tours und Agen, von Paris, Brignoles und Metz.

Die häufig ganze Hecken bildende Schlehenpflaume, auch Schwarzdorn (Prunus spinosa L.), ferner die häufig in Gärten in vielen Abarten gezogene, selten wirklich wilde Haferschlehe (Prunus insititia L.) und die ebenfalls angepflanzte Kirschpflaume (Prunus cerasifera Ehrh.) sind verwandte Arten der gemeinen Pflaume.

Die Aprikose, Kirsche, Mandel, Pfirsiche und Pflaume bilden mit ihren Arten die kleine Familie der **Mandelgewächse** oder **Amygdaleen.**

Kernobst.

Die Naturforscher haben nach und nach die ihnen bekannten Pflanzen zu Gruppen zu vereinigen gesucht. Dazu gehörte, daß die Pflanzen, welche eine Gruppe bilden sollten, gewisse Merkmale gemeinsam hatten. Man sahe namentlich darauf, ob die Blüthen und Früchte gewisse Aehnlichkeit hatten. Fand man dieses, so stellte man sie zu einer Abtheilung zusammen. Eine solche Gruppe oder auch Familie bilden die **Apfelgewächse** oder mit einem fremden Namen **Pomaceen.** — Ihre gemeinsamen Merkmale sind: Sie haben einen fünfzähnigen oder fünfspaltigen Kelchsaum, der bei der Ausbildung der Frucht, die eine Fleischfrucht genannt wird, vertrocknet und dann oben auf derselben sitzt. Die Blumenkrone ist bei allen fünfblättrig; in einer Blüthe finden sich 20 Staubgefäße. Der Kelchschlund hat noch einen Ring, dem die Kronenblätter eingefügt sind. Der Fruchtknoten, der nach der Blüthe zur Frucht anschwillt, ist 2- bis 5fächrig, und in jedem Fache, das von Hüllen eingeschlossen ist, findet man zwei Fruchtkerne. Jede Blüthe trägt so viel Griffel, als die Frucht nachher Fächer enthält. Die Frucht ist sehr fleischig und schmeckt, wenn die Veredlung sie umgeändert hat, sehr angenehm.

Zu den Apfelgewächsen oder Pomaceen gehört:

Der Birnbaum.

Der gemeine oder wilde Birnbaum (Pirus communis L.) hat außer den vorgenannten noch folgende besondere Merkmale. Seine Blätter sind eiförmig, etwa so lang wie der Blattstiel, fein gesägt und haben eine glatte Oberfläche. Die Blüthen sitzen immer mehrere in einen Büschel vereinigt, und diese bedecken den ganzen Baum im Frühjahr (April und Mai) prächtig weiß, zuweilen mit fast unmerklich röthlichem Anflug, so dicht, als wäre der Baum mit Schneeflocken bestreut.

Der Birnbaum kommt nur in einer Art (dem wilden Birnbaum) überall vereinzelt in den Wäldern vor, und ist dort nur ein kleiner, fast strauchartiger Baum mit langen Dornen; seine Früchte sind klein und haben einen herben Geschmack — man nennt sie Holzbirnen. Diesen Baum hat man seit den ältesten Zeiten in ganz Europa und im Orient angepflanzt und zu veredeln gesucht, und es ist der Kultur gelungen, seine Früchte zu der merkwürdigsten Vollkommenheit in Farbe, Größe, Geschmack und Gestalt auszubilden. Der Baum ist in unseren Obstgärten kein struppiger mit Dornen besetzter Strauch mehr, sondern wächst stattlich in die Höhe und streckt seine kräftigen Zweige nach allen Seiten hin, oder ragt gar schlank, wie die Pappel, hoch in die Lüfte. Er erreicht eine Höhe von 40 bis 50 Fuß, ja zuweilen noch mehr und sein Stamm erhält nicht selten eine Dicke von 3 Fuß.

Die Benutzung der Birnen ist sehr mannigfach, aber sie sind weniger auf die Dauer, als die Aepfel, da sich selbst die schmackhaftesten Sorten nicht gar lange aufbewahren lassen, sondern bald morsch (mulsch) oder teigig werden und dann faulen. Dieser Proceß kommt daher, daß die Zuckertheile, welche die Birne enthält, durch die Einwirkung der Wärme bald frei werden. Diejenigen Birnen, welche man weniger zum Essen oder zu Tafelobst benutzen kann, werden entweder zu Cider (Birnmost) und Essig verwendet, oder zu Schnitzen verkleinert, die man in der Sonne oder im Ofen trocknet; sie werden in manchen Gegenden in dieser Form Hutzeln genannt. Welchen Werth das Backobst (Birnen, Pflaumen, Aepfel und Kirschen) bei der Bereitung der Speisen hat, das wissen die Hausmütter wohl zu schätzen.

Das Holz des Birnbaumes ist sehr hart, röthlich, zartfaserig und besonders den Drechslern und auch den Tischlern von Werth.

Betrachten wir jetzt die Verbreitung des Birnbaumes. — Wie alt die Cultur desselben ist, beweisen uns die Nachrichten, daß die Juden, Griechen, Römer und Gallier ihn pflanzten, um seine Früchte zu genießen.

Von Alkinous Garten singt der griechische Dichter Homer:

Dort sind ragende Bäume gepflanzt mit laubigen Wipfeln,
Voll der balsamischen **Birne**, der süßen Feig' und Granate,
Auch voll grüner Oliven und roth gesprenkelter **Aepfel**.

und von Laërtes Garten auf Ithaka:

— schön ist alles bestellt; kein einzig Gewächs hier,
Keine Rebe des Weins, kein Oelbaum, Feigen- und **Birnbaum**,
Keines der Beet' vermißt die gehörige Pfleg' in dem Garten.

In Griechenland war zwar die Obstzucht älter als in Italien, aber die Römer hatten viel mehr Birnsorten. Dies erklärt sich dadurch, daß in dem ersteren Lande die trockne Hitze früher und noch jetzt der Veredlung der Früchte ungemein hinderlich war, denn sie haben gemeiniglich steinartige harte Stellen im Fleisch, welche sie zum Theil unschmackhaft und ungenießbar machen.

Die bekanntesten Birnsorten bei den Römern waren: 1. Die Krustunische, jetzt bekannt unter dem Namen Muscat Robert oder la poire perle. 2. Die Falerner, jetzt Bourdon oder Hummelsbirne, bei uns Butterbirne, in Italien jetzt Pero butiro genannt. 3. Die Dolabellianische, jetzt bekannt als die lange grüne Winterbirne, die Schnabelbirne, franz.: Verte longue, ital.: Pera arancina. 4. Die Pomponianische, Grosse queue, oder Poire de bon Chrétien; wahrscheinlich die Stammmutter der Brustbirnen, z. B. der Venusbrust, Teton de Venus. 5. Die Pompejanische, unsere Zuckerbirne, ital. Pero zucarina. 6. Die Turronianische, Angelique de Bourdeaux. 7. Die rothe Favonianische, Orange rouge, Grosse poire Muscadelle, Muscadelle rouge, la bellissima; noch jetzt ist sie in Italien in 3 Sorten sehr beliebt, Moscadello, Moscata und Moscaton. 8. Die Laterianische, die platte Butterbirne, Bergamotte crassane. 9. Die Tiberianische, unsere Kaiserbirne, Angelique de Rome. 10. Die Anizianische, Bergamotte, Bergamotte cadette. 11. Die Amerikanische,

Saint Amiret. 12. Die Picentinische, Poire de Naples. 13. Die Tarentinische, die gute Christbirne, bon Chrétien, Pirus Velamum. 14. Die Signinische, Rietbirne. 15. Die Onyxbirne, Zwiebelbirne, Gros Oignonet. 16. Die Myropische, Ambrette. 17. Die Lorbeerbirne, Orange verte. 18. Die Nardenbirne, Parfum d'été. 19. Die Gerstenbirne, die Lieb- oder Liebesbirne, Ah mon Dieu. 20. Die Flaschenbirne, Saint Germain. 21. Die Pfundbirne, Faustbirne, Poire de livre. 22. Die Kürbisbirne, unsere Schweizerhosen, Regalia Cordi. 23. Die Mostbirne, Fondante. 24. Die Barbarische. 25. Die Venusbirne, unsere Franz Madame, Bergamotte panachée, Poire acciole, Poire d'amour. 28. Die Königsbirne, Bergamotte d'été. 27. Die Patricische, Poire Monsieur. 28. Die Vokanische, Ronville. 29. Die Lactea, Blanquette oder Poire blanc.

Aus dieser Aufzählung erkennen wir, in wieweit schon vor Jahrhunderten der Birnbaum veredelt worden war, und es kann uns nunmehr gar nicht wundern, daß wir jetzt mehrere Hundert Birnsorten von mannigfachster Form und verschiedenstem Geschmack haben.

In Gallien, dem jetzigen Frankreich, war der Birnbaum ursprünglich wild, aber schon die aufgezählten jetzt gebräuchlichen französischen Benennungen beweisen uns, welchen Eifer man auf seine Veredlung dort verwandte. Die meisten und edelsten Sorten sind unter französischen Namen überall aufgenommen worden. Doch besitzen Italien, England und Deutschland, so wie auch andere Länder einige Sorten, die ihnen ursprünglich angehören. So kam die Bergamotte von Bergamo, die Eierbirne aus der Schweiz, die Muskat-, Honig-, Quitten-, Königs-, Glas- und Margarethenbirne aus Deutschland, die Admirals-, Ananas-, und Melonenbirne aus Holland, die Ambretten aus Italien und die Schwanenbirnen aus England.

Nach dem Auslande ist der Birnbaum ebenfalls gewandert; so kommen z. B. Birnen in Australien von seltener Schönheit vor.

Der Apfelbaum.

Der wilde Apfelbaum (Pirus Malus L.), dessen Früchte Holzäpfel genannt werden, kommt überall in der gemäßigten Zone vereinzelt als fast verkrüppelter Waldbaum vor. Er hat herbe, ungenießbare Früchte, und doch stammen von ihm alle die köstlichen Apfelsorten ab, welche die Zierde einer wohlbesetzten Tafel bilden. Die Apfelbäume, welche in unseren Gärten prangen, werden selten über 30 bis 40 Fuß hoch; ihre Aeste hängen über, d. h. sie richten sich größtentheils mehr oder weniger nach unten und bilden dadurch eine große runde Krone. Die Blätter sind viel kürzer gestielt als beim Birnbaum, sind breit oval, viel länger als der Stiel, gezähnt und mit Drüsen versehen; bei mehreren Sorten sind sie sogar ganz wollig. Die Blüthen, weiß mit rosenrothem Anfluge besonders auf der äußeren Seite, sind groß und wohlriechend und stehen immer zu 3 bis 6 in doldenartigen Sträußen zusammen. Die Frucht ist rund, oben und unten, zuweilen sehr stark, eingedrückt, meistens grün, aber auch gelb, hellroth, dunkelroth (bei einigen ist sogar das Fleisch roth gefärbt), gestreift, bald mit wolliger, bald mit glatter, dichter oder durchsichtiger Schaale, von der Größe einer Wallnuß bis zu der Größe eines kleinen Kinderkopfes und von mehr oder minder süßem oder säuerlichem Geschmack. Die eigentliche Frucht des Apfelbaumes besteht nur aus dem innersten Theil, dem Kerngehäuse (Endocarpium), das zur Zeit der Reife hornartig oder holzig wird. Dieses Fruchtgehäuse besteht aus fünf Kammern, jede Kammer wird durch zwei Bälge gebildet, die in der Achse der Frucht mit einander zusammenhängen, und enthält theils zwei Kerne, theils einen und einen Ansatz, theils nur zwei Ansätze, wenn sie sich nicht haben ausbilden können. Diese Kammern bilden im Verhältniß zu den Fruchtkernen einen großen leeren Raum, daher kommt es, daß die Fruchtkerne, wenn sie sich losgetrennt haben, öfters klappern. Dieses Frucht- oder Kerngehäuse wird eingeschlossen von dem lockeren, zelligen und sehr saftreichen Fleische (Musocarpium), welches den genießbaren Theil der Frucht bildet. Der Kelch ist mit demselben eng verwachsen und krönt als vertrockneter, fünftheiliger Saum den Gipfel der Frucht.

Der Apfelbaum ist einer der verbreitetsten Obstbäume. Am besten gedeiht er auf der nördlichen Halbkugel, findet sich ziemlich hoch im Norden und kommt dort immer noch besser fort als weiter nach Süden. Man trifft ihn zwar an der Küste des Mittelländischen Meeres, in Arabien, Persien, Westindien u. s. w. an, aber seine Früchte sind hier fast noch unbedeutender als im hohen Norden.

Merkwürdiger Weise prangte aber neben dem Birnbaume in Griechenland der Apfelbaum, und bei den Römern treffen wir den

Apfel als Frucht der Heimath an, während andere Obstsorten als spätere Einwanderer, so wenig Aehnlichkeit sie auch mit ihm haben mochten, seinen Namen mit dem Beisatze der Herkunft erhielten. So heißen die Pfirsiche persische, die Citronen medische, die Aprikosen armenische, die Granaten punische, die Quitten cydonische **Aepfel**. Trotzdem sind noch jetzt in Italien die Aepfel weniger beliebt als die Birnen, da diese süßer, nahrhafter und mehr zum frischen Genuß geeignet sind.

Wie die Birne schon in mehrfachen Sorten existirte, so war es auch mit dem Apfel der Fall. Die bekanntesten Sorten waren: 1. der Appische, Pommo d'Apia, ital. Pomo apis, unser Rosenapfel, 2. der Petisische, Stammvater der kleineren Sorten, 3. der Matianische, 4. der Kestische, 5. der Skandinavische, 6. der Amerinische, 7. der Griechische, 8. der Epirotische, unser rother Calville, 9. der Tiburtinische, 10. der Pelusianische, 11. der syrische Purgirapfel, 12. die Apfelbirne, 13. der Mehlapfel, 14. der Mostapfel u. m. a. — Aus Deutschland ließen sie sich Holzäpfel holen, um daraus einen recht scharfen Essig zu gewinnen. Jetzt ist die Menge der Apfelsorten überaus bedeutend. Wir erwähnen nur: der echten Calville, der Schlotteräpfel, der Gülderlinge, der Rosenäpfel, der Rambouräpfel, der einfarbigen, grauen und Gold-Renetten, der Streiflinge, der Spitzäpfel und der Plattäpfel. Der Borsdorfer Apfel stammt aus Deutschland.

Nach dem Auslande wurde der Apfelbaum ebenfalls verpflanzt. Er findet sich in Australien, in Afrika, wo er freilich schlechte Früchte trägt und nur im Thale Koleah, wo sich seit 1839 deutsche Ansiedler niedergelassen haben, liefert er etwas bessere Resultate. Auch in Asien, und zwar in Vorderindien hat man im Jahre 1817 zuerst Versuche gemacht, ihn anzupflanzen.

Der Apfel ist übrigens die gesundeste aller Früchte, die, obwohl in großer Menge verzehrt, selten zum Ueberdruß wird. Seine Benutzung in der Wirthschaft, in frischem und gedörrtem Zustande, roh und gekocht, als Mus, Schnitzeln, gebraten ꝛc. zur Speise ist allgemein bekannt. Außerdem wird er zu Cider (Apfelwein, der jetzt als Heilmittel vielfach gebraucht wird), zu Branntwein (in Schwaben und der Schweiz) und zu Essig verwendet. Die Heilkraft ist besonders in der Apfelsäure enthalten, die aus der Frucht herausgezogen, in der Medicin als Heilmittel verbraucht wird. Das Holz des Apfelbaumes ist sehr fest und deshalb geschätzt und die Rinde enthält einen gelben Farbestoff.

Zu den **Apfelgewächsen** oder **Pomaceen** gehören mehrere im Haushalte weniger wichtige bei uns einheimische Pflanzen, die alle zu Bäumen und Sträuchern heranwachsen. Es sind: der gemeine Weißdorn (Crataegus Oxyacantha L.), der eingriffelige Weißdorn (Cr. monogyna Jacq.), die Zwergmispel (Cotoneaster vulgaris Lindl.), die deutsche Mispel (Mespilus germanica L.), die Quitte (Cydonia vulgaris Pers.), die Felsenmispel (Amelanchier vulgaris Mnch.), mehrere Ebreschenarten (Sorbus) und die Mehlbeere (Sorbus Aria Crtz.).

Die Veredlung der Obstbäume.

Fast alle unsere Obstbäume, welche aus dem Saamen gezogen worden sind, bringen, sich selbst überlassen, nur kleine, dabei zugleich herbe, unschmackhafte Früchte; ja es ist stets als eine sehr seltene Ausnahme zu betrachten, wenn hin und wieder einige, besonders aus Kernen edler Birnen und Aepfel entstandene, schon von Natur durch einen üppigen, kräftigen Wuchs, größere, hellere Blätter, durch den Mangel an Dornen und Stacheln, ja wohl sogar durch köstliche, vielleicht ganz neue Früchte ihre bessere Beschaffenheit beurkunden. So bleibt es denn für die Kunst eine wichtige Aufgabe, Bäume, welche eine bestimmte Sorte edler Früchte tragen sollen, mit Gewißheit zu erzielen.

Diese Kunst besteht in der Veredlung irgend eines Wildlings, und beruht im Allgemeinen darauf, denselben mit einem Reis oder Auge eines guten Obstbaumes so zu vereinigen, daß auf ihm bald das eine, bald das andere anwächst und sich weiter entwickelt. — Unter welchen Bedingungen läßt sich wohl von einem solchen Verfahren ein günstiger Erfolg hoffen? Dies geschieht allein dann,

1. wenn beide Theile gleichartig sind, also die Eigenschaften des Holzes, der Rinde und des Saftes möglichst übereinstimmen; also am geeignetsten sind: edle Birne mit wilder, edler Apfel mit wildem, edle Pflaume mit wilder, edle Kirsche mit saurer; so auch bei Pfirsichen, Aprikosen und Mandeln;

2. wenn die Safthaut, also die innere Rinde des Edelreises, oder auch bloß eines Auges von demselben, mit dem gleichnamigen Theile des Wildlings oder Grundstammes in die genaueste Berührung kommt.

Nur dann führt der Wildling, der seine Wurzeln in den Boden gesenkt hat, dem edlen Auge oder Reise den nöthigen Nahrungssaft zu, und dieses schreitet dann sofort zu dem wunderbaren Geschäft, den letzteren in sich aufzunehmen und dadurch zum Wachsthum zu gelangen.

Da, wo an einem Baume die Veredlung erfolgt ist, bewirkt der Saft, welcher aus den Wunden quillt und sie allmälig ganz überläuft, einen mehr oder weniger starken Wulst, der nur bei einigen Bäumen nach und nach völlig verschwindet, bei den meisten aber während ihrer ganzen Lebens-Periode sich erhält. Der oberhalb jenes Wulstes sich entwickelnde Theil bildet sich bei seinem ferneren Wachsthum ebenso aus, und trägt auch, worauf es uns ja vorzugsweise ankommt, ganz dieselben Früchte, wie derjenige Stamm, von welchem wir das edle Reis genommen haben; der unterhalb jenes Wulstes liegende Theil hingegen verharrt in seinem ursprünglichen Zustande und behält sämmtliche Kennzeichen, wie auch alles sonstige Eigenthümliche des Wildlinges, unverändert bei.

Durch Versuche hat man gefunden, daß man auf Stämme auch entfernter verwandte Reiser setzen kann, weil sie sich vereinigungsfähig gezeigt haben.

So vereinigen sich z. B. Birnbäume mit Quitten und Weißdorn; Mispeln mit Quitten, Weißdorn und Birnbäumen; Quitten mit Apfelbäumen; Pflaumenbäume und Schlehdorn mit Aprikosen; Pflaumenbäume, Aprikosen- und Mandelbäume mit Pfirsichen.

Aepfel- und Birnbäume treten, obgleich sonst einander sehr nahe stehend, in keine dauernde Verbindung; das aufgesetzte Reis fängt vielmehr sehr bald zu kränkeln an und stirbt nach einiger Zeit gänzlich ab.

Die Zahl der Veredlungsarten ist sehr groß. Schon dies, aber noch mehr der wichtige Umstand, daß viele derselben nur äußerst wenig von einander abweichen, bestimmt uns, hier nur auf die drei wichtigsten Arten, auf das Kopuliren, das Okuliren und das Pfropfen Rücksicht zu nehmen.

1. Das **Kopuliren** ist diejenige Veredlungsart, bei der wir auf einen Wildling vermittelst eines gleichmäßigen schrägen Schnittes ein edles Reis setzen. Diese Veredlungsart verdient aus mehreren Rücksichten den Vorzug vor den andern. Es

kann schon geschehen bei solchen Stämmchen, welche kaum die Dicke einer Federspule erlangt haben. Es schlägt bei allen Obstbaumarten gleich gut an und giebt uns stets gesunde, schön und regelmäßig gewachsene Stämme. Es verstümmelt den Wildling weniger, und dieser ist immer noch geeignet, eine zweite Veredlung zu erfahren, wenn die erste fehlschlagen sollte. Schließlich erfordert es außer einem etwas geübten Auge nur noch die geringe Geschicklichkeit, einige glatte Schnitte und einen festen Verband auszuführen.

Die geeignetste Zeit zum Kopuliren ist das Frühjahr und zwar vom Anfange des Märzes bis in die erste Hälfte des Aprils. Welche Obstbäume einige Zeit eher, welche später zu kopuliren sind, hängt allein davon ab, wann sie beginnen auszuschlagen. Mit Rücksicht auf diesen Umstand kommen also zuerst Pfirsichen und Aprikosen, dann Kirschen und Pflaumen und zuletzt Birnen und Aepfel an die Reihe.

Sämmtliche Edelreiser, derer man sich beim Kopuliren bedienen will, müssen schon früher, im Februar und März gesammelt sein. Nur dann lassen sie sich höchst sicher zuschneiden, und nehmen auch den Saft des Wildlings begierig in sich auf. Die einjährigen Triebe, welche hoch im Wipfel an der Sonnenseite gewachsen sind, eignen sich am besten zur Veredlung, und nur bei den Pfirsichen zieht man die zweijährigen Reiser den einjährigen vor.

Das Kopuliren kann nur auf zweierlei Weise geschehen. Man kann es so einrichten, daß das Edelreis mit dem Stamme gleiche Dicke hat, oder man ist genöthigt, wenn der Stamm schon zu dick geworden ist, ihn erst mit einem wagerechten und dann mit einem schrägen Schnitte zu versehen, und ebenso das Edelreis entsprechend zu kerben, damit es genau an den Stamm passe. Man nennt das letztere Verfahren auch Anplacken. In beiden Fällen macht man einen Verband von einem Zeugstreifen, mit Baumwachs bestrichen, der zunächst verhindert, daß der Saft nicht ausfließe, der eben auch das Reis um so fester an den Stamm preßt. Nachher wächst zunächst die Rinde, später aber auch das Holz des Stammes und Reises zusammen.

2. Unter **Okuliren** verstehen wir diejenige Veredlungsart, bei der wir auf irgend einen Wildling kein ganzes edles Reis, sondern nur ein Auge oder eine Knospe desselben setzen. — Dieses Verfahren verdient nicht weniger Beachtung als das Kopuliren, da es besonders bei Pfirsichen und Aprikosen

vorzüglich gut anschlägt und uns außerdem noch prachtvolle Rosensträucher und Orangenbäume giebt.

Das Geschäft des Okulirens kann zu drei verschiedenen Zeiten vorgenommen werden; im April, in der letzten Hälfte des Juni und Ende Juli, und zwar deshalb, weil sich in dieser Zeit die Rinde der jungen Schößlinge ablösen läßt. Im April und Juni entwickelt sich das Auge noch und deshalb heißt dieses das treibende, das im Juli okulirte kommt erst im nächsten Jahre und heißt daher das schlafende Auge. Bei diesem Geschäfte macht man in die Rinde des Wildlings einen Querschnitt, von da abwärts einen Längsschnitt, löst die Rinde etwas los, schiebt die von einem edlen Baume entnommene Knospe behutsam hinein und heftet mittelst Zeugstreifen von Baumwachs die Rinde wieder fest.

3. Das **Pfropfen** ist diejenige Veredlungsweise, bei welcher wir auf einen Wildling vermittelst Einschiebens ein edles Reis so anbringen, daß es mit demselben innig zusammenwächst. — Zwar wird diese Veredlung in vielen Gegenden noch häufig angewendet, sie steht jedoch dem Kopuliren und Okuliren weit nach, weil man dabei den Wildling allzustark verwundet. Es ist jedoch in sofern nicht unbeachtet zu lassen, da man es anwenden muß, wenn der Wildling schon zu dick geworden ist, oder, wenn ein bereits tragender Baum, dessen Früchte aber schlecht sind, mit irgend einer besseren Sorte beschenkt werden soll. Bei dem Steinobst ist es aber durchaus nicht zu empfehlen, weil es hier nicht selten mißglückt.

Das Pfropfen geschieht entweder in den Spalt oder in die Rinde. In den Spalt pfropft man gewöhnlich Ende März, nachdem der Saft bereits in die Bäume getreten ist, setzt es jedoch bis zum Mai fort. In die Rinde pfropft man dagegen nur, wenn sich dieselbe ablösen läßt, Ende April und Anfang Mai. Das Pfropfreis wird keilförmig zugeschnitten, und dann so in den Spalt oder in die Rinde geschoben, bis seine Rinde genau auf die des Stammes paßt. Zur Befestigung und Hülle bedient man sich meistentheils eines Verbandes von Lehm in einem Leinwandstreifen, den man von Zeit zu Zeit anfeuchtet, bis das Wachsthum erfolgt.

Die Stachelbeere.

In manchen Gärten finden wir den Stachelbeer-Strauch (Ribes Grossularia L.), dessen Aeste in großer Menge mit einem ungetheilten oder dreitheiligen spitzigen Stachel besetzt sind. Schon frühzeitig brechen seine Blätter und Blüthen hervor. Erstere haben eine dreilappige Form und sind mit weichen Haaren sammetartig bedeckt. Die grünlichen, unscheinbaren Blüthen enthalten viel Honig und darum wird dieser Strauch zur Blüthezeit zahlreich von den Bienen umsummt, welche hier emsig den Honig sammeln. Im April und Mai stehen sie in voller Blüthe. Der große glockige Kelch ist es hauptsächlich, der die Blüthe bildet, denn die Blumenkrone und die Staubgefäße sind nur klein und unscheinbar. Unter dem Kelche sitzt schon zur Zeit der Blüthe die kleine und runde Frucht. Obenauf bleibt der Kelch sitzen und man findet ihn vertrocknet noch an der reifen Frucht.

Man unterscheidet drei Hauptsorten, welche theils wild, theils angepflanzt vorkommen. Bei der ersten Sorte ist der Fruchtknoten, der später die Beere bildet, also auch diese, mit drüsentragenden Borsten besetzt. Sie findet sich meist in den Gärten. Bei der zweiten Sorte ist der Fruchtknoten mit kurzen, weichen, drüsenlosen Haaren besetzt, und die Beeren erscheinen zuletzt kahl. Bei der dritten Sorte ist die ganze Pflanze kahl, nur die Blattstiele und der Rand der Blätter, die Deckblätter und die Kelchzipfel sind gewimpert. Sie findet sich ebenfalls nur in Gärten.

Durch sorgsame Kultur hat man von diesen drei Hauptsorten gegen 400 Spielarten erhalten; wovon die besten in England vorkommen.

Schon Anfangs Juli bietet uns dieser Strauch seine süßen Früchte, die in verschiedenen Farben vorkommen.

Man benutzt die Früchte sowohl in unreifem als in reifem Zustande. Schon ehe die Kerne zur Ausbildung kommen, pflückt man die Früchte, um sie entweder zu schmoren oder einzumachen. Sie müssen jedoch, wenn ihr Geschmack angenehm sein soll, gehörig mit Zucker versetzt werden. Für Gegenden, wo der Weinstock nicht gedeiht, ist auch die Bereitung des Weines aus Stachelbeeren wichtig.

Der Strauch eignet sich sehr gut zu Umzäunungen von Gärten und Feldern, da seine spitzen Stacheln den Eindringling fern halten. Er soll durch die Saracenen in Europa eingeführt worden sein, wenigstens scheint ihr Name darauf hinzudeuten, da ribes im Arabischen ein „voll Früchte hängender Zweig" heißt. Nach Italien, wo die Stachelbeeren nur wenig kultivirt werden, sollen sie durch Mönche gekommen sein. Uebrigens sind sie wohl nicht südasiatischen Ursprunges, sondern stammen eher aus Nordasien, wenn man nicht das nördliche und gemäßigte Europa, wo sie wild vorkommen, als ihre Heimath annehmen will.

Die Johannisbeere.

Der Johannisbeerstrauch (Ribes rubrum L.) ist mindestens eben so häufig als der Stachelbeerstrauch. Auch er kommt wild und angepflanzt vor. Wild findet man ihn zuweilen zerstreut in feuchten Wäldern und Hecken, angebaut findet man ihn aber fast in jedem Garten, da er in jedem Boden und in jeder Lage leicht sich fortpflanzt. Selbst wenn man Zweige abschneidet und im Frühjahr in die Erde steckt, so kann man gewiß sein, daß diese Zweige nicht allein einwachsen, sondern daß sie auch noch in demselben Sommer, wenn auch etwas verkümmerte, Früchte bringen.

Es ist ein 4 bis 5 Fuß hoher Strauch, dessen Blätter stumpf, fast fünflappig sind. Außerdem haben sie noch an den Blüthenstielen kleinere Blättchen, welche eiförmig und kürzer als die Blüthenstiele sind. Die Blüthen sind ebenfalls sehr unscheinbar und von gelblichgrüner Farbe; ihr Kelch ist kahl und beckenförmig.

Die Früchte bilden hängende Trauben; und da dieser Strauch außerordentlich fruchtbar ist, so erscheint er zur Zeit der Fruchtreife fast ganz roth, indem die wenigen Blätter ganz zurücktreten.

Man unterscheidet 2 Hauptsorten, die rothe und die schwarze. Von der rothen unterscheidet man wieder folgende, durch die Kultur allmälig hervorgerufene Spielarten: die kleine rothe, die eigentliche Stammform und die gewöhnlichste in den Gärten; die große rothe holländische, mit großer, schöner, kirschrother Frucht von besonderer Güte; die große rothe, mit tutenförmigen Blättern, aus England stammend; die große fleischrothe mit angenehm schmeckender Frucht und die große und kleine weiße englische. Wild kommt die Stammform in den Voralpen des südlichen Deutschlands, und verwildert im mittleren und nördlichen Deutschland vor. Von der schwarzen Johannisbeere (Ribes nigrum L.) unterscheidet man die kleinbeerige, die großbeerige und die mit gescheckten Blättern. Die erste Sorte kommt auch bei uns wild vor. Die Früchte derselben haben einen süßlichen, aber einen wanzenartigen Nachgeschmack. Die Blätter und Zweige werden öfters abgekocht' gegen Gicht und Rheumatismus gebraucht.

Die Gebirgs-Johannisbeere (Ribes alpinum L.) findet sich öfters mit ihren rothen Früchten in unseren Laubwäldern, während die seltene Felsen-Johannisbeere (Ribes petraeum Wulf.) die Felsen feuchter Gebirgsabhänge sucht. Die Früchte der rothen Johannisbeere schmecken angenehm säuerlich und sind namentlich für Kinder eine angenehme und unschuldige Näscherei. Doch bilden sie auch einen kleinen Handelsartikel, indem man aus ihren Säften den in manchen Gegenden sehr beliebten Johannisbeerwein preßt, oder man kocht den frisch gepreßten Saft ein, versetzt ihn gehörig mit Zucker und bereitet aus ihm Johannisbeergelee, welcher in Conditoreien mehrfach gebraucht wird.

Man hat diesen Strauch sogar für werth gehalten, nach Australien zu verpflanzen, wo er jedoch nur in den höheren und kälteren Gegenden gedeiht.

Die Sage behauptet, er sei aus dem Leibe des enthaupteten Johannes entsprossen, und dessen unschuldiges Blut sei in die rothen Früchte übergegangen. Daher, meinte man früher, soll er, in der Johannisnacht gepflanzt, besondere Kräfte empfangen, wobei folgender Vers gesprochen werden müsse:

Rother, Du rother Johannisstrauch,
Du liebst Dein Leben, ich lieb' es auch;
Rothes, Du rothes Johannisgesträuch',
Bist wachsen aus Sankt Johannis Leich'!
Rothe, Du rothe Johannisfluth,
Bist flossen aus Sankt Johannis Blut!
Rother, Du rother Johannissaft,
Gott segne Deine geweihte Kraft!

Die Stachelbeer- und Johannisbeerarten bilden eine eigene Familie, nämlich die der **Stachelbeergewächse** oder **Grossularieen.**

Der Maulbeerbaum.

Dieser 30 bis 40 Fuß hohe Baum von ziemlichem Umfange wird bei uns nur angepflanzt. Wir finden ihn an Wegen, Chausseen, als Einfassung der Kirchhöfe, auf öffentlichen Plätzen und in Plantagen. Er stammt aus dem gemäßigten Asien, aber er verträgt auch sehr gut das europäische Klima, wenigstens in einigen seiner Arten. Dieses sind hauptsächlich zwei Arten, nämlich der schwarze Maulbeerbaum (Morus nigra L.) und der weiße Maulbeerbaum (Morus alba L.). Der erstere trägt schwarzblaue, der letztere gelblich weiße Früchte. Dieselben bilden Beeren von der Größe und Gestalt unserer Garten-Himbeere, und haben einen sehr süßlichen Geschmack. Bei diesem Baume sind die männlichen und weiblichen Blüthen getrennt und bilden kleine Kätzchen, wie wir sie im ersten Frühjahr recht deutlich an den Weiden sehen können. Bei der ersten Art, nämlich bei dem schwarzen Maulbeerbaum, haben die weiblichen Kätzchen nur einen ganz kurzen Stiel und sind fest sitzend, während sie bei dem weißen Maulbeerbaum so lang sind, wie der Blüthenstiel selbst. Auch unterscheiden sie sich noch durch die Blüthenhülle und durch die Narben, denn bei der ersteren ist dieselbe rauhhaarig und bei der letzteren kahl.

Die kleine grünliche Blüthe erscheint schon im Mai mit den Blättern zugleich. Diese sind herzeiförmig, am Grunde ungleich, ungetheilt oder lappig, mit ungesägtem Rande.

Man pflanzt diesen Baum wegen seiner Blätter, denn dieselben dienen den Seidenraupen, welche die Seide spinnen, zur Nahrung, und da diese nichts Anderes, was in größerer Menge bei uns wächst, fressen, als nur Maulbeerblätter, so hat man, um die Seidenzucht auch bei uns treiben zu können, diesen Baum anpflanzen müssen.

Ursprünglich fand sich die Seidenraupe nur in China, wie auch der Maulbeerbaum. Bald kam man dahinter, aus dem Gespinnst dieser Raupe Nutzen zu ziehen, man haspelte die Kokons ab, und bereitete aus diesen feinen Fäden die Seidenzeuge. Schon lange vor Christi Geburt hatten die Chinesen Kleider von Seide. Die Pflege der Seidenraupe übernahmen die Frauen und zur Aufmunterung für die Unterthanen stellte sich die Kaiserin an die Spitze, gleichwie der Kaiser jährlich die erste Furche pflügt. — Da es aber bis in die neueste Zeit bei strenger Strafe verboten war, irgend etwas aus dem Lande zu bringen, so war der Seidenbau lange, lange Zeit ein Geheimniß der Chinesen und erst ganz allmälig kamen die Seidenraupen und die Maulbeerbäume nach den umliegenden Ländern.

Erst zweihundert Jahre nach der Völkerwanderung gelangte der Seidenbau auch nach Europa, wo ihn der Kaiser Justinian einführte. Von den Römern, die Glanz und Pracht über Alles liebten, wurden sehr viele seidene Stoffe zu Kleidern verwendet.

Die Griechen bekamen ihre seidenen Waaren von den Persern, welche, froh im Besitz dieses wichtigen Artikels, das Ausführen der Seidenwürmer oder der Eier, gleich den Chinesen, streng verboten hatten. Am Kaiserhofe zu Konstantinopel wurde es gleichfalls unter den Reichen Mode, seidene Stoffe zu tragen, und daher das Verlangen nach ihnen weit reger als zuvor. Da aber Justinian, wie seine Vorgänger, mit den Persern unaufhörlich Krieg führte, und die persischen Karawanen keine Seide mehr brachten, so befahl der Kaiser, den arabischen Meerbusen hinunter nach Indien zu schiffen, und die Seide unmittelbar aus ihrem Vaterlande zu holen. Während man auf dieses Unternehmen dachte, erschienen im Jahre 530 v. Chr. zwei christliche Mönche, die, um Heiden zum Christenthume zu bekehren, Persien und Indien durchwandert hatten, brachten die ersten Kokons nach Europa und erzählten dem Kaiser, wie die Seidenwürmer gezogen, genährt und gepflegt werden müßten, und bemerkten zugleich, wie leicht er die Seidenzucht in seinem Lande einführen könne. Justinian war darüber aufs Freudigste überrascht und beschenkte sie sehr reichlich. Doch scheinen die Mönche nur den Saamen des weißen Maulbeerbaums bei sich gehabt zu haben, denn sie waren der Meinung, daß sich die Raupen, wie in China, von selbst auf den Bäumen anfinden würden, sobald diese etwas hervorgewachsen sein würden. Sie hatten sich aber natürlich getäuscht und mußten daher wieder, ermuntert durch des Kaisers Versprechungen, nach China zurückreisen, um Seidenschmetterlingseier zu holen, obgleich in China die Todesstrafe über den verhängt war, welcher die Eier über die Gränzen des Reiches hinaustrug. Glücklich kamen sie mit den Eiern, welche sie in ihren ausgehöhlten Wanderstäben verborgen hatten, im Jahre 552 in Konstantinopel an; die Eier wurden, sobald sich im folgenden Frühjahr die Blätter an den Maulbeerbäumen zeigten, durch die gleichbleibende Wärme im Miste ausgebrütet und gleich im ersten Jahre eine bedeutende Anzahl Kokons gewonnen.

Griechenland und besonders Morea zeichnete sich bald durch die Zucht der Seidenwürmer aus, und letzteres soll sogar seinen Namen von den vielen Maulbeerpflanzungen erhalten haben. — Nach und nach verbreitete sich die Seidenzucht über ganz Europa, kam endlich auch nach Deutschland und mit ihr der unentbehrliche Maulbeerbaum. In Preußen ist es Friedrich der Große, der die Seidenzucht einführte, so daß jetzt hier eine Menge Seide gewonnen wird. Er veranlaßte überall die Anpflanzung des Maulbeerbaums, und viele alte Bäume, besonders auf den Kirchhöfen, legen Zeugniß davon ab, wie angelegentlich er für ihre Anpflanzung sorgte.

Schließlich erwähnen wir noch, daß die Rinde des Maulbeerbaums sehr zähe ist, und sich sogar zu Stricken verarbeiten läßt; und aus der des schwarzen Maulbeerbaums fertigt man in China und Japan Papier. Das Holz des weißen Maulbeerbaums benutzt man in Italien und der Provence zu allerlei Gefäßen, da es im Wasser als sehr dauerhaft sich bewährt.

Dem Aeußeren nach hat dieser Baum viel Aehnlichkeit mit einem bei uns wachsenden Baum, mit der Ulme; Wunder nimmt es uns aber, daß er mit einigen höchst unscheinbaren bei uns wachsenden Pflanzen zu derselben Verwandtschaft gehört, nämlich mit der Brennnessel (Urtica L.), mit dem Glanzkraut (Parietaria L.), mit dem Hanf (Cannabis sativa L.) und mit dem Hopfen (Lupulus Humulus L.). Obgleich diese in ihrer Gestalt ganz verschieden erscheinen, so ist doch die Bildung ihrer Blüthe und Frucht ganz ähnlich, und dadurch wird ihre Verwandtschaft bedingt, aber auch noch dadurch, daß bei allen die Rinde sehr zähe ist und zu Stricken verarbeitet werden kann. Sie bilden die Familie der **Nesselgewächse** oder **Urticeen.**

Der Wallnußbaum.

Zur Weihnachtszeit, wenn die Vorbereitungen zur Weihnachts-Bescheerung getroffen werden, wird die Frucht dieses Baumes lebhaft gesucht nnd deshalb findet man auf den Märkten große Säcke voll Nüsse (Wallnüsse) ausgestellt. Dieselben haben eine harte, holzartige Schaale, die sich in zwei Klappen öffnet. Der darin enthaltene Kern ist aber nicht rund, wie die Schaale, sondern zierlich zerschlitzt und geschnörkelt und durch hautartige Scheidewände fast in 4 Theile zerlegt. Nur da, wo der Keim für den neuen Baum enthalten ist, findet eine Vereinigung dieser 4 Flügel Statt. Dieser Kern ist mit einer schmutzig gelben Haut umhüllt, welche einen bittern Geschmack hat; wenn dieselbe aber entfernt ist, denn sie löst sich leicht ab, so schmeckt der Kern desto süßer. Der Kern mit dieser bittern Hülle ist die Lösung des Räthsels: Was ist so süß wie Honig und doch so bitter wie Galle? — Aus den Kernen der reifen Früchte wird noch ein vortreffliches Oel gepreßt. Viele Nüsse dienen aber den Kindern in der Weihnachtszeit als Naschwerk und man kann bei jeder Bescheerung sie sowohl unter als an dem Weihnachtsbaum prangen sehen, sogar mit zierlichen Goldblättchen überkleidet.

Doch in der Gestalt, wie wir die Nüsse auf dem Markt, und bei der Weihnachts-Bescheerung sehen, wachsen sie an den Bäumen nicht. Dort sind sie vielmehr noch mit einer glatten, grünen, fleischigen Schaale, ähnlich wie die Kastanien überzogen, welche sich später ablöst. Es sitzen an einem gemeinschaftlichen Stiele immer zwei, drei und noch mehrere an einander gedrängt.

Ehe die Früchte zur Reife gelangen, werden schon viele gepflückt, zerschnitten und mit Zucker eingemacht, oder mit Branntwein abgezogen. In dieser Form kommen sie auf die Tische vornehmer Leute, um nach Beendigung des Mahles oder zwischen den einzelnen Gängen genossen zu werden. Auch die Nußschaalen von den reifgewordenen Nüssen werden nicht weggeworfen, sondern ausgekocht, um daraus eine gute braune Farbe und auch Laugensalz zu gewinnen. Die einhäusigen, wenig in die Augen fallenden, grünlichen Blüthen, welche den Griffel enthalten, erscheinen schon im Mai und sind zwischen den großen glänzenden Blättern ebenso versteckt, wie nachher die Früchte; dagegen bilden die Blüthen mit den Staubfäden lange braune Kätzchen. Die Blätter bestehen aus einem langen Stiele, an dessen Spitze ein, und an den Seiten in abwechselnder Stellung 6 oder 8 Blättchen stehen. Diese Blättchen sind ebenfalls noch kurz gestielt, von ovaler Form und etwas gesägt. Solche Blätter von dieser Bildung werden unpaarig-gefiederte Blätter genannt. — Die Blätter dieses Baumes werden in der Medizin angewendet.

Der Wallnußbaum (Juglans regia L.) stammt aus Asien, und wahrscheinlich aus Persien, von wo er über Italien nach Deutschland gekommen ist, und jetzt häufig angepflanzt wird. Obschon er ein südlicher Baum ist, so gedeiht er doch sehr gut auch in kälteren Himmelsstrichen. Nur die in manchen Jahren spät eintretenden Nachtfröste thun den Blüthen und den jungen Sprossen oft großen Schaden, woher es denn kommt, daß in manchen Jahren und selbst in mehreren hintereinander bei uns keine Wallnüsse gewonnen werden. Zwar erhalten wir immerhin welche aus den südlicheren Ländern, aber sie sind alsdann sehr theuer. Der Baum bildet eine breite, schöne und dicht belaubte Krone, wird sehr hoch und zeichnet sich vor den meisten anderen Obstbäumen dadurch aus, daß er selten von einer Krankheit befallen und nie von Insecten angegriffen wird, da die in dem Holze und den Blättern enthaltene Lauge jedes Thier fern hält. Er ist sehr dauerhaft und erreicht ein hohes Alter. Je fester und steiniger der Boden ist, in welchem er gepflanzt ist, desto fester und schöner wird sein Holz. Er liebt eine hohe, freie Lage und einen festen, lehmigen und fetten Boden. Seinen besten Standort findet er an breiten Straßen, hochgelegenen Abhängen und Ackerrändern. Das Holz, welches einen bedeutenden Handelsartikel ausmacht, eignet sich vorzüglich für Tischler, Instrumentenmacher und Büchsenschäfter, und die alten Nußbaummöbeln unserer Vorväter konnten in Eleganz mit den jetzigen Mahagoni-Möbeln wetteifern und übertrafen diese bei Weitem an Dauerhaftigkeit.

In Deutschland hat dieser Baum keine näheren Verwandten; er allein bildet die Familie, welche man **Wallnußgewächse** oder **Juglandeen** genannt hat.

Der Kohl.

Außer den Kartoffeln giebt es bei uns keine Pflanze, welche häufiger als Speise auf unseren Tisch kommt, als der Kohl. Die Gärtner haben deshalb schon in der frühesten Zeit die mannigfaltigsten Versuche gemacht, um ihn für die Tafel des Fürsten bis zu der des Hüttenbewohners herab immer schmackhafter zu machen. Es ist ihnen in hohem Maaße gelungen, denn den deutlichsten Beweis liefern uns die vielen Kohlsorten, die in ihrer Form sowohl, als in dem Gebrauch der verschiedenen Theile jetzt so von einander abweichen, daß der Unkundige in ihnen nicht mehr erkennen kann, ob sie verwandt sind, vielweniger, daß sie alle gleichen Ursprung von ein und derselben Pflanze haben. Der gemeinschaftliche Name für alle die verschiedenen Kohlsorten ist: Gartenkohl (Brassica oleracea L.). Die Blätter dieser gewöhnlichen Art, welche noch in England am Meeresufer wild wächst, sind kahl und meergrün gefärbt. Die unteren Blätter sind gestielt und leierförmig, die oberen dagegen sind sitzend und länglich. Die **Blüthen** bilden, da sie alle an einem Stiel zusammengehäuft sind, eine lockere Traube, welche schon vor dem Aufblühen sich bedeutend verlängert hat. Der **Kelch**, welcher die weißgelbe, seltener weiße **Blumenkrone** schützt, ist aufrecht und vor dem Aufblühen fest geschlossen. Ebenso stehen die Staubgefäße sämmtlich aufrecht. Die Zeit der Blüthe fällt in den Mai und Juni. — Er wird in vielen Spielarten theils auf dem Felde, theils in Gärten gebaut, um entweder die Blätter, die Strünke, die Knollen oder die Blüthen zur Speise zu verwenden.

Die gewöhnlichsten Abarten sind:

a) Der **Winter-** oder **Blattkohl**. (Brassica acéphâla DC.). Er hat einen verlängerten, stielrunden Stengel mit ausgebreiteten, keine Köpfchen bildenden Blättern. Sind diese Blätter flach, und buchtig-fiederspaltig, so ist es der **grüne** oder **röthliche Blattkohl** (B. aceph. vulgaris DC.); sind sie aber gespitzt, flach, nicht oder doch nur ganz schwach wellenförmig, so ist es der **Grünkohl** (B. aceph. quercifolia DC.); und sind sie kraus, fiederspaltig mit länglichen, eingeschnittenen Lappen, und braun, so ist es der **Braunkohl** (B. aceph. crispa).

b) Der **Rosenkohl**. (Brassica gemmifera DC.). Der Stengel desselben ist 2 bis 3 Fuß hoch mit halbgeschlossenen Endköpfchen und zahlreichen, geschlossenen Seitenköpfchen, aus welchen im Frühjahre des zweiten Jahres die Blüthenstengel hervortreten. Die einzelnen Blättchen, welche die Köpfe bilden, sind blasig.

c) Der **Welschkohl**, **Wirsingkohl** oder **Savoyerkohl**. (Brassica sabauda L.). Der Stengel ist etwas verlängert und stielrund. Die Blätter sind ungetheilt oder wenig geschlitzt, aber blasig oder kraus und zu einem lockeren, rundlichen oder etwas länglichen Köpfchen verbunden.

d) Der **Kopfkohl** (Brassica capitata L.). Er hat einen kurzen, ebenfalls stielrunden Stengel, gewölbte, meist völlig glatte Blätter, die vor der Blüthe zu einem festen Kopfe verbunden sind. Ist ihre Farbe weiß, dann heißt die Pflanze **Weißkohl**, ist sie aber röthlich, dann heißt sie **Rothkohl**.

e) Der **Kohlrabi** (Brassica gongylodes L.). Der Stengel dieser Pflanze ist über dem Boden zu einer weißfleischigen, kugelförmigen Masse verdickt. Man nennt diese Abart auch **Obererdkohlrabi** oder **Oberkohlrabi** zum Unterschiede von der Kohlrübe, bei welcher der Wurzelhals in der Erde zu einem rundlichen Knollen anschwillt.

f) Der Blumenkohl oder Käsekohl. Die Blätter desselben sind theils ungetheilt, theils eingeschnitten; die oberen Blätter und Blüthenstiele verdicken sich zu einer weißgelben, käseartigen Masse, in welcher die oft fehlschlagenden Blüthen verborgen sind, und gerade dieser Theil ist es, welcher zur Speise dient.

Es giebt außerdem noch viele Benennungen für die eine oder andere Art, welche vielleicht in verschiedenem Boden gezogen, von den oben angeführten Arten etwas abweichen; auch die Orte, wo die eine oder andere Art sehr gut gedeiht, geben derselben den Namen, und deshalb hört man z. B. von Erfurter Kohl, Braunschweiger Kohl u. s. w.

Es ist in sofern zweifelhaft, ob der erwähnte an dem Meeresufer Englands wild wachsende Kohl die Stammart der vielen Abarten ist, da schon die Griechen, Römer, selbst Juden Kohl als Gemüse bauten, und ist schwerlich anzunehmen, daß diese ihn erst von England geholt haben sollten. Die Aegypter benutzten ihn, wahrscheinlich den Saamen, um wie noch aus mehreren anderen Pflanzen Oel zu bereiten. In Deutschland z. B. in Sachsen baute man ihn schon vor der Völkerwanderung und Karl der Große sowohl als die Hohenstaufen sorgten mit haushälterischem Blicke für seine Verbreitung unter ihren Unterthanen. Nach Australien wurde er ebenfalls von Europa aus verpflanzt und auf Java hat er für sein Gedeihen vortrefflichen Boden gefunden.

Der Rübenkohl oder Rübsen.

Wenn man die vorige Pflanze oder vielmehr Pflanzenreihe hauptsächlich wegen der Blätter anbaute, so baut man diese, den Rübsen (Brassica Rapa L.) hauptsächlich wegen der Früchte an, denn diese haben eine bedeutende Menge Oel in sich, und deshalb wird der Saame dieser Pflanze, nachdem er aus den Schötchen herausgelöst ist, zerstoßen und gepreßt. Das daraus gewonnene Oel dient großentheils als Brennmaterial in unseren Lampen, und Tausende von Tonnen des bekannten Rübsenöls werden alljährlich verbraucht.

Die untersten Blätter dieser Pflanze sind grasgrün, leierförmig-fiederspaltig, die folgenden dagegen meergrün und nur leierförmig und die oberen sind sogar nur eiförmig mit tiefherzförmigem Grunde und stengelumfassend. Die schwefelgelben Blüthen stehen in einer Traube, welche während des Aufblühens flach ist, und erst nach dem Verblühen eine verlängerte Form annimmt. Die schon geöffneten Blüthen ragen über die noch geschlossenen empor. Der Kelch legt sich nach und nach zurück, und steht zuletzt ganz wagerecht ab von der Blumenkrone. Nach dem Verblühen bildet sich ein kleines etwa zwei Zoll langes rundliches Schötchen, welches zur Zeit der Reife, wie die ganze Pflanze, vertrocknet und weiß wird. In diesem Schötchen sitzen die kleinen runden Saamen von brauner Farbe. Man mäht die reife Pflanze ab und drischt sie aus, wobei die Schötchen aufspringen und die Körnchen herausfallen.

Der Rübenkohl oder Rübsen ist theils einjährig, theils zweijährig. Man baut ihn besonders in drei Abarten. Jedoch kommt er auch noch wild vor; die wilde Pflanze (Brassica campestris L.) ist einjährig oder überwintert aus spät ausgefallenem Saamen. Die einjährige Pflanze blüht im Juli und August, die überwinterte aber schon im April und Mai. Hiervon stammen die drei angebauten Arten ab.

Die erste ist der Sommer-Rübsen (Brassica Rapa annua Koch.). Er ist einjährig und hat deshalb nur dünne und schwache Wurzeln. Der Stengel, die Schoten und Saamen sind kleiner als bei den beiden folgenden Arten. Er wird häufig als Oelpflanze angebaut und man sieht seine schön gelben Blumen im Juli und August auf weit ausgedehnten Feldern prangen.

Die zweite ist der Winter-Rübsen (Brassica Rapa oleifera DC.). Er ist zweijährig, hat ebenfalls dünne, aber tiefer gehende Wurzeln, und wird bereits im Herbst ausgesäet. Er hat bei Beginn des Winters schon üppige Blätter entfaltet, welche aber in strengen Wintern absterben, durch die übergroße Feuchtigkeit verwesen und den im Frühjahr aufschießenden Pflanzen gleichsam zur Düngung dienen. Er entwickelt sich viel schneller als die vorige Art, denn schon im April und Mai entfaltet er seine Blüthen. Die Schoten und Saamen sind größer als bei dem Sommer-Rübsen. Diese Art wird als Oelpflanze fast noch häufiger gebaut als die erste; ihre Bülthen enthalten viel Honigsaft und deshalb ist die Zeit der Rübsenblüthe eine reiche Ernte für die Bienen. Man trifft daher in Gegenden, wo der Rübsen in größerem Umfange gebaut wird, auch viele Bienenstöcke an.

Die dritte Art ist die weiße Rübe (Brassica Rapa esculenta

Koch.). Während man die beiden ersten Arten wegen ihrer Früchte baute, so baut man diese Art hauptsächlich wegen ihrer Wurzel. Diese wird öfters armsdick, ist fleischig, von spindelförmiger oder rundlicher Gestalt und wird zuweilen gegessen, häufiger aber als Viehfutter verwendet, namentlich benutzt man sie vielfältig zur Mastung der Rinder. Sie ist zweijährig und blüht im zweiten Jahre schon im April und Mai. Doch zur Blüthe läßt man nur immer einzelne Pflanzen gelangen, um aus ihnen den Saamen zur Aussaat zu gewinnen. Die meisten werden im ersten Jahre verbraucht, wo sich besonders die Wurzel und das Kraut entwickelt; erst im zweiten Jahre wächst der Stengel empor und trägt Saamen. Die weiße Rübe gewährt den Landbesitzern noch den Vortheil, daß ihnen ihr Boden zwei Ernten trägt, denn nachdem das Getreide, namentlich Roggen, Gerste, Weizen, auch Flachs abgeerntet ist, kann man das Feld mit weißen Rüben besäen, und wenn einige fruchtbare Regen eintreten, auf eine recht ergiebige Ernte rechnen.

Eine Abart hiervon ist das viel kleinere, kaum fingerdicke, wohlschmeckende und gern gegessene Teltower Rübchen.

Schon die Römer bauten die weiße Rübe als Küchengewächs, und als sie mit den Galliern zusammentrafen, hatten diese ebenfalls eine große Rübenart, womit sie sich und ihr Vieh während des Winters ernährten. Ob sie schon den alten Deutschen bekannt war, ist zweifelhaft, aber zu Karls des Großen Zeiten erwähnen einzelne Schriftsteller schon der Teltower Rübe.

Man verschmähete es gleichfalls nicht, sie nach Amerika und Australien zu verpflanzen und die zopftragenden Chinesen beschäftigten sich schon lange mit ihrem Anbau.

Der Raps.

Eine noch wichtigere Pflanze als der Rübsen ist der Raps oder Kohlraps (Brassica Napus L.), denn er hat sich wegen des Oelgehalts seiner Früchte zu einer der wichtigsten Pflanzen in der Landwirthschaft erhoben. Er findet sich jetzt noch wild an sandigen Seeufern in Gothland (Schweden), Holland und England. — Ueber den Anfang seiner Kultur haben wir keine bestimmten Nachrichten, doch scheint sie von Belgien ausgegangen zu sein, von wo sie sich über Holland weiter verbreitete, sehr bald in den Rheingegenden

Aufnahme fand und dann etwas später in Niedersachsen mit nicht minderem Erfolge gekrönt wurde.

Am meisten Eingang fand jedoch der Anbau des Rapses in **Holstein**, denn dort hat er sich wohl am großartigsten entwickelt und ist zu einer der am meisten Gewinn bringenden Kulturarten geworden. Erst in der letzten Hälfte des 17. Jahrhunderts drang sein Anbau auch ein in das Herz **Deutschlands**, denn im Jahre 1781 brachte ihn der verdienstvolle Schubert von Kleefeld nach **Sachsen**. Zuerst wurde er dort um Leipzig ausgesäet, hatte sich aber schon nach wenigen Jahren in der ganzen Umgegend verbreitet. Auch die Regierungen erkannten die Wichtigkeit dieser Pflanze und ermunterten ihre ackerbauenden Unterthanen in jenem Streben.

Nach **Süddeutschland** brachten ihn die von Herzog Alba aus den Niederlanden vertriebenen Protestanten. Mit der Kultur des rothen Klees kam er nach der Pfalz und verbreitete sich von da aus nach Schwaben. In Würtemberg giebt es Gegenden, wo er wie z. B. um Neckarsulm, Oehringen und Künzelsau in großer Menge angebaut wird.

In rauheren Gegenden wird er durch den Winterrübsen ersetzt.

Er hat viel Aehnlichkeit mit dem Rübsen, hat jedoch einzelne so abweichende Merkmale, daß man ihn nicht als von derselben Pflanze abstammend ansehen darf.

Seine **Blätter** sind von meergrüner Farbe; die unteren sind etwas gestielt und leierförmig-fiederspaltig, die oberen dagegen sind länglich mit verbreitertem, herzförmigem Grunde, ungestielt und ihre Blattlappen legen sich noch theilweise um den Stengel herum (halbstengelumfassend). Die **Blüthen** stehen in lockeren Trauben, die schon während des Aufblühens verlängert sind. Die geöffneten Blüthen stehen bei dieser Pflanze **tiefer** als die noch nicht aufgeblüheten. Der **Kelch**, hinfällig wie beim Rübsen, ist ebenso zweitheilig und zuletzt halb offen.

Der Raps ist sowohl ein-, als auch zweijährig. Er wird besonders in drei Abarten gebaut, von denen die beiden ersteren wegen ihres Saamens, letztere dagegen wegen ihrer Wurzel, gebaut werden. — Der **Winter-Raps** (Brassica Napus oleifera DC.) ist zweijährig, wird schon im Herbst gesäet, wo er seine dünne Wurzel und die Wurzelblätter entwickelt und erst im nächsten Frühjahr steigt der saamentragende Stengel empor. Die Blüthen sind dunkler gelb und brechen im April und Mai auf. Der **Sommerraps** (Brassica

Napus annua Koch) hat gleichfalls eine dünne Wurzel, wird im Frühjahr gesäet, entfaltet seine hellen gelben Blüthen im Juli und August und reift im September, ist also einjährig.

Die dritte Abart ist die Kohlrübe, Steckrübe oder Erdkohlrabi (Brassica Napus esculenta DC.). Sie ist zweijährig. Im ersten Jahre entwickelt sie ihre sehr fleischige, dicke, kugelige, sehr schmackhafte Wurzel, und einen Blätterbüschel; im zweiten Jahre treibt sie den Stengel und entfaltet im Mai ihre Blüthen, welche fast weiß gefärbt sind. Doch nur einige kommen zur Blüthe, die meisten werden im ersten Jahre theils als Gemüse, theils als Viehfutter verwendet.

Der Rettich.

Unter den einfachen Nahrungsmitteln unserer deutschen Vorfahren spielt der Rettich eine bedeutende Rolle und noch jetzt wird er gebaut, doch nicht um unseren Hunger zu stillen, sondern um unseren nicht selten geschwächten Appetit wieder rege zu machen.

Der Garten-Rettich (Raphanus sativus L.) gehört zu den Kreuzblüthlern, ist daher in dem Bau seiner Blüthe den beiden vorigen Pflanzen ähnlich. Er ist eine zweijährige Pflanze, die im ersten Jahre die Wurzel zur Ausbildung bringt und erst im zweiten Jahre die Blüthe entfaltet und den Saamen reifen läßt. Dieser ist nicht glatt, sondern netzig-runzelig. Die Blätter sind leierförmig, und die Blumenkrone ist entweder blaßviolett oder weiß, mit dunkleren Adern durchzogen. Die Blüthezeit fällt in den Mai und Juni. Der Stengel erreicht eine Höhe von 2 bis 4 Fuß.

Diese Pflanze stammt aus Asien und wird jetzt in mehreren Abarten bei uns gebaut, kommt aber auch verwildert vor. Die beiden Hauptarten sind der schwarze Rettich (R. sativus niger DC.) mit großer, fleischiger, außen grau-schwarzer Wurzel und das Radieschen (R. sativus Radiola DC.), mit kleinerer, fleischiger, runder oder länglicher, außen röthlicher oder weißer Wurzel.

Unter den vielen Abänderungen in Bezug auf Gestalt, Farbe und Größe der Wurzel des Rettichs, sowie auf die Zeit der Aussaat, unterscheidet man Sommer-, Herbst- und Winter-Rettiche, ferner die weißen spanischen, die schwarzen erfurter, welche bei vollkommener Weichheit und Saftigkeit nicht selten die Größe eines

Kinderkopfes erreichen; die korinthischen, deren Knollen über der Erde sich befinden, und die Sand-Rettiche, welche sich weniger zum frischen Genuß eignen.

Die Rettiche sind, wenn sie nicht einen zu scharfen, beißenden Saft enthalten, eine gute, die Verdauung befördernde Speise. Früher hat man sich als Arzneimittel des Saftes der großen schwarzen Rettiche mit Zucker, Honig oder auch mit Baumöl gemischt, gegen Steinbeschwerden, Heiserkeit, Husten und andere Brustbeschwerden bedient. Auch jetzt noch ist die Anwendung des Rettichsaftes, mit Candiszucker vermischt, als ein nützliches Hausmittel gegen Husten, Heiserkeit, Katarrh, ja selbst gegen den Keuchhusten, im Volke bekannt.

Das Radieschen ist eine durch Kultur entstandene Abart des Rettichs, das in Bündelchen gewickelt auf unseren Märkten im Mai und Juni ausgestellt ist und den ersten Segen der fruchtbaren Muttererde vergegenwärtigen hilft. Man unterscheidet bei ihm das runde Radieschen oder Glasradieschen, das lange Monatsradieschen und das Forellenradieschen.

Die Römer und Griechen bauten bereits den Rettich an, letztere sogar schon in mehreren Sorten. Erstere mochten ihn vielleicht erst aus Deutschland erhalten haben, da der Schriftsteller Plinius schreibt, daß der Rettich, als die Römer in unser Vaterland eindrangen, ihre besondere Aufmerksamkeit erregt habe. Karl der Große und viele Mönche versäumten nicht, diese Pflanze, deren Wichtigkeit als Gemüse in früherer Zeit viel bedeutender war, mit aller Sorgfalt zu kultiviren und zu verbreiten. Nach Amerika verpflanzt, gediehen sie dort nach Peter Marthyr's Bericht aus Alcala vom 10. Januar 1494 so gut, daß man schon 15 Tage nach ihrer Aussaat sie essen konnte.

Der Meerrettig.

Wie der Rettich wird auch der Meerrettig (Cochlearia Armoracia L.) wegen der Wurzel angepflanzt. Die Wurzel ist kriechend, groß, stark und ästig. Die Gärtner ziehen sie etwas an, damit sie sich nicht in die Länge, sondern mehr in die Dicke ausbreiten soll, daher findet man bei denen, die auf den Märkten feil geboten werden, an ihrem unteren Ende einen merklichen Wulst. In ihr ist ein flüchtiger scharfer Stoff enthalten, welcher auf der Zunge brennt und wenn die Wurzel gerieben wird, beim Verflüchtigen die Augen dermaßen beizt, daß ihnen Thränen entquellen. Dieser Stoff findet sich gleichfalls im Saamen des Senfs, aus dem man Mostrich bereitet, ferner in den Blättern und Stengeln der Brunnen- und Gartenkresse, des Löffelkrauts und auch in der Wurzel des Rettichs, doch bedeutend schwächer. Insbesondere findet er sich im Meerrettig und Senfsaamen so concentrirt, daß man beide medicinisch benutzt, indem man aus letzterem die bekannten Senfteige bereitet, ersteren dagegen frisch reibt und Umschläge macht. Im Winter und Herbst sind die Meerrettig-Umschläge sogar den Senfteigen vorzuziehen, weil sie die Haut weit schneller reizen. Auch verhindert und heilt die Schärfe des Meerrettigs die unter dem Namen Skorbut bekannte Krankheit.

Der Skorbut oder Scharbock ist eine meistens längere Zeit andauernde Krankheit der Ernährungsorgane, bei welcher das Blut und später auch die festen Theile des Körpers eine zu fauliger Auflösung neigende Beschaffenheit zeigen. Niedergeschlagenheit des Geistes und Sinken der Körperkräfte kündigen die Krankheit an, deren Erkenntniß durch bleiche, schmutzige Gesichtsfarbe, angeschwollenes, dunkel gefärbtes und leicht blutendes Zahnfleisch, Entstehung von blaurothen Flecken auf der Haut, Geschwulst an den Füßen und Ausfallen der Zähne erleichtert wird.

Später verschlimmern sich diese Symptome, es gesellt sich dazu ein Schmerz in den Gliedern und Gelenken, Geschwürbildung in den blaurothen Flecken, öftere Blutung, Brand und allgemeine Anschwellung des Körpers, bis unter allgemeiner Lähmung der Tod eintritt.

Die Krankheit entsteht durch ungesunde Luft, ungesunde Nahrung, niederdrückende Gemüthsstimmung u. s. w. Früher trat sie förmlich als Seuche auf, ist jedoch jetzt nur in den nördlichen Küstenländern Europa's einheimisch, scheint wenigstens aus den übrigen Ländern verschwunden zu sein.

Am meisten litten die Seefahrer der vergangenen Jahrhunderte unter dieser Seuche und auch in neuerer Zeit hatten die Nordpol-Expeditionen viel von dieser Krankheit zu leiden, da die schlechte Schiffsnahrung und das Zusammenleben in den engen Schiffsräumen ihren Ausbruch begünstigte.

Die Dauer der Krankheit ist meist eine längere und beschränkt sich nur selten auf einige Wochen, während sie gewöhnlich einige Monate, selbst Jahre besteht, ehe vollkommene Genesung oder der Tod die Leiden endigt.

Als vorzügliches Mittel gegen diese Krankheit hat sich das Löffelkraut (Cochlearia officinalis L.) und der Meerrettig bewährt, welches auch in Gegenden, wo der Skorbut noch jetzt auftritt, in großer Menge angetroffen wird. Außerdem zeigen sich aber auch noch wirksam Citronensäure, Essig, Kresse, Senf und Rettig.

Der Meerrettig ist eine perennirende Pflanze, welche an Ufern, feuchten Zäunen u. s. w. zerstreut wächst, bei uns aber meist nur verwildert ist, außerdem aber viel angepflanzt wird, um seine Wurzel auch zur Würze einzelner Speisen zu verwenden. —

Die Pflanze wird 2 bis 4 Fuß hoch, blüht im Juni und Juli und gehört zu den Kreuzblüthlern. — Die Kronenblüthen sind weiß. Die Saamen sitzen in Schötchen und sind glatt. Die unteren Blätter sind länglich, herzförmig oder eiförmig-länglich und gekerbt; die mittleren sind kammartig-fiederspaltig, die oberen sind eiförmig-lanzettlich, gekerbt-gesägt und die obersten sind linealisch und fast ganz.

Im Alterthume pflanzten die Griechen den Meerrettig; in Deutschland wurde er von Karl dem Großen und den Hohenstaufen in sämmtlichen Domainen angepflanzt.

Von der Familie, welcher der Rettich, der Meerrettig und die Kohlarten angehören, kommen noch eine Menge bei uns wildwachsender Arten vor. Diese sind: der Goldlack (Cheiranthus Cheiri L.), der auch in Gärten und Töpfen gezogen wird, die gebräuchliche Brunnenkresse (Nasturtium officinale R. Br.), die ortwechselnde Brunnenkresse (N. amphibium R. Br.), die österreichische Brunnenkresse (N. austriacum Crtz.), die meerrettigartige Brunnenkresse (N. armoracoides Tausch.), die Wald-Brunnenkresse (N. silvestre R. Br.), die Sumpf-Brunnenkresse (N. palustre DC.), die gemeine Winterkresse (Barbarea vulgaris R. Br.), die krummschootige Winterkresse (B. arcuata Rchb.), die steife Winterkresse (B. stricta Andrz.), das kahle Thurmkraut (Turritis glabra L.), die rauhhaarige Gänsekresse (Arabis hirsuta Scop.), die Sand-Gänsekresse (A. arenosa Scop.), das Wald-Schaumkraut (Cardamine silvatica Lk.), das behaarte Schaumkraut (C. hirsuta L.), das Wiesen-Schaumkraut (C. pratensis L.), das bittere Schaumkraut (C. amara L.), die zwiebeltragende Zahnwurz

(Dentaria bulbifera L.), die gemeine Nachtviole (Hesperis matronalis L.), der gebräuchliche Raukensenf (Sisymbrium officinale Scop.), der langblättrige Raukensenf (S. Irio L.), der feinblättrige Raukensenf (S. Sophia L.), der Lauchheberich (S. Alliaria Scop.), der Thal's Raukensenf (S. Thalianum Gaud.), der lackartige Schotendotter (Erysimum cheiranthoides L.) der Acker-Senf, auch Heberich (Sinapis arvensis L.), der weiße Senf (S. alba L.) gebaut als Arzneipflanze, die schmalblättrige Rampe (Diplotaxis tenuifolia DC.), das Berg-Schildkraut (Alyssum montanum L.), das kelchfrüchtige Schildkraut (A. calycinum L.), die graue Berterie (Berteroa incana DC.), die Frühlings-Hungerblume (Draba verna L.), der gebaute Leindotter (Camelina sativa Crntz.), der gezähnte Leindotter (C. dentata Pers.), das Feld-Pfennigkraut (Thlaspi arvense L.), die kahlstengelige Teesdalee (Teesdalea nudicaulis R. Br.), die Gartenkresse (Lepidium sativum L.) ist ein Küchengewächs, das Schutt-Pfefferkraut (L. ruderale L.), das gemeine Täschelkraut (Capsella Bursa pastoris Mnch.), die gemeine Feldkresse (Coronopus Ruellii All.), der Färber-Waid (Isatis tinctoria L.), der gemeine Heberich (Raphanistrum Lampsana Gaertn.) u. v. a. — Sie haben alle 4 kreuzständige Blumenkronenblätter, tragen schootenartige Früchte und gehören zu der Familie der **Kreuzblümler** oder **Cruciferen.**

Der Kümmel.

Der gemeine Kümmel (Carum Carvi L.) ist eine Pflanze, welche sich auf Wiesen, Ackerrändern u. s. w. häufig findet, wo sie theils wild, in vielen Fällen aber nur verwildert ist. Wenn man den Saamen auf einer Wiese ausstreut, so keimt er dort sofort und diese bringt sodann doppelten Nutzen, da das Heu durch das grüne Kraut der Pflanze noch an Güte gewinnt, denn die Blätter sind ein besonders gutes Viehfutter, die Menge des Heu's bleibt aber dieselbe und man hat außerdem noch den Saamen. Man darf freilich die Wiese nicht eher mähen, als bis der Saamen reif ist, und dann muß man die Saamen tragenden Stengel herauslesen. Außerdem aber wird der Kümmel auch noch auf besonderen Aeckern im Großen gebaut.

Die Wurzel des Kümmels ist spindelförmig, dabei aber meistens sehr ästig. Die Blätter sind doppelt gefiedert und jedes einzelne Blättchen noch fiederspaltig-vieltheilig, daher sind die Blätter sehr zerschlitzt. Die Blättchen haben linealische Zipfel. Die untersten Paare der Blättchen sind an dem gemeinschaftlichen Blattstiele kreuzweise gestellt. Die Pflanze ist zweijährig, sie blüht daher erst im zweiten Jahre, im Mai und Juni und erreicht eine Höhe von 1 bis 2 Fuß. Die Blüthen stehen gemeinschaftlich am äußersten Ende eines Stengels und bilden eine zusammengesetzte Dolde. Alle Pflanzen, deren Blüthen eine solche Dolde bilden, gehören zu der Familie der Doldenblüthler oder Umbelliferen.

Der Kelch der Blüthe ist undeutlich, die Krone ist fünfblättrig und weiß oder röthlich gefärbt. Den Griffel, welcher zurückgebogen ist, umgeben fünf Staubfäden. Die Frucht ist länglich-zusammengedrückt und sitzt frei auf einem an der Spitze getheilten Träger.

Der Kümmel ist eine Gewürzpflanze, welche besonders in der Gegend von Halle, in Thüringen und in Anhalt sehr häufig und im Großen angebaut wird. Man benutzt als Gewürz nur die Saamen, indem man sie an die verschiedensten Speisen thut, oder auch das Brot und anderes Backwerk, sowie den Kuhkäse, schmackhafter zu machen sucht. Ebenso bereitet man einen Branntwein, bekannt unter dem Namen Kümmel, daraus, welcher einen scharfen, brennenden, aber etwas süßlichen Geschmack hat. In einzelnen Gegenden preßt man auch Oel daraus. Außerdem dienen die Saamen noch als blähungstreibendes und magenstärkendes Mittel.

Man muß den Saamen sorgfältig verwahren, da ein Schmetterling, die Kümmelmotte, ihre Eier hineinlegt, und die ausgeschlüpften Larven ihn in großer Menge verzehren.

Der Anbau des Kümmels schreibt sich schon aus der Zeit des Mittelalters.

Die Möre.

Zu den Gemüse-Pflanzen, welche Jahr aus Jahr ein, fast wöchentlich, ihre Beiträge für unsere Kost liefern, gehört die Möre (Daucus Carota L.). Der zum Gemüse benutzte Theil ist die Wurzel, welche erst durch die Kultur schmackhaft geworden ist. Die Gestalt derselben ist spindelförmig. Da die Pflanze zweijährig ist, so entwickelt sich hauptsächlich im ersten Jahre die Wurzel und nur in diesem ist sie genießbar, während sie im zweiten holzig wird und abstirbt. — Der sich im zweiten Jahre entwickelnde 1—2 Fuß hohe Stengel ist dicht mit steifen Haaren besetzt. Auch die Blätter, sowohl die Wurzel- als auch die Stengelblätter sind behaart. Diese sind sehr getheilt, zwei- bis dreifach gefiedert; selbst die Blättchen sind noch fiederspaltig und endigen in lanzettlichen, haarspitzigen Zipfeln.

Die Hülle der Blume ist vielblättrig, und drei- oder fiederspaltig, die Hüllchen sind ebenfalls vielblättrig und gewimpert. Die Blumenkrone ist weiß und besteht aus fünf Blättern. Die Blüthezeit ist vom Juni bis in den September.

Die Möre gehört zu den Schirmpflanzen. Die Blüthen stehen daher in einer Dolde vereinigt, welche während der Blüthezeit flach ist, sich aber, wenn die Früchte ansetzen, immer mehr vertieft und zuletzt schüsselförmig wird.

Die Möre wächst durch ganz Deutschland fast überall wild, und findet sich besonders häufig auf Wiesen, Triften, Kirchhöfen und an Wegen. Sie ist für solche Oerter charakteristisch, indem sie der Landschaft einen besonderen Ausdruck verleiht.

Durch die Kultur ist sie jedoch zur Gemüse- und Futterpflanze veredelt worden, und man baut sie deshalb allgemein in Gärten und Feldern in großer Menge an.

In den Gärten kultivirt man zwei Unterarten, die eigentliche Möre und die Carotte. Letztere ist im Allgemeinen feiner und zartfleischiger als die erstere, und unterscheidet sich durch ihre blaßgelbe Farbe, während die Wurzel der eigentlichen Möre ziegelroth ist.

Da die Möre bedeutend zuckerhaltig ist, denn sie schmeckt sehr süß, so dient sie außer der allgemeinen Benutzung als Gemüse und Viehfutter, noch zur Bereitung von Zucker und besonders Syrup. In manchen Gegenden wird sie auch zerschnitten, getrocknet, gebrannt und so als Kaffeesurrogat verwendet, während in anderen Gegenden wieder Branntwein aus ihr destillirt wird.

Die Römer bauten die Möre vielfach an, erhielten sie wahrscheinlich aber erst aus Deutschland. Dem Gaumen des Kaisers Tiberius gefiel sie so sehr, daß er ihren Genuß sogar in Rom nicht entbehren mochte.

In Deutschland hat Karl der Große ihre Kultur durch seine Mustergärten überall ausgebreitet, und daher war es möglich, daß deutsche Seefahrer auch Neuholland damit beglücken konnten.

Nach England hat sie sich erst im 16. Jahrhunderte verbreitet, wird aber dort jetzt ebenso zahlreich wie bei uns gebaut.

Der Sellerie.

Der gemeine Sellerie (Apium gravéolens L.) kommt in Deutschland an salzhaltigen, feuchten und schattigen Orten und am Meeresstrande hin und wieder, jedoch meist sehr zerstreut vor. Der Wurzelstock dieser Pflanze ist dick, knollenartig, und die Wurzel, welche sich oft sehr zerspaltet, ist spindelförmig und geringelt. Da diese Pflanze zweijährig ist, so entwickelt sich der Stengel, welcher ein Höhe von 1 bis 3 Fuß erreicht, erst im zweiten Jahre; er ist meist aufrecht stehend, seltener etwas liegend und sehr ästig. Die Blätter sind lebhaft grün und glänzend; die an der Wurzel stehenden sind lang gestielt und gefiedert, meist aus fünf Fiederpaaren bestehend, die am Stengel befindlichen sind nur ganz kurz gestielt, nach oben sogar sitzend, und nur aus drei Theilen bestehend. Die einzelnen Fiedern der unteren Blätter sind alle groß und haben eine breite oft dreispaltige Spitze. Die Blüthen stehen zu vielstrahligen Dolden vereinigt und die einzelnen Döldchen sind halbkugelförmig. Sie sind sehr klein, ihre Kronenblättchen sind zwar weiß, aber so unscheinbar, daß eine solche Dolde, der die Hülle fehlt, von den Staubbeutelchen gelb erscheint. Die Blüthezeit dauert vom Juli bis September.

Die Wurzel dieser wild wachsenden Pflanze, welche in vielen Gegenden auch Eppich genannt wird, ist von scharfem Geruch, welcher fast betäubend wirkt, und wahrscheinlich dieser Eigenschaft wegen hält man ihn noch in vielen Gegenden für giftig. Selbst das Kraut hat einen ähnlichen Geruch und Geschmack, daher rühren es die Pferde durchaus nicht an und selbst die Rinder fressen es selten; von den Schafen und Ziegen wird es aber merkwürdiger Weise nicht verschmäht.

Als Küchengewächs angebaut, verliert die Wurzel ihre Schärfe, und die knollenartige Anschwellung derselben verdickt sich durch die Kultur zu einer merklichen Knolle. Man unterscheidet hauptsächlich zwei Sorten, den Krautsellerie, welcher die kleine und ästige Wurzel beibehält, und den Knollensellerie, mit der großen knolligen Wurzel.

Man baut den Sellerie sowohl wegen der Blätter als auch

wegen der Wurzel in Gärten an. Man benutzt beide Theile als Gewürz in den Suppen, und aus der Wurzel macht man auch, nachdem sie vorher gekocht wurde, einen kräftigen und nährenden Salat.

Payne hat in den Selleriekknollen einen Gehalt von 6 bis 7 Procent Mannazucker entdeckt, der sich in medizinischer Hinsicht eben so wirksam zeigen soll, als das Manna. Bis jetzt hat jedoch diese Entdeckung noch zu keiner allgemeinen Anwendung als Medizin geführt.

Der Sellerie gehört zu den Pflanzen, welche durch den Anbau eine bedeutende Veränderung in Form und Größe erfahren haben. Sein Anbau ist schon sehr alt. Griechen und Römer bauten ihn und in Deutschland erstreckt sich der Anfang seiner Kultur mindestens tausend Jahre zurück.

Die Petersilie.

Unter den Küchengewächsen, welche dazu dienen, verschiedene Speisen, namentlich Suppen zu würzen, steht in erster Reihe die Petersilie (Petroselinum sativum Hoffm.) Sie ist bei uns ursprünglich nicht einheimisch, sondern stammt aus Sardinien und Sicilien, wo sie an Quellen und Bächen wild wächst. Bei uns wird sie wegen ihres Krautes und wegen ihrer Wurzel in Gemüsegärten überall angebaut, auch hat sie sich schon daraus geflüchtet und kommt in der Nähe von Gärten mehrfach verwildert vor.

Wie der Sellerie ist auch diese Pflanze zweijährig. Die Wurzel ist meist spindelförmig und dünn, seltener ästig. Der Stengel aber ist sehr ästig und wird meist 2 bis 3 Fuß hoch. Von den Blättern, welche lebhaft glänzen, sind die unteren dreifach gefiedert und die Blättchen sind eiförmig, dreispaltig und gezähnt, die oberen dagegen sind ungestielt und dreizählig. Die Blüthen, welche in Dolden stehen, erscheinen im Juni und Juli. Die Dolden sind vielstrahlig, ihre Hülle ist 1 bis 2 blättrig und ihre Hüllchen 6 bis 8 blättrig.

Die Gärtner unterscheiden hauptsächlich drei Spielarten, nämlich: die gemeine Petersilie, die wurzelige Petersilie mit breiten Blättern und dicken Wurzeln und die krause Petersilie (Apium crispum Mill.) mit krausen, zierlichen Blättchen, die oft zum Decoriren der Speisen dienen.

Da die gemeine Petersilie schon oft zu Verwechselungen mit der Hunds-Gleiße (Aethusa Cynapium L.), und dem gefleckten

Schierling (Conium maculatum L.), welche giftig sind, geführt hat, und dadurch Vergiftungen vorgekommen sind, so ist zum Anbau für den Küchengebrauch besonders die krause Petersilie zu empfehlen, welche so leicht keine Verwechselung zuläßt; sonst aber ist sie noch an ihrem gewürzhaften Geruch zu erkennen, während die Hunds-Gleiße und der gefleckte Schierling, zwischen den Fingern gerieben, einen unangenehmen Geruch haben. — Berühmt sind die Erfurter und die große lange Bardowicker Petersilienwurzeln. In England, wo sie im Jahre 1548 aus Sardinien eingeführt wurde, und in Holland kultivirt man noch eine Spielart, deren Wurzel zwei bis drei Fuß lang wird.

Der Saame dieser Pflanze enthält ein gelbes ätherisches Oel. Dieses Oel ist es besonders, weshalb man den Saamen in der Medizin verwendet. Namentlich wirkt er gut auf die Verdauung. Zuweilen wird er auch von den Leuten aber nicht mit besonderem Erfolge zur Vertreibung des Ungeziefers angewendet. Auch das Kraut und die Wurzeln dienten in früherer Zeit zum Auflegen bei Drüsenverhärtungen, damit sich dieselben vertheilen sollten.

Die Schafe fressen das Kraut sehr gern, und Landwirthe haben deshalb schon den Vorschlag gemacht, den Saamen auf den Wiesen auszustreuen, um das Heu zu verbessern.

Die Römer bauten die Petersilie als Gewürzpflanze; unter den Gewächsen in den Gärten Karls des Großen wird sie als Gewürz- und Arzneipflanze aufgeführt, desgleichen fand sie sich in den schwäbischen Klostergärten schon im 11. Jahrhundert und von den Spaniern wurde sie nach Mexico und Peru verpflanzt. Im Jahre 1548 wurde sie aus Sardinien nach England eingeführt und Frankreich erhielt sie um die Mitte des 16. Jahrhunderts über Italien aus Macedonien.

Das deutsche Mährchen, welches sich so gern an die Natur anlehnte, hat auch die Petersilie in ihr Bereich gezogen. Dasselbe heißt: Es waren einmal zwei Kinder, ein Knabe und ein Mädchen. Das Mädchen hieß Silie, der Knabe Peter. Die Kinder konnten sich gar nicht mit einander vertragen. Sobald sie zusammenkamen, stritten sie und schlugen einander. Dies machte den Eltern viel Gram. Das ärgerte den Pathen der Kinder, der ein Zauberer war. Er sprach zu ihnen: „Höre ich euch wieder zanken, so lasse ich euch zur Strafe zusammenwachsen.“ Es dauerte auch gar nicht lange, so erhob sich wieder Streit zwischen Beiden; Silie schlug den Peter, und Peter schlug die Silie. Da kam plötzlich der Zauberer durch die Luft gefahren und berührte beide mit seinem Zauberstabe. Nun waren sie verwandelt; Peter wuchs in die Erde hinein als Wurzel, und Silie wuchs oben auf ihm fort als grünes Kraut. Der Zauberer nannte sie nun Petersilie.

Zu den **Doldenblüthlern** oder **Umbelliferen** gehört außer dem Kümmel, der Möre, dem Sellerie und der Petersilie noch eine ganze Reihe bei uns wild wachsender Pflanzen. Die Namen derselben sind: 1. der Wassernebel (Hydrocotyle vulgaris L.), 2. der Sanikel (Sanicula europaea L.), 3. der Feld-Männertreu (Eryngium campestre L.), 4. der flachblättrige Männertreu (Eryngium planum L.), 5. der Meerstrands-Männertreu (Eryngium maritimum L.), 6. der **giftige Wasserschierling** (Cicuta virosa L.), 7. der kriechende Scheiberich (Helosciadium repens Koch), 8. die Sichelmöre (Falcaria Rivini Host.), 9. der gemeine Giersch (Aegopodium Podagraria L.), 10. der große Steinpeterlein (Pimpinella magna L.), 11. der gemeine Steinpeterlein (Pimpinella Saxifraga L.), 12. der schwarze Steinpeterlein (Pimpinella nigra Willd.), 13. der aus Aegypten stammende und in Deutschland hier und da im Großen angebaute **Anis** (Pimpinella Anisum L.), dessen Früchte theils als Medizin, theils von den Conditoren zu ihren Backwaaren benutzt werden, 14. die schmalblättrige Berle (Berula angustifolia Koch), 15. der breitblättrige Merk (Sium latifolium L.), 16. der aus Asien stammende, jetzt zum Küchengebrauche angebaute zuckerhaltige Merk (Sium Sisarum L.), 17. die röhrige Pferdesaat (Rebendolde), (Oenanthe fistulosa L.), 18. die fenchelsaamige Pferdesaat (Oenanthe Phellandrium Lmk.), 19. die öfters mit der Petersilie verwechselte Hunds-Gleiße (Aethusa Cynapium L.), 20. der aus Süddeutschland stammende und wegen seines Saamens zum medizinischen Gebrauche angebaute Fenchel (Foeniculum officinale All.), 21. der starre Sesel (Seseli annuum L.), 22. die aderige Brennsaat (Cnidium venosum Koch.), 23. der Wiesen-Silau (Silaus pratensis Bess.), 24. die kümmelblättrige Silje (Selinum Carvifolia L.), 25. die Wald-Brustwurz (Angelica silvestris L.), 26. die in der Medizin gebräuchliche Engelwurz (Archangelica officinalis Hoffm.), 27. der starre Haarstrang (Peucedanum Cervaria Lap.), 28. der Grundheil (Peucedanum Oreoselinum Mnch.), 29. der Sumpf-Oelsenich (Thysselinum palustre Hoffm.), 30. der in Südeuropa einheimische, bei uns zum Küchengebrauche angebaute und verwilderte Dill (Anethum graveolens L.), 31. der wildwachsende und zum Küchengebrauche oft im Großen angebaute **Pastinak** (Pastinaca sativa L.), 32. der gemeine Bärenklau (Heracleum Sphondilium L.), das preußische Laserkraut (Laserpitium prutenicum L.), 34. der gemeine Klettenkerbel (Torilis Anthriscus Gmel.), 35. der Wald-Kerbel (Anthriscus silvestris Hoffm.), 36. der gemeine Kerbel (Anthriscus vulgaris Pers.), 37. der betäubende Kälberkropf (Chaerophyllum temulum L.), 38. der knollentragende Kälberkropf (Chaerophyllum bulbosum L.), 39. der (giftige) **gefleckte Schierling** (Conium maculatum L.), 40. der aus Südeuropa stammende, bei uns hin und wieder im Großen gebaute und verwilderte Koriander (Coriandrum sativum L.).

Die Gurke.

Welch eine wichtige Pflanze die Gurke ist, um die für die Ernährung unseres Körpers so dienliche Abwechselung der Speisen möglich zu machen, zeigen uns hinreichend die Namen: Gurkensalat, Schmorgurken, Zuckergurken, Essiggurken, saure Gurken, Salzgurken, Senfgurken u. s. w.

Die gemeine Gurke (Cucumis sativus L.) ist ein Rankengewächs. Ihr Stengel ist krautig, fingersdick, wird 12 bis 15 Fuß lang und zertheilt sich in mehrere Aeste. Da er zu schwach ist, um in die Höhe wachsen zu können, so kriecht er auf dem Boden umher, kann er jedoch einen Gegenstand erreichen, z. B. einen Baum oder einen Pfahl, so klettert er gern daran in die Höhe. Damit er sich festhalten kann, ist er mit einfachen Wickelranken ausgestattet, die sich fest um jeden Gegenstand herumschlingen, den sie erreichen können. Sie wird bei uns in Beeten gepflanzt, wo die Stengel dicht neben einander liegen. Die Wickelranken schlingen sich um jeden Stengel und so erscheint ein Gurkenbeet als ein einziges filziges Gewebe, aus dem man einen einzelnen Stengel nicht herausnehmen kann, ohne dabei andere zu zerstören und die Wickelranken abzureißen. Der Stengel sowohl als auch die Blätter sind mit langen steifen Haaren, mehr kleinen Stacheln ähnlich, bedeckt. Die Blätter sitzen einzeln an einem langen starken Stiel, sind groß und haben eine herzförmige Gestalt, bei der sich 5 Ecken deutlich ausprägen. In den Blattwinkeln sitzen die lang gestielten Blüthen, von denen einige die Staubfäden mit den Staubbeutelchen, andere nur die Stempel enthalten. Es können also nur diejenigen Blüthen Früchte bringen, welche einen Stempel haben. Solche Pflanzen nennt man einhäusige oder monöcische. (Von den früher besprochenen Pflanzen sind ebenfalls monöcische: der Maulbeerbaum und der Wallnußbaum.) Der Blüthenstiel ist gleichfalls mit steifen Haaren besetzt. Der Kelch der gelben Blüthe ist einblättrig, 5zähnig, und sitzt auf einer fleischigen Scheibe; ebenso ist die Blumenkrone einblättrig und 5spaltig. In denjenigen Blüthen, in welchen die Staubfäden sitzen, neigen sich die Staubbeutel zusammen. Auch die Blüthen, welche den Griffel tragen, der sich in drei Theile spaltet, haben drei verwachsene Staubfäden, aber ohne Staubbeutel.

Wenn die Gurken nicht zu spät, im April ist die gewöhnliche Zeit, gelegt sind, so fangen sie schon im Mai an zu blühen, und dies dauert bis zum August. Schon Ende Mai haben sie brauchbare Früchte, deren man bis in den September hinein haben kann.

Die Früchte sind länglich und haben eine höckerige Oberfläche. Sie sind einer Beere ähnlich, denn ihre vielen Saamen sitzen im Innern des Fleisches auf drei Reihen vertheilt. Die einzelnen Saamen haben einen scharfen Rand und eine taschenförmige Gestalt.

Die Gurke ist eine einjährige Pflanze, stammt aus Asien und wird bei uns sehr häufig gebaut: am häufigsten in unseren Gärten auf Beeten, sonst aber auch in Feldern. Sie verlangt einen sonnigen Standort und einen lockeren, guten, fetten und tüchtig gedüngten Boden. Außerdem wird sie schon im ersten Frühjahr in Mistbeeten gezogen. Die Gärtner kultiviren sie in verschiedenen Abarten. Die vorzüglichsten derselben sind die lange glatte, die rauhe weiße, die rauhe grüne, die Schlangen- und die Bouquetgurke. Für die Gärtner ist sie ein bedeutender Handelsartikel und da, wo sie auf dem Felde, z. B. im Altenburgischen angebaut wird, verschickt man sie in großen Quantitäten nach allen Gegenden hin.

Die Verwendung der Frucht als Küchengewächs ist hinreichend bekannt. Der aus den unreifen Früchten ausgepreßte Saft wird von den Wunderdoctoren als Heilmittel gegen die Lungenschwindsucht empfohlen.

Die Aegypter zählten die Gurken ebenfalls zu ihren zahlreichen Küchengewächsen. — Als die Israeliten (4. Mos. 11, 5.) in der

Wüste beinahe Nichts zu essen bekamen als Manna, murrten sie laut, sehnten sich nach den Fleischtöpfen Aegyptens, nach den Fischen, die sie dort umsonst hatten, nach Wasser-Melonen, Gurken, Lauch, Knoblauch und Zwiebeln zurück. — Die Römer bauten sie nicht nur in ihren Gärten, sondern zogen sie das ganze Jahr hindurch in Treibhäusern. — In Deutschland baute man zu Karls des Großen Zeit und unter den Hohenstaufen verschiedene Abarten.

Eine der Gurke ganz nahe verwandte Pflanze ist die Melone (Cucumis Melo L.). Sie kommt bei uns im Freien nicht fort, sondern wird nur in Mistbeeten und Treibhäusern gezogen. Nur in heißen und trockenen Sommern kommt sie in den südlichen Theilen Deutschlands auch im Freien zur Reife. Sie ist nach der griechischen Insel Melos benannt worden, obwohl sie ursprünglich in Asien heimisch ist.

Sie ist wie die Gurke eine einjährige Pflanze und wird wegen ihrer angenehm, süßgewürzhaft schmeckenden Frucht gezogen. Jetzt werden verschiedene Spielarten angebaut. In Deutschland sind es hauptsächlich zwei Sorten: die Kantalupen mit plattrunden, warzigen, unförmlichen Früchten von schwarzgrüner, gelber oder weißer Farbe, die zwar dicke Schalen haben, deren Fleisch aber für das feinste gehalten wird; und die Netzmelone, die mit netzförmigen Erhöhungen überzogen, dünnschaaliger ist und früher reift als jene.

Die Melone ist schon sehr lange Kulturpflanze. — Die Juden pflanzten sie als Küchengewächs. — In den schwäbischen Klöstern war sie sehr beliebt. — Columbus verpflanzte sie bei seiner zweiten Reise von den canarischen Inseln nach Amerika und im Jahre 1560 wurde sie von dem Spanier Antonio Ribera in Peru angepflanzt. — Durch Europäer gelangte sie nach Australien.

In Wien pflanzte man schon zu Kaiser Friedrich III. Zeiten Melonen und Gurken; wenigstens ist dieser Kaiser an dem Genusse von acht Melonen, die er auf einmal gegessen und worauf er Wasser getrunken hatte, gestorben, indem sie ihm Durchfall verursachten. — In Würtemberg ließ der Herzog Christoph um's Jahr 1550 die ersten Melonen ziehen. Auffallend ist es, daß in der Gegend um Astrachan sehr große und wohlschmeckende Melonen gebaut werden.

Der Kürbis.

Zur Verwandschaft der Gurke gehört der Kürbis. Die Frucht des gemeinen Kürbis (Cucurbita Pepo L.) heißt in manchen Gegenden auch Pfeben oder Peponen. Er ist eine einjährige Pflanze, hat einen dünnen weit umherkriechenden überall umherkletternden Stengel, der seine Wickelranken, welche ästig sind, überall anheftet, um in die Höhe zu klettern. Der Stengel ist mit steifen Haaren bedeckt. Die langgestielten Blätter dagegen sind ganz rauh, haben eine herzförmige Gestalt, welche wie bei der Gurke 5 Lappen zeigt.

Die Zeit der Blüthe dauert vom Juni bis August. Der Kelch der Blüthen ist einblättrig, 5zähnig und sitzt auf einer fleischigen Scheibe. Die Blumenkrone ist groß, einblättrig, 5spaltig und gelb gefärbt. Wie bei der Gurke sitzen in einigen Blüthen die Staubfäden, deren Staubbeutel in eine Röhre verwachsen sind und in anderen der Stempel, neben dem noch drei Staubfäden ohne Staubbeutel sich finden. Der Griffel ist in drei Theile gespalten. Die Frucht ist beerenartig; die taschenförmigen Kerne sitzen in mehreren Reihen von weichem dunkelgelbem Fleische eingehüllt und sind mit einem aufgedunsenen Rande umzogen. Das Mark derselben hat gedörrt einen angenehmen Geschmack und wird von den Kindern als beliebte Näscherei vielfach verzehrt.

Der Kürbis ist eine Kulturpflanze, welche aus Mittelasien stammt, und bei uns häufig in Gärten und Feldern gezogen wird.

Als verschiedene Abarten unterscheidet man den Flaschenkürbis, Jonas- oder Trompeten-Kürbis, Pilgrimsflasche oder Herkuleskeule (Cucurbita lagenaria L.), den Melonen-Kürbis, Türkenbund oder Riesenkürbis (C. melopepo L.) und den Warzen-Kürbis (C. verrucosa), von denen es wieder eine ganze Reihe von Unterarten giebt.

Von dieser Pflanze benutzt man nur die öfters über 1 Fuß lange und ½ bis ¾ Fuß dicke Frucht, welche gekocht eine nahrhafte Speise giebt, in unseren Gegenden aber mehr als Viehfutter dient. Ihr süßlicher Geschmack verräth den Zuckergehalt, der in so bedeutendem Maaße darin enthalten ist, daß man Zucker daraus gewinnen oder Branntwein bereiten kann. Die Kerne sind sehr ölhaltig und man kann aus ihnen ein brauchbares Oel bereiten.

Im südlichen Europa benutzt man die Kürbisfrucht viel häufiger als bei uns zu allerhand Speisen. In Venedig z. B. werden große Massen von Kürbissen auf den Märkten gebraten und verspeist, und die niedere Volksklasse ist daran so gewöhnt, daß sie zur Kürbiszeit fast nur diese gebratene Frucht genießt.

Als Küchengewächs wurde diese Pflanze schon von den Juden in Palästina und ebenso von den Römern angebaut. — In den Gärten Karls des Großen fanden sich schon mehrere Sorten, und die Hohenstaufen sorgten für seine Verbreitung. Kolumbus brachte ihn nach Amerika, von wo am 10. Januar 1494 Peter Marthyr schreibt: „Kürbisse, Melonen, Kukumer (Gurken) u. dgl. kann man 36 Tage nach dem Säen essen." In Australien findet sich diese Pflanze jetzt ebenfalls. „Die Nahrungsmittel der Neuseeländer," sagt Missionar Yate, „sind jetzt sehr mannigfaltig. Ehemals waren sie auf Süßkartoffeln, eßbare Farrenkrautwurzeln, den eßbaren Aron (Arum esculentum) und Fische beschränkt, jetzt haben sie verschiedene Knollengewächse, eine größere Gattung von Convolvulus Batates, als die ehemalige, ferner Melonen, Kürbisse, Kohl, Zwiebeln, Yams, Pfirsiche, Mays rc."

England bekam die Kürbisarten: Cucurbita Pepo 1570, C. verrucosa 1658, C. Melopepo 1597 und C. aurantiaca 1802. Nach Frankreich gelangten sie aus Neapel (durch Rabelais) und Spanien. —

Außerdem rechnet man hierher eine Kürbisart, die Wasser-Melone (Cucurbita Citrillus L.), auch Angurie, Pasteck und Arbuse genannt. Sie gedeiht in vielen im Sommer regenlosen Ländern, z. B. in Persien, Südrußland, Ungarn, Südspanien, Chile und Neuholland sehr wohl und wird von allen Volksklassen in Menge genossen und besonders hochgeschätzt, da sie bei der Hitze sehr erfrischend ist. Selbst die nomadisirenden Kirgisen in den Steppen am caspischen Meere bauen in einer Art Garten diese Pflanze, welche vortrefflich gedeiht, um sich in der wasserlosen Spätsommerzeit an den saftreichen Früchten zu erquicken. Sie wächst in Ostindien wild. — In unseren Treibhäusern gezogen, sind diese Früchte kaum genießbar. In Mexico sind sie auf allen Märkten in großen Haufen zu finden.

Die Gurke und der Kürbis mit ihren Arten bilden die Familie der **Kürbisgewächse** oder **Cucurbitaceen**. Von den Pflanzen dieser kleinen Familie wächst nur eine einzige in unseren Gegenden wild, nämlich die in der Offizin gebrauchte und sonst als Geheimmittel gegen Gicht u. s. w. angepriesene **schwarzbeerige Zaunrübe** (Bryonia alba L.). Die **rothbeerige Zaunrübe** (Bryonia dioica Jacq.) wächst im westlichen Theile Deutschlands. Außerdem wird noch die **eckige Haargurke** oder **Stichling** (Sicyos angulata L.) hin und wieder zur Bekleidung von Mauern, Hecken und dergl. angepflanzt und verwildert bisweilen. Sie ist jedoch bei uns nicht heimisch, sondern stammt aus Canada und Pensylvanien.

Der Roggen.

Darin, daß der Mensch von Gewächsen, welche äußerlich unscheinbar sind und deren Früchte durchaus nicht augenfällig werden, dennoch seine Nahrung nahm, zeigt sich eine höhere Entwickelung seiner geistigen Fähigkeiten. Ehe diese geistige Entwickelung sich offenbarte, waren es die Früchte der Obstbäume, welche ihm als erste Nahrung dienten. Adam und Eva durften von allen Bäumen des Gartens essen, sie nahmen, was ihnen zur Hand war. Es wuchs ihnen zu und, unbekümmert um den anderen Tag, sorgten sie nicht, was sie essen und trinken würden. Erst als sie das Gebot Gottes übertreten und ausgestoßen waren aus dem Paradiese, mußten sie darau denken, woher sie Brot nähmen. Adam mußte „im Schweiße seines Angesichtes" das Feld bebauen, um Nahrung zu erhalten.

In dieser einfachen Erzählung zeigt sich der Entwickelungsgang der menschlichen Kultur. Ob Adam es nun war, oder ob später Lebende anfingen, den Roggen zu bauen, das wissen wir nicht, keine geschichtliche Notiz lüftet uns den Schleier. Ebenso ist es mit den anderen von uns angebauten **Getreidearten**, zu denen hauptsächlich außer dem **Roggen**: der **Weizen**, der **Mais**, die **Gerste**, der **Hafer** und die **Hirse** gezählt werden.

Obwohl die anderen Kulturpflanzen manche Abwechselung dem Menschen in seiner Ernährung gewähren, so sind es doch hauptsächlich diese Getreidearten, welche, zubereitet, ihm zur täglichen Speise dienen und denen er fast ausschließlich die Erhaltung seines Daseins verdankt. Und gerade diese Grasarten begnügen sich fast mit jedem Boden und jedem Klima, und ertragen sowohl die Alpen- als auch die Sumpfluft. Sie gedeihen unweit Irkutsk und am Niger und nähren den weißen, den rothen, den braunen und den schwarzen Menschen.

Da, wo die mehlreichen Grasarten **unseres** Welttheils aufhören, fangen die vielen Gattungen anderer, noch nahrhafterer Gräser an. Hier folgen Mais oder das Welschkorn mit seinen Varietäten, verschiedene Arten von Reis, die Moorhirse (Sorghum vulgare) und noch andere Arten dieser Pflanzen.

Die uns am meisten nützliche Frucht der Gräser ist der Roggen (Secale cereale L.). Seine Kultur geht in Europa und Asien von 50° bis 60°, in Amerika von 40° bis 50° N. Br. Selbst die Höhen der Gebirge ersteigt er. Er kommt z. B. in Gulbrandsdalen (Laurgard) unter dem 62° N. Br. noch in einer Höhe von 1030 Fuß fort. Freilich sind die Getreidefelder dieser Gegend nur kleinen Gärtchen ähnlich und gleich diesen mit Planken eingefriedigt. Nach dem Süden zu verschwindet er allmälig, um anderen Getreidearten den Platz einzuräumen, tritt jedoch in der entsprechenden Zone der südlichen Halbkugel wieder auf.

Schon das celtische Wort Secal oder Segal, sowie das germanische Rog, Rya und das slavische Rezi zur Bezeichnung des Roggens deuten auf seinen Ursprung in den Ländern zwischen den Alpen und dem schwarzen Meere. Zwar wollen Reisende den Roggen auf Kreta wild wachsend gefunden haben, aber die Richtigkeit dieser Angabe bedarf noch der genauesten Untersuchung. Viel eher ist anzunehmen, daß er dort eingeführt, der Pflege und Herrschaft des Menschen entflohen ist, und seine Freiheit wiedergefunden hat.

Es wäre gewiß interessant, vermöchte man den Ursprung unseres Getreides, also auch des Roggens und somit unseres Brotes, anzugeben, allein bis jetzt hat man unsere Getreidearten noch nirgends ursprünglich wild angetroffen und es ist wahrscheinlich nur eine Annahme der Gelehrten, daß die Heimath unserer Cerealien in der Nähe des Kaukasus liege; denn nur so viel ist gewiß, daß die weiße Race seit den ältesten Zeiten mit dem Getreide und das Getreide mit ihr lebte und wanderte; die Heimath beider ist unbekannt. Zwar schien es, als sollte sich die älteste Ansicht über das Vaterland des Getreides bestätigen, denn als Besemeyer jene Gegenden bereiste, wurde er nicht wenig überrascht, als er zuweilen mitten in dem ödesten Striche dieser unabsehbaren Ebenen am caspischen Meere weite Fluren sich ausbreiten sahe, welche einem angesäeten Fruchtfelde glichen. Wenn man eine dieser Aehren abpflückt, so glaubt man Roggen vor sich zu haben, findet jedoch bei genauerer Untersuchung einige Unterschiede. Und gerade dieser Umstand, daß man solche Gräser bis an den Kaukasus hin nicht selten findet (z. B. Secale fragile M. B.), so wie andere südlich vom Kaukasus nach Kleinasien hinein (Secale anatolicum), sowie ferner eine Reihe von Triticum-Arten, gab dazu Anlaß, daß man den Kaukasus für die Wiege der Menschheit hielt.

Mit den Wanderungen der Völker hat sich der Roggen allmälig verbreitet. Aus der geschichtlichen Zeit ist bekannt, daß ihn weder die Inder noch Aegypter kannten. Dagegen bauten ihn die Perser schon in großer Menge. Mit den Slaven zog er nach Thracien und Macedonien und von dort erhielten ihn die Griechen. Dagegen scheint er von den Römern nicht angebaut gewesen zu sein, und man gab aller Wahrscheinlichkeit nach dem Weizen den Vorzug. Bekannt war er ihnen aber, denn Plinius erwähnt seines Anbaues am Fuße der Alpen. Als unsere alten Vorfahren mit anderen Völkern in Berührung gekommen waren, bauten sie auch bald den Roggen; ursprünglich scheint man ihn nur als Sommerfrucht angebaut zu haben, weil man wegen der Kälte und Nässe des Bodens zu sehr für die Wintersaat fürchten mußte. Auch erzählt Plinius, daß den Römern bei der Besitznahme der Gegend von Trier die Wintersaat (auch Weizen) gar oft erfroren sei und man nur durch Nachsäen im Frühjahr, nach sorgfältiger Wiederauflockerung der Erde, sich habe helfen können. Zur Zeit der Völkerwanderung bedienten sich die slavisch-deutschen Stämme schon des Pfluges, wogegen die Egge erst später in Gebrauch kam. Das gewonnene Getreide ward durch Menschen oder Thiere mit den Füßen aus den Aehren getreten und mit breiten Steinen zu Mehl zerquetscht, woraus man in heißer Asche nicht Brot nach unserer Art bereitete, sondern flache Kuchen, Laib genannt. Die Alemannen mußten zur Zeit des Honorius bei einer Theurung in Italien eine Menge Getreide als Tribut liefern. — In Kalabrien führt der Roggen den Namen Germano, am Aetna Gran tedesco, und die Volkssage schreibt den Ursprung dieser Benennung der Einführung dieser Getreideart durch die Hohenstaufen zu. Nach Amerika ist er auch erst durch die Europäer gebracht worden; außer in dem nördlichen Theile baut man ihn auch auf den kälteren Hochgebirgen an. Ebenso findet sich sein Anbau in dem nördlichen Asien.

Im großen Ganzen wird der Roggen in Süd-Europa, in Asien, in Afrika und Amerika nur wenig gebaut. Er nimmt nur einen bestimmten Erdstrich ein, dessen Gränzen sich aber durchaus nicht nach den Breiten-Graden richten. — Der Gürtel des Roggens nimmt den größesten Theil Europas nördlich der Alpen ein, mit Ausnahme der Westseite, denn in England und Frankreich ist der Weizen das herrschende Brotmittel, und der Gürtel des Weizens schließt sich deshalb hier an den der Gerste und des Hafers an. Im Gürtel des Roggens bieten auch Buchweizen, Bohnen und Erbsen wichtige mehlstoffhaltige Nahrungsmittel; im Osten wird ohnedies die Hirse von Bedeutung. Der Anbau des Weizens und der Gebrauch des Weizenbrotes nimmt in diesem Gürtel, so wie man weiter gegen Süden kommt, zu. Die Gränzen für den Gürtel des Roggens, welche für die Westseite Europas wegfallen, können für die Mitte und die Ostseite desselben gesetzt werden, als Nordgränze der 65° bis 60° N. Br. und als Südgränze der 50° bis 48° N. Br. Nur in den Gebirgsländern in der Mitte Europas erstreckt sie sich auch über den 50. Grad hinaus.

Werfen wir nun noch einen genauern Blick auf die einzelnen Länder dieses Gürtels. — Von Norden ausgehend, finden wir den Roggen auf der skandinavischen Halbinsel. Er ist jedoch nicht das erste Getreide, welches hier am weitesten nach Norden zu finden ist, dies ist vielmehr die Gerste. Der Kornbau reicht übrigens weit höher nach Norden hinauf, als man erwarten sollte. Am Malanger-Fjord (69°) geräth das Korn jedes Jahr, und selbst bei Lyngea und Alten (70°), und auf der Ostseite in den sogenannten gemeinschaftlichen Distrikten auf den Gränzen von Norwegen, Schweden und Rußland, trifft man noch Kornbau. In Enontekis, welches 1400 Fuß über dem Meere liegt, wird ebenfalls noch etwas gebaut, aber man kann nur jedes dritte Jahr auf reifes Getreide rechnen. Kornbau ist also hier noch zu finden, wo die Mittelzahl aller Thermometerstände selbst unter dem Gefrierpunkte steht, während er in der Schweiz schon bei 4, und in den südamerikanischen Gebirgen schon bei 10 Grad mittlerer Wärme aufhört. Es zeigt sich hier gegen andere Länder die Ausnahme, daß das Gedeihen des Korns mehr von der mittleren Wärme des Sommers, als von der des ganzen Jahres abhängig ist. Die langen Sommertage bringen den nördlichen Ländern eine verhältnißmäßig bedeutende, aber nur kurz anhaltende Wärme, und durch sie allein gelangt das Korn zur Reife. Die Nordgränze des Roggens ist in dieser Halbinsel auf der Westseite 67 und auf der Ostseite 65 bis 66 Grad. In Rücksicht auf die Höhe über dem Meeresspiegel hört der Kornbau im südlichen Lappland, um den 67. Grad bei 800 Fuß auf; im südlichen Norwegen, um den 60. Grad, kann man höher als 2000 Fuß nicht sicher auf reifes Korn rechnen.

Das ebnere, wärmere Schonen eignet sich vielmehr zum Getreidebau als irgend ein anderer Theil der skandinavischen Halbinsel; daher findet man hier schon bedeutend mehr Roggen.

Ein bedeutender Getreidebau findet sich ebenso in Finnland.

Auf den britischen Inseln wird nur wenig Roggen und zwar in den nördlichen Provinzen angebaut, da Weizen das tägliche Brot liefert.

Die nordeuropäische Ebene, welche sich als weite berglose Länderstrecke im Süden der Ostsee, der Nordsee und des Canals, der England von Frankreich scheidet, ausdehnt, hat ein so gemäßigtes Klima, daß sie sich vorzüglich zum Getreidebau eignet. Man kann mit Fug und Recht diese Ebene sammt der osteuropäischen (Polen und Rußland) als die Kornkammer Europas bezeichnen. Die hier gebauten Getreidearten sind: Weizen, Roggen, Gerste und Hafer. Mit Ausnahme des nördlichen Frankreichs und der Niederlande, wo Weizenbrot allgemein ist, giebt der Roggen das tägliche Brot.

Die osteuropäische oder die russische Ebene, die größeste in Europa, ist mit Ausnahme des nördlichsten Theils und einzelner Strecken, wo die Bodenbeschaffenheit Hindernisse in den Weg legt, wie schon erwähnt, ganz vortrefflich zum Getreidebau geeignet. Die Kornausfuhr aus den Ostseehäfen und aus denen des schwarzen Meeres, namentlich aus Odessa, ist daher außerordentlich bedeutend und für das übrige Europa, Amerika u. s. w. von großer Wichtigkeit. Die Kornarten sind: Roggen, Weizen, Hafer und Gerste, wozu in den mittleren Provinzen die viel verbrauchte Hirse, und in den südlichen auch der Mais kommt. Vom 65. bis 48. Grad giebt der Roggen das gewöhnliche Brotkorn, während weiter südlich der Weizen vorherrscht. Die Nordgränze des Roggens ist in dieser Ebene der 65. Grad.

Wie hier im südlichen Theile der Anbau des Roggens aufhört, so ist es auch im Süden von der norddeutschen Ebene. Schon in Mitteleuropa findet sich der Anbau des Weizens vorherrschend und nur auf den höheren Stufen der Alpen finden wir wieder einige Roggenfelder. Es sind daher der Roggen, die Gerste, der Hafer und der Weizen die Charakterpflanzen derjenigen Völkerschaften, welche das westliche Asien (auch Sibirien eignet sich gut zum Kornbau) und Europa bewohnen und die sogenannte kaukasische Menschenrace ausmachen.

Der meiste Roggen, welcher bei uns gebaut wird, wird schon im

Herbst, im September und October, spätestens November gesäet, nachdem vorher der Acker erst durch den Pflug gelockert wurde. Mit welchen Hoffnungen schreitet der Landmann über den gepflügten Acker, wenn er ein „Saatlaken" um den Hals gehängt, Schritt für Schritt eine Hand voll herausgreift und mit geschicktem Wurf vor sich ausstreut. Ein Säemann darf dabei nicht ungeschickt sein, denn sonst würde an einer Stelle die Saat zu dick fallen, und an einer anderen würde gar keine zu finden sein. Dann aber muß er auch eine tiefe Bodenkenntniß besitzen, denn je „magerer" der Boden, desto dünner muß er säen, weil sonst die vielen Pflanzen nicht Nahrung genug finden, und ohne Frucht zu bringen, ausgehen würden. Auf fetterem Boden kann und wird er dagegen dichter säen, wenn er nicht darauf rechnet, daß der Halm stärker werden, oder zu mehreren Halmen ausschlagen soll. Auf recht gutem Boden entsprossen nicht selten einem Korn zwei bis drei, selbst vier bis fünf Halme.

Eine ganz besondere Abart ist der Staudenroggen, welcher aus einem Korne sogar 20 bis 50 Halme mit grauen Aehren treibt und daher sehr dünn gesäet werden muß. Der Roggen begnügt sich übrigens auch mit einem leichten, mit Sand gemischten Boden, geräth im Haideboden besser als Weizen und Gerste, und strenger Thonboden sagt ihm weniger zu; auf zu fettem Boden oder nach zu starker Düngung wächst er zu üppig und lagert sich leicht, so daß sich die Aehren nicht ausbilden können. Auf zu nassem Grunde kommt er gar nicht fort.

Bei rationeller Bewirthschaftung des Bodens wechselt der Landmann mit den verschiedenen Kulturgewächsen ab. Den Roggen läßt er gewöhnlich auf verschiedene Krautgewächse, Hülsenfrüchte, Winter-Rübsen, Klee, Haidekorn oder reine Brache folgen. Nach Kartoffeln und Lein giebt er meist einen geringeren Ertrag. Die Zeit der Aussaat wird darum nicht zu spät ausgedehnt, damit der Roggen nicht nur nicht allein aufgehen soll, was bei irgend günstiger Witterung nach 9 bis 10 Tagen geschieht, sondern damit der Stamm sich gehörig ausbilde, ordentlich Wurzel schlage und eine gewisse Festigkeit erhalte. In früherer Zeit trieb man, um jene Festigkeit noch zu erhöhen, die Schafe nach eingetretenem Froste darauf, doch die neuere Landwirthschaft ist davon zurückgekommen, da die Schafe mit ihren Lippen die jungen Getreidepflanzen zu tief abkneipen und dadurch den Keim gar leicht zerstören.

Meistentheils ist vor Eintritt des Winters das Roggenfeld schon so weit gediehen, daß die jungen Pflänzchen den Boden gleich einem sammetgrünen Teppich überdecken. Aber anhaltender und heftiger Frost zerstört diesen Teppich, welcher im Frühjahr abgestorben, mit schmutzig gelber Farbe wie Dünger den Keim überdeckt. Diese erfrornen Blättchen liefern auch in der That für die nun von Neuem emporsprießenden Pflanzen ein Düngungsmittel.

Bildeten die Pflanzen im Herbst nur Blätterbüschel, so erheben sie sich jetzt gleich schlanken Säulen in die Höhe. Die Blätter bilden lange Scheiden, welche den schlanken Stengel umschließen, gleichsam um ihn vor dem Umsinken zu schützen. Den meisten Halt hat jedoch der 3 bis 5 Fuß hohe Roggenhalm an den Knoten, von welchem jedesmal ein Blatt ausgeht.

Der erste Knoten findet sich schon in der Höhe von etwa einem Zoll, die übrigen, noch 2 bis 3, sind weiter auseinander. Solche Glieder, welche sich, je länger sie sind, in der Mitte mehr ausdehnen, heißen Internodien. Solche Internodien haben alle Gräser, welche theils ausgefüllt, theils hohl sind. Beim Roggen sind sie hohl und nur das oberste Glied verdünnt sich so sehr, daß für eine Höhlung nicht mehr Raum ist, hätte dann auch nicht Festigkeit genug, um die mit der Reife immer mehr an Gewicht zunehmende Aehre zu tragen.

In der Aehre hat die Natur einen wahrhaft künstlichen Bau dargestellt. Schon die Spindel dieser Aehre zeigt die weiseste architektonische Anordnung. Sie besteht aus einer Menge ganz kurzer Gliederchen, deren Höhlung nicht nur gänzlich verschwunden ist, sondern deren äußere Form auch von den Stengelgliedern wesentlich abweicht. Diese Spindelglieder sind flach gedrückt, damit jedes einzelne sein Aehrchen tragen kann. Diese Aehrchen, welche in ihrer regelmäßigen Anordnung zu zwei Reihen die Aehre bilden, sind die eigentliche Roggenblüthe. Doch sitzen diese einzelnen Aehrchen so an der Spindel, daß sich nie zwei gerade gegenüber befinden, sondern mit einander abwechseln. Rupft man nun ein solch Aehrchen ab, so bleibt ein pfriemenförmiges Blättchen sitzen, welches sich am Grunde desselben befand und ihm zur Stütze diente; es ist das Deckblättchen.

Wenn man das Aehrchen noch weiter zerlegt, so zeigen sich zunächst zwei größere breitere Blätter, die man Spelzen genannt hat. Die äußere von ihnen macht sich durch eine lange rauhe Spitze, die Granne, und durch ihre Rauhheit überhaupt bemerklich. Die Rauhheit rührt von den wasserhellen, stachelartigen Haaren her, welche den

Rücken der äußeren Spelze bedecken und unter dem Vergrößerungsglase einen sägeartigen Anblick gewähren. An der äußeren breiten Seite ist ihre Rückenfläche von einigen grünen Rippen durchfurcht, welche der Aehre allein das grünstreifige Ansehen verleihen; auf der Innen- oder Bauchseite, welche der Spindel zugekehrt ist, fehlen dergleichen Rippen. — Ganz verschieden von der äußeren Spitze ist die innere. Sie ist ein hautartiges, von zwei Rippen durchzogenes, stielig doppelt gefaltetes Blättchen. Während die erstere mehr zum äußeren Schutz der Blüthe dient, ist diese so gefaltet, daß sie anfangs die Blüthentheile eng umschließt, und erst beim Aufblühen tritt sie von ihnen zurück. Einen wahren Genuß gewährt die Beobachtung dieses Prozesses. Es erscheinen nur als Blumentheile drei dicht an einander gedrängte Staubfäden. Zauberhaft schnell, schon während wir die Aehre noch in der Hand halten, wachsen ihre silberweißen Fadenstielchen und heben die Staubbeutelchen über die Spelzen empor. Die Blume tritt weiter aus einander, und sofort zeigen sich die beiden Narben, welche dem bloßen Auge als zwei federartig behaarte Fäden erscheinen, deren Pracht und Herrlichkeit jedoch erst unter dem Mikroskop hervortritt. Als unteren Theil der Narbe bemerkt man auch den Fruchtknoten, ein rundliches Korn, das sich bald zu einem länglichen gestaltet, bis es das ausgebildete Roggenkorn ist. An seiner Spitze schon dicht behaart, wird es dennoch von zwei besonderen überaus zarthäutigen Schuppen umkleidet, deren oberer Theil wimperartig geschlitzt erscheint. Schon zeigt sich in diesem Korn der künftige Keim an dem unteren Ende desselben, auf der, der gefurchten Bruchfläche entgegengesetzten Seite, von einem schildförmigen Blättchen umgeben.

Zur Zeit der Blüthe sind die unteren Blätter bereits abgestorben. Die Kornblume durchzieht schon längst mit ihrem herrlichen Blau die Roggenfelder und auch die Rade zeigt nunmehr das Rothbraun ihrer Blumenkrone. Das Sprichwort:

„Rade, Rade roth,
In vier Wochen neues Brot!"

hört man mehrfach von den rothwangigen Kindern des Landmannes. — Auch die oberen Blätter des Roggenhalmes erhalten ihre gelbe Todtenfarbe, bald hat der Halm nichts Grünes mehr an sich und die Körner sind hart geworden. Die Zeit der Reife für den Roggen ist eingetreten. Im Juli und August klopft und wetzt der Landmann seine Sense, und nun hören wir in dem Halmenwalde die „Sichelein rauschen," welche ihn zu langen und hoch liegenden Reihen darniederstrecken. Weithin schalt der Jubel der Mäher über die reichgesegnete Ernte, die Hüte der jungen Bursche werden von den Mädchen mit herrlichen Blumensträußen geschmückt, während diese selbst weithin leuchtende und lustig flatternde rothe Bänder an Schürze und Aermeln tragen.

Ein überaus thätiges Leben beginnt; emsig wird der gemähete Roggen, nachdem er „gewettert," d. h. abgetrocknet ist, zu Garben zusammengebunden und in Mandeln gesetzt. Hochaufgethürmte, schwer knarrende Wagen sind von Früh bis Spät in Thätigkeit, um ihn in die Scheuer zu führen.

Den Sommerroggen baut man fast nur im kalten Gebirge, wo der Winterroggen durch die Kälte zu Grunde gehen würde; oder in solchen Jahren, in denen ein früh eingetretener Winter den Landmann vor Beendigung der Saatzeit überraschte. Er giebt übrigens kürzeres Stroh, auch weniger Körner und verdirbt leicht, wenn er nicht zur Zeit der Reife schnell und trocken eingebracht wird. Die Körner sollen dagegen nahrhafter als die des Winterroggens sein. Für die Aussaat darf man aber keine Körner vom Winterroggen nehmen, denn dieser entwickelt sich zu langsam und würde nicht reif werden; ebenso darf man keinen Sommerroggen als Wintersaat gebrauchen, denn die jungen Pflanzen unterliegen dem Froste. Man säet ihn im März oder Anfang April.

Es giebt, wie wir oben bemerkten, auch Gegenden, wo der Sommer so kurz ist, daß selbst der Sommerrogen nicht zur Reife gelangt. Im Schweizer-Thale Engadin, wo es oft mitten im Sommer Reif und Schnee giebt, können nur zwei Getreidearten angebaut werden, deren Ernte noch öfters zweifelhaft ist, nämlich Sommergerste und Winterroggen. Letzterer muß aber schon im vorhergehenden Frühjahre gesäet werden, man schneidet ihn im ersten Sommer wie Gras ab, und erst im zweiten Jahre trägt er Früchte.

Auf kalten und schweren Boden säet man den Roggen öfters mit ⅓ Weizen vermengt, damit, wenn der Roggen theilweise nicht aufgeht, oder auswintert, doch der Weizen einigermaßen entschädigt. Man nennt das „Gemangkorn." Beim Wurfeln fliegen die guten und schweren Weizenkörner voran und werden besonders gethan; das übrige mit dem schlechten Weizen gemischte Korn giebt immerhin ein gutes Brot.

Wenn sämmtlicher Roggen sich in der Scheuer befindet, beginnt eine neue Thätigkeit, das Dreschen, wobei die Roggenkörner durch Klopfen aus ihren Aehren herausgelöst werden. Das Stroh wird wieder zusammengebunden und fortgelegt, das Getreide wird sodann gereinigt; der Abgang führt den Namen Unkrautsmehl oder Kaff und wird den Kühen gefüttert. Der gereinigte Roggen wird zu Mehl gemahlen und zu Brot verbacken, als welches er uns hinreichend bekannt ist. Doch wie viel Zeit und Arbeit war nöthig, ehe wir das Brot bereiten konnten!

Außer dem so allgemein verbreiteten Verbrauche des Roggens zu Brot wird auch sehr viel verthan, um daraus Branntwein zu bereiten. Man rechnet, daß 1 Maaß Roggen soviel giebt wie 4 bis 6 Maaß Kartoffeln.

Den geschrotenen oder gekochten Roggen giebt man demjenigen Milchvieh, welches aus Mangel an Heu sehr viel Stroh fressen muß, als sehr milchreiches Nahrungsmittel. Auch die Kleie, der beim Mahlen des Roggens entstehende Abfall aus den Hülsen der Körner, ist ein nahrhaftes Futter für Milchvieh, Pferde und Schweine, wenn sie gehörig mit Wasser gemischt ist.

Ein nicht unwichtiger Gegenstand in dem menschlichen Haushalte ist auch das Roggenstroh. Das glatte oder Langstroh wird entweder zu Hecksel oder Häckerling zerschnitten, um sowohl den Pferden als auch dem Rindvieh besonders im Winter als Futter zu dienen, oder es wird zum Dachdecken, zu Dachwischen, zu mancherlei Flechtwerk, zum Ausstopfen der Bettsäcke u. s. w. verwendet. Seltener dient es zum Einstreuen in den Viehställen; dazu nimmt man lieber das sogenannte Krummstroh, nachdem man die nahrhafteren Theile erst von den Ochsen, Kühen und Schafen hat herausfressen lassen.

Zuweilen wird der Roggen von verschiedenen Krankheiten befallen. Die eine soll von dem Sauerdornstrauch (Berberis vulgaris L.) sich herschreiben; wenigstens hat man sie nur an solchen Roggenfeldern beobachtet, an welche eine Sauerdornhecke gränzte. Auf den Blättern des Sauerdorns wächst nämlich ein Schwämmchen, welches auf den Roggen und andere Getreidepflanzen übergeht und sich am Halm und den Blättern zeigt; diese fangen an zu kränkeln und erreichen gewöhnlich nicht ihre vollständige Ausbildung.

Der Rostbrand, Schmierbrand und Mehlthau thun ihm zwar auch hin und wieder Schaden, sie zeigen sich jedoch öfters in den Aehren des Weizens, der Gerste und des Hafers.

Allgemein ist die Krankheit des Mutterkorns über den Roggen

verbreitet. Diese Krankheit zeigt sich nur in anhaltend nassen Jahren. Einzelne Saamenkörner bilden sich nämlich ungemein stark aus in Gestalt eines Horns und sind von bläulich schwarzer Farbe. Dieses Mutterkorn ist sehr giftig.

Ist ein Landmann so geizig oder unvorsichtig, dieses Mutterkorn in großer Menge unter dem Getreide zu lassen, welches er zu Mehl bereiten und daraus Brot backen läßt, so kann er sich und seine ganze Familie vergiften. Solche Vergiftungsfälle sind schon mehrfach vorgekommen und haben selbst hier und da eine richterliche Untersuchung herbeigeführt. Das Mehl, unter welchem sich viel Mutterkorn befindet, hat eine stark bläuliche Farbe und das Brot ein sehr dunkles Ansehen.

Die Grundlage aller vegetabilischen Nahrung bilden unstreitig die mehlgebenden Pflanzen, unter denen der Roggen für uns in erster Reihe steht. Stärkemehl und verschiedene Proteïnsubstanzen sind die wichtigsten Bestandtheile der von ihnen als Nahrungsmittel verwendeten Theile. Kein einziger unter den vielen und mannigfaltigen Pflanzenstoffen nährt so gut und anhaltend, wie das kohlenstoffreiche Amylum (Stärke) und das stickstoffhaltige Proteïn. Wo es sich also darum handelt, Menschen und Thieren eine ergiebige und gesunde Nahrung zu verschaffen, werden sie an die mehlgebenden Pflanzen gewiesen sein. Indeß findet sich nicht bei allen Pflanzen und eben so wenig in allen Theilen einer und derselben Pflanze eine Anhäufung jener Substanzen. Am meisten sind sie in den Knollen und Wurzeln (z. B. der Kartoffeln), im Mark der Stämme (z. B. der Sagopalme) und in den Früchten und Saamen (z. B. aller Getreidepflanzen) aufgespeichert. Diese sind es daher, welche von dem Menschen von jeher aufgesucht und in den Kreis seines Haushaltes gezogen wurden, wo derselbe nicht mehr auf beweglichen Pfählen, sondern auf einer festen Grundlage stand. Daher spielen die Saamen der Gräser und die fleischigen Wurzelknollen so vieler anderer Pflanzen die erste und wichtigste Rolle unter allen Kulturpflanzen, und mit ihrer Vervielfältigung durch Anbau konnten sich die Menschen erst auf einem kleinen Raume in größerer Anzahl sammeln, und damit ihre staatliche und sittliche Entwickelung beginnen.

Der Weizen.

Die wichtigste und verbreitetste Brotfrucht ist der Weizen (Triticum vulgare Vill.). Man baut ihn als Winter- und Sommerfrucht überall gern, wo der Boden günstig und das Klima weder sehr kalt, noch sehr heiß ist; er verträgt jedoch weniger Kälte, als Roggen, Gerste und Hafer.

Er verlangt einen stark mit Thon gemischten, oder kalkhaltigen Boden, der gut gedüngt werden muß. In allzu lockerem oder nassem Boden sind seine Ernten unsicher, denn er wintert leicht aus. Am häufigsten säet man ihn in frisch gedüngte Brache, auf abgeernteten Kleefeldern oder auch nach Rübsaamen; nach anderem Getreide oder Kartoffeln soll er meistens nicht gut gerathen.

Die eigentliche Bestellzeit des Weizens ist den ganzen September hindurch, wird er später gesäet, so kann er leicht auswintern. Ueberhaupt erfordert der Weizenbau mehr Sorgfalt als der Roggenbau; daher pflügt man nach vorhergegangener Brache das Land drei Mal um. Sehr oft wird er auch nicht wie der Roggen eingeeggt, sondern eingepflügt; wenn dies geschieht, so stellt man den Pflug auf thonigem Boden drei, auf lockerem Boden vier Zoll tief und zieht dann mit der Egge darüber hin, um den Boden mehr zu ebnen, weil sonst das Mähen sehr erschwert sein würde.

In derselben Weise wie der Roggen, entwickelt sich nun auch der Weizen. Da er jedoch im Frühjahr schneller emporschießt, seinen Stamm also minder kräftig entwickelt und viel breitere und schwerere Blätter hat, so neigt er sich leicht zum Lagern, in welchem Falle sich die Aehren schlecht ausbilden können. Um dies zu verhindern, wird der junge Weizen in vielen Gegenden im Mai geschröpft, d. h. man schneidet die oberen Blattspitzen ab, jedoch nicht so tief, daß man die Aehrensprosse dabei verletzt. Dadurch wird er veranlaßt, sein Wachsthum wieder auf Ersatz der verlorenen Theile zu lenken, und dabei erhält der Stamm viel mehr Festigkeit.

Die Blüthezeit fällt in den Juni und bei spät gesäetem, oder wenn das Frühjahr rauh und kalt war, in den Juli; es verzögert sich dadurch auch die Ernte um einige Wochen. Die Aehre hat ein ganz anderes Aussehen als die des Roggens. Während bei diesem die Aehrchen in zwei Reihen standen, stehen sie beim Weizen in 4 Reihen und liegen dachziegelartig auf einander, wodurch sie ein viel mehr gedrängtes Ansehen erhält. Die Aehrchen sind meist kurz und breit und sitzen stiellos in den Einschnitten der Aehrenspindel. Die Kelchspelzen sind bauchig und von eirundlicher Gestalt, nach oben abgestutzt und mit einer kurzen stachelähnlichen Spitze versehen, welche an ihrem oberen Theile schwach zusammengedrückt ist. Die Kelchspelzen sind auf dem Rücken abgerundet, sehr stark gewölbt und nur ihr Kielnerv tritt etwas, jedoch nur ganz stumpf hervor. Die Blüthen sind ganz so, wie beim Roggen, nur hat jedes Aehrchen meistens 4 Blüthen, welche jedoch nicht alle einen Saamen ausbilden. Die Aehren sind grannenlos, meistens haarlos oder doch nur ganz weichhaarig. Reif erhalten sie eine blaßweiße oder röthliche Farbe.

Die Reife des Weizens tritt bei uns Ende Juli oder in der ersten Hälfte des August ein, was sich an dem Gelbfärben des Stroh's und an der Härte der Körner erkennen läßt, welche länglich-eiförmig und sehr mehlreich sind.

Denjenigen Weizen, welchen man sich zur Aussaat reserviren will, erntet man zuletzt, den übrigen aber läßt man nicht zu lange stehen, weil er gar leicht überreif wird und die Körner in großer Menge ausfallen. Ebenso wenig ist es gut, ihn lange in Schwaden liegen zu lassen, da er die Nässe sehr leicht anzieht und gar bald keimt.

Es giebt zwei Abarten; die eine (Triticum hibernum L.) ist Winterweizen, dessen Aehren grannenlos sind, die andere aber ist Sommerweizen (Triticum aestivum L.), dessen Aehren begrannt sind.

Der Sommerweizen gedeiht auch in leichterem Boden, als man für den Winterweizen nöthig hat. Den für ihn bestimmten Acker muß man aber schon im vorigen Herbste gedüngt haben, weil die Aussaat sogleich im ersten Frühjahr beginnen muß, wenn es nur irgend die Witterung zuläßt.

Zur Aussaat nimmt man, wie auch beim Winterweizen, am liebsten zwei Jahre alten und jedenfalls recht vollen und gesunden Saamen. Er schlägt jedoch bei uns leichter fehl und giebt keine so gute Frucht als der Winterweizen.

Die Körner geben ein vorzügliches, weißes Mehl, welches bei uns zu Semmeln, Weißbrot, Kuchen u. s. w. verbacken und sonst in der Küche zu allerlei Speisen verbraucht wird, in anderen Ländern aber, z. B. in England und Frankreich, die Stelle des täglichen Brotes vertritt. Außerdem bereitet man aus ihnen Grütze, Gries und Stärke und braut in manchen Gegenden das sogenannte Weizenbier. Die beim Mahlen sich ausscheidende Kleie füttert man nicht dem Rindvieh und den Ziegen, denen sie schädlich ist; in geringer Menge giebt man sie Schweinen, welche nicht gemästet werden sollen und Pferden; sehr gedeihlich ist sie dagegen, wenn man sie mit Milch oder Kartoffeln vermengt, den Vögeln: Hühnern, Gänsen, Enten, Truthühnern, Drosseln, Lerchen u. s. w.

Das Stroh dient entweder zu Streu, zu Winterfutter für Rindvieh und Schafe, oder zu mancherlei Flechtwerk, namentlich zu Tischdecken und Strohhüten. Für feine Strohhüte baut man den Weizen in einigen Gegenden auf magerem Boden und drischt die Halme nicht, damit sie durchaus nicht verletzt werden.

Vom Weizen giebt es verschiedene Arten, welche hier und da angebaut werden.

a) Der englische Weizen (Triticum turgidum L.) wird als Winter- und Sommerfrucht gebaut. Er ist sonst wie der vorige, nur sind seine Spelzen fast flügelförmig gekielt; er blüht ebenfalls im Juni und Juli. Auch er ändert ab wie der vorige und findet sich außerdem noch mit zusammengesetzter Aehre (Triticum compositum L.).

b) Der Bart-Weizen (T. durum Desf.) ist ein- und zweijährig. Seine Spelzen sind bauchig, drei Mal länger als breit, haben einen fast flügelförmigen Kiel und sind breit-stachelspitzig. Im Uebrigen ist er dem gemeinen Weizen ähnlich. Auch er blüht im Juni und Juli, wird aber nur selten gebaut.

c) Der polnische Weizen (T. polonicum L.) hat eine unregelmäßig-vierseitige oder zusammengedrückte Aehre, seine Aehrchen sind meist dreiblüthig, die Spelzen sind etwas bauchig, dabei länglich-lanzettlich, haben viele deutliche Nerven und sind von papierartig-krautiger Beschaffenheit. Auch er blüht im Juni und Juli und wird hin und wieder als ein- und zweijähriges Gewächs gebaut.

d) Der Dinkel (T. Spelta L.), auch Spelt oder Spelz genannt, wird als Winterfrucht sehr häufig gebaut, namentlich im südlichen Deutschland, in Italien und Griechenland. Er blüht im Juni und Juli, hat eine haarlose oder feinbehaarte, lange, fast gleichseitig-viereckige, vom Rücken her ein wenig zusammengedrückte Aehre. Die Aehrchen, welche dachziegelartig und ziemlich locker stehen, sind meistentheils 4blüthig, von denen nur zwei, selten drei den Saamen ausbilden. Die Spelzen sind breit-eiförmig, abgestutzt und zweizähnig, von denen der vordere Zahn nur schwach ist. Das aus den Körnern gewonnene Mehl ist noch schöner, als das des Weizens.

e) Der Emmer-Weizen, Zweikorn oder Reisdinkel (T. dicoccum Schrank.) wird als ein- oder zweijährige Pflanze nur selten gebaut. Er blüht im Juni und Juli. Die Aehre ist von der Seite her zusammengedrückt, steht aufrecht, ist haarlos oder feinhaarig und begrannt. Die meist 4blüthigen Aehrchen stehen dicht-dachziegelig. Die Spelzen sind schief-abgestutzt, gezähnt-stachelspitzig, haben einen zusammengedrückten sehr hervortretenden, doch wieder etwas eingebogenen Kiel. Die Körner liefern die beste Grütze.

f) Das Einkorn oder St. Peterskorn (T. monococcum L.) blüht im Juni und Juli. Es hat eine aufrecht-stehende, ziemlich dünne, zusammengedrückte, begrannte Aehre, mit dicht über einander liegenden Aehrchen. Gewöhnlich reift in jedem Aehrchen nur ein Korn und zwar in der begrannten Blüthe; der Kelch hat zwei gerade-aufwärts-stehende Zähne. Das Einkorn wird als Winterfrucht gebaut, schon Ende August gesäet, wintert leicht aus, und reift erst Ende August oder Anfang September des nächsten Jahres. Es giebt einen geringeren Ertrag als Weizen und Dinkel, paßt aber besser als beide für hochgelegene, thonige und steinige Felder, und wird deshalb vielfach auf hochgelegenen Gebirgsfeldern angebaut. Für Hühner, Gänse, Pferde und Ochsen ist es ein gutes Futter. Die aus den Körnern bereiteten Graupen sind wohlschmeckend und werden beim Kochen röthlich. Das Mehl ist gelblich und giebt ein feines, lockeres, bräunliches Brot.

Außer diesen angebauten Weizen-Arten giebt es noch mehrere wild wachsende, deren Wurzel ausdauernd ist. Eine bei uns am gewöhnlichsten vorkommende Pflanze ist die Quecke (Triticum repens L.), welche sich durch ihre weit umherkriechende Wurzel stark vermehrt und den Boden fest und filzig macht. Zur Zeit der Hungersnoth hat man aus ihren Wurzeln Brot bereitet. Eine andere ebenfalls häufige Art ist der Hunds-Weizen (Triticum caninum Schreb.). Außerdem finden sich noch hier und da, besonders in der Nähe der Ost- und Nordsee der binsenförmige Weizen (Triticum junceum L.), der steife Weizen (Tr. strictum Deth.), der spitzige Weizen (Tr. acutum DC.), der stechende Weizen (Tr. pungens Pers.) und der meergrüne Weizen (Tr. glaucum Desf.).

Der Weizen, welcher mit dem Roggen schon stellenweise angebaut wurde, wird gegen Süden immer mehr vorherrschend, verdrängt jenen zuletzt ganz, und man ißt im mittleren und südlichen Europa, am Kaukasus und in Mittelasien nur Weizenbrot. In England, Frankreich, Spanien, Portugal, Kleinasien, Persien und Chili ist er bei Weitem die häufigste Getreideart. Er bildet überhaupt einen breiteren Gürtel als der Roggen, erstreckt sich fast ebenso weit nach Norden (im Westen hat er den Gersten- und Hafergürtel neben sich), und nach Süden bis zur afrikanischen Wüste.

Nordgränze 57° — 50° — 48° N. Br.

Südgränze 30° NBr.

Dieser Gürtel umschließt also außer Großbritannien und Frankreich, das ganze südliche Europa, einen Theil Asiens und Nordafrika. In diesem Gürtel spielt schon in der Mitte von der Nordgränze (50°) der Mais, und vom 45° der Reis eine nicht unwichtige Rolle, doch sind sie gewöhnlich auf gewisse Gegenden beschränkt und dem Weizen untergeordnet.

Von den europäischen Ländern findet sich schon auf der skandinavischen Halbinsel der Weizen, auf der Westseite bis zum 64° und auf der Ostseite bis zum 62°, doch ist sein Anbau erst von einiger Bedeutung in den Gegenden südlich vom 60. Grade. Auf den britischen Inseln ist er die vorherrschende Getreideart und liefert das tägliche Brot; er gedeiht jedoch besser auf der Ostseite, wo die Feuchtigkeit der Atmosphäre nicht so stark wirkt, und wird deshalb viel nach den westlichen Gegenden verkauft.

In der nordeuropäischen Ebene: das nördliche Frankreich, die Niederlande, Nord-Deutschland, Dänemark, Preußen und Polen wird er nur mit Ausnahme von Nord-Frankreich und der Niederlande, in geringer Menge angebaut. Auf den mitteleuropäischen Gebirgen ist es ähnlich, in der Ebene dagegen, z. B. im südlichen Deutschland, Ungarn und in den Donauländern, findet er sich schon viel mehr. In der osteuropäischen Ebene (Rußland), der Kornkammer für viele Länder, wird er viel angebaut: in der Krim und in den Ländern am Kaukasus, und über ihn hinaus bis in das mittlere Asien, wo nur der Ackerbau sich findet. Eine Menge Weizen wird von dort ausgeführt, der theils in den Häfen der Ostsee, mehr aber noch in den Häfen des schwarzen Meeres verladen wird. Seine Nordgränze erstreckt sich hier bis zum 60. Grad In Spanien, Portugal, Italien, der Türkei und Griechenland, in den Mittelmeerländern überhaupt und auch in den Nordamerikanischen Freistaaten, theilt er seine Herrschaft mit dem Mais. Selbst in der südlichen Hemisphäre fehlt der Weizenbau dort nicht, wo es die klimatische Beschaffenheit des Landes erlaubt, wie

z. B. am Kap des südlichen Afrika, in Chili und um Buenos-Ayres. Selbst am Abhange des Aetna wird er bis zu einer Höhe von 2500 Fuß angebaut.

Der Weizen ist nicht nur die wichtigste und verbreitetste der Brotfrüchte, sondern auch eine der ältesten. Nach griechischen Sagen soll er auf den Fluren von Enna und in Sicilien ursprünglich zu Hause sein, allein es ist jedoch viel wahrscheinlicher, daß er aus Mittelasien stammt, wo ihn Olivier am Ufer des Euphrat noch jetzt wildwachsend gefunden haben will. Die Geschichte seiner Kultur und Verbreitung liefert viele interessante Beiträge für seine Wichtigkeit.

In den alten Denkmälern Aegyptens und Griechenlands, wo ihn in ersteres Land Isis, in letzteres Demetrius eingeführt haben soll, findet man ihn und andere Getreidearten, theils in Reliefs abgebildet, theils aber auch noch in Natura. Daß dies Saamenkörner von denselben Getreidearten sind, die jetzt noch dort angebaut werden, zeigt uns folgende Thatsache. Graf Sternberg hatte von Herrn von Prokesch einige Getreidekörner aus den ägyptischen Mumiensärgen erhalten, welche er mit vieler Mühe zum Keimen brachte und den gemeinen Weizen daraus erhielt. — Die heilige Schrift weist auf seinen Anbau in Palästina hin, wo noch eine Art Dinkel gesäet wurde. Schon zu Abrahams Zeiten gab es feines Mehl (1. Mos. 15, 6.) oder Semmelmehl. Bei den Carthagern, Aegyptern, Griechen, Persern, Babyloniern, Medern, Arabern, Römern und Galliern war der Weizen gleichfalls die vorzüglichste Getreideart; die Griechen kannten sogar mehrere Arten; auch bauten sie, sowie die Aegypter, Griechen und Römer den Dinkel. In Gallien war das Einkorn einheimisch und wurde früh kultivirt. In Deutschland wurde der Getreidebau durch die Römer besonders befördert. Sie führten die in Italien einheimischen Speltarten, einen rationellen Ackerbau und bessere Ackerwerkzeuge ein. Merkwürdig ist, daß noch heut zu Tage in Deutschland nur da der Dinkel in größerer Menge gebaut wird, wo die Römer feste Niederlassungen hatten. Der Weizen wurde hier erst als Sommerfrucht gebaut, und später säete man auch den Winterweizen an. Schon die Alemannen besaßen ihn. Zur Zeit der Völkerwanderung wurde er durch die Angeln und Sachsen mit nach England geführt.

Die alten Deutschen benutzten ihn und den Dinkel auch zur Bereitung des Bieres neben der Gerste. Selbst noch zur Zeit des dreißigjährigen Krieges braute man Weizenbier. Wallenstein zog es dem Gerstenbier vor. In einem Briefe vom 2. Juli 1628 schrieb er an den Feldmarschall Arnim, der bereits vor Stralsund lagerte: „Die weil ich das Gerstenpier nicht trinken kann, bitt, der Herr thu die Anordnung, auf daß von Barth auf Anklam vor mich Weizenpier gebracht wird.“ Unter den Hohenstaufen und durch die Klöster wurde viel für die Verbreitung des Weizens gethan.

Nach Amerika nahm zwar Kolumbus den Weizen aus Spanien mit, und 1494 wurden ihm schon die ersten Weizenähren gebracht, aber der Golddurst der Europäer ließ den Ackerbau, als minder Gewinn bringend, vernachlässigen, und deshalb mußte öfters Proviant von Spanien nachgeschickt werden. Ein Negersklave des großen Kortez fand 1528 unter dem Reis, den man aus Spanien als Proviant für die Armee mitgebracht hatte, drei Weizenkörner; er pflanzte sie und wurde dadurch der Gründer des Getreidebaues in Neuspanien. Im Franziskanerkloster in Quito soll noch der irdene Topf gleichsam als Reliquie aufbewahrt sein, in dem der erste Weizen enthalten war, welchen der Franziskanermönch Fray Jodoco Rixi de Gante zu Quito aussäete. Nach Lima kam der erste Weizen 1535 durch Donna Maria de Escobar, Wittwe des Don Diego de Chares: der ganze Vorrath bestand nur aus wenigen Körnern, welche diese Dame selbst säete und pflegte. Einige Aehren davon sollen noch auf dem Altar der Dominikanerkirche in Lima zum Andenken aufbewahrt werden. — Jetzt baut man neben dem Mais den Weizen in Kalifornien, in Mexico, in Louisiana, in Virginien u. s. w., ferner in Paraguay und am Abhange der Cordilleren beginnt sein Anbau erst auf einer Höhe von 1400 Metern und reicht nicht über die Gebirgskuppen hinaus, die 3000 Meter hoch sind.

Das Verdienst, den Weizen nach Australien verpflanzt zu haben, gebührt dem Seekapitain Bougainville. Er säete ihn auf Taiti aus. Auf Neuseeland besäeten die Missionäre in der Nähe der Inselbai viele Morgen, sowohl von ihrem eigenen Grund und Boden, als auch von den Feldern der Häuptlinge mit englischem Weizen, der eine reiche Ernte trug. Den ersten Versuch mit unserem Weizen machte jedoch ein Eingeborner, Namens Duaterra, welcher sich längere Zeit im Dienste englischer Schiffe auf Reisen zu bilden gesucht hatte. Als er Port Jackson zum zweiten Male verließ, um in sein Vaterland zurückzukehren, nahm er eine Quantität Weizen mit nach Hause und setzte seine Bekannten in nicht geringes Erstaunen, als er ihnen sagte, dies sei der Saame, von welchem die Europäer den

Zwieback verfertigten, den sie oft auf den Schiffen derselben gekostet hätten. Duaterra vertheilte von dem mitgebrachten Weizen unter sechs Häuptlinge, so wie unter einige seiner Stammesgenossen, zeigte ihnen, wie sie bei dem Säen zu Werke gehen sollten, und behielt auch für sich selbst und seinen Oheim Schungia, einen mächtigen Häuptling, dessen Gebiet sich von der östlichen bis zur westlichen Küste Neuseelands erstreckte, zur Aussaat zurück.

Alle Neuseeländer, welchen Duaterra Saamenkorn gegeben hatte, säeten es aus, und es gedieh vortrefflich; allein, bevor es noch zur vollen Reife gelangt war, wurden die meisten ungeduldig und wollten gern die Frucht sehen, die sie, wie bei den ihnen schon bekannten Kartoffeln und der bei ihnen einheimischen Batate, an den Wurzeln der Halme suchten. Da sie nun hier nichts fanden, wurden sie ärgerlich, rissen die Halme aus und verbrannten sie. Nur Schungia hatte so viel Verstand und Geduld, die Ernte abzuwarten. Die übrigen Häuptlinge machten sich indeß nicht wenig über Duaterra lustig und sagten ihm, er dürfe sich, weil er weit gereist sei, nicht einbilden, sie an der Nase herumführen zu können, und aller Mühe ungeachtet, konnte er sie nicht überreden, daß man aus Weizen Brot machen könne.

Seine und Schungia's Ernte kam endlich zur Reife, wurde eingeerntet und ausgedroschen. Da verwunderten sich freilich die anderen Häuptlinge sehr, daß die Frucht oben an dem Halme und nicht unten an der Wurzel sitze. Sie konnten sich indeß doch noch nicht überzeugen, daß diese Körner Brot geben sollten.

Später erhielt Duaterra von seinem Freunde Marsden aus Port Jackson eine Handmühle zum Geschenk. Nun wurde unverzüglich an's Werk geschritten, und einiger Weizen in Gegenwart mehrerer Eingebornen gemahlen. Diese tanzten und schrieen vor Freude, als sie das Mehl zum Vorschein kommen sahen. Duaterra machte hierauf einen Kuchen, backte ihn in einer Bratpfanne und gab dem Volke davon zu essen, damit es sich nun handgreiflich von der Wahrheit überzeuge, daß Weizen Brot gebe. Seitdem beschäftigt man sich eifrig mit dem Getreidebau und erfreut sich auch der reichlichsten Ernten.

Schon unter der römischen Herrschaft galt die Nordküste Afrika's für die Kornkammer Italiens und noch jetzt wird neben Reis und Mais Weizen in seltener Fülle und Güte gebaut.

Von den asiatischen Ländern hat ihn außer den an Rußland gränzenden Ländern, um das schwarze und caspische Meer herum, schon seit vielen Jahren das himmlische Reich: China, wo ihn der

Kaiser Chin-nong einführte. Nach den Philippinen brachten ihn die Spanier und Java erhielt ihn im Jahre 1784 ebenfalls aus Europa.

Der Mais.

Der Mais, türkischer Weizen oder Welschkorn (Zea Mays L.) ist zwar in unseren Gegenden noch nicht zu solcher Bedeutung gelangt, daß er dem Roggen und dem Weizen gleich zu stellen wäre, doch wird er schon seit vielen Jahren in Gärten als Einfassung der Beete oder selbst zur Zierde gepflanzt und in neuerer Zeit sogar auf Feldern gebaut. Man sieht es dieser Pflanze gleich an, daß ihre Heimath in einem wärmern Klima zu suchen sei, denn ihr kräftiger fast armsdicker Stengel, der bei uns eine Höhe von 3 bis 8 und in seiner Heimath bis 16 Fuß erreicht, zeigt in seinem ganzen Habitus den üppigen Charakter der tropischen Gegenden.

Diese Pflanze gehört augenscheinlich zu den Gräsern, denn sie besteht aus einem durch verschiedene Knoten abgetheilten Halme. Die oft bis 2 Zoll breiten Blätter gehen von diesen Knoten aus, bilden aber erst eine lange häutige, den Stengel dicht umfassende Scheide; auch ihr Blüthen- und Fruchtstand ist rispen- und ährenförmig. Aber gerade in den Blüthen zeigt sie die wesentlichste Abweichung von dem eigentlichen Bau der Gräser. Wenn nämlich die Pflanze sich so weit entwickelt hat, daß die Blüthe hervortritt, so bemerkt man an der Spitze eine bei vollständiger Entwickelung fußlange, traubenförmige, ganz lockere Rispe, deren einzelne Theile nach allen Seiten auseinander hängen. Doch von ihr Früchte zu erwarten, wäre vergeblich. Betrachtet man nämlich die einzelnen Blüthen dieser Rispe genauer, so bemerkt man an ihnen einen zweispelzigen Kelch, der meistens zwei Blüthen trägt; auch die Blüthenkrone wird aus zwei Spelzen gebildet, welche grannenlos sind. Innerhalb der Krone findet man aber nur Staubfäden und keinen Griffel. Da aber nur die Blüthen Saamen tragen, welche einen Griffel haben, wenn auf sie sich der Staub der Staubbeutelchen ausgeschüttet hat, so ist es natürlich, daß sich hier keine Früchte ansetzen.

Wenn wir nun an der Pflanze weiter herumsuchen, so gewahren wir weiter unten am Stengel eine merkliche Anschwellung. Aus einer Scheide ragt ein starkes Bündel haardünner Fäden heraus, welche nach der Seite herabfallen. Diese langen Fäden sind die Griffel der Blüthen, welche nachher Körner tragen. Solche Blüthen sitzen eine Menge beisammen in reihenförmiger Anordnung auf einem walzigen, von Scheiden umhüllten Blüthenboden, in Form einer Aehre. Ihr zweispelziger Kelch ist nur einblüthig und ihre Krone zweispelzig.

Das Korn, im Frühjahr in die Erde gelegt, keimt sehr bald, kommt im Juni und Juli zur Blüthe und reift im August oder September. Die Körner, welche fast die Größe einer Erbse haben, sitzen oft zu Hundert gemeinschaftlich an einer fingersdicken Spindel in Längsreihen. Vor der Reife haben sie ein weißes Ansehen und sind sehr milchig, werden bei der Reife hart und bekommen eine gelblich-braune Farbe.

Was der Reis, das in unserem Haushalte so viel verbrauchte Nahrungsmittel[1], für die alte Welt, ist der Mais, Mahiz, für die neue. Er ist die einzige Getreideart, die Amerika vor Ankunft der Europäer besaß und die daselbst das hauptsächlichste Nahrungsmittel war. Er muß schon sehr lange Kulturpflanze gewesen sein, denn der Beginn seiner Kultur ist an denselben Mythus geknüpft, wie die Kultur unserer Cerealien. Die mexicanische Gottheit Cinteutl wurde mit den Erstlingen der ihr geweiheten Frucht verehrt. In Peru, wo Tschudi in den ältesten Gräbern Maiskörner vorfand, war sein Anbau schon bei Ankunft der Spanier höchst bedeutend, und wurde sogar bis zu einer ansehnlichen Höhe über dem Meere betrieben; selbst beim Sonnentempel der Inka's, auf einer Insel im Titicaca-See, 12000 Fuß über dem Meere, ward er, obgleich nicht ohne Mühe, gebaut, um dem Sonnengotte theils als Opfer dargebracht, theils unterm ganzen Volke ausgetheilt zu werden, das ein solches beim Tempel erzeugtes Maiskorn, als einen herrlichen und glückbringenden Gegenstand ansah.

Die Maiskultur steigt in Amerika bis zum 54° N. Br. und bis zu einer Höhe von 12000 Fuß hinauf, nach Süden hin überschreitet sie jedoch den südlichen Wendekreis nicht.

Wahrscheinlich ist er in Central-Amerika zu Hause und von den Tolteken nach Mexico verbreitet worden. Die ersten europäischen Ansiedler in Pensylvanien, welche dort 1584 eintrafen, fanden bereits reiche Maisfelder vor. Noch heut zu Tage ist der Mais in Peru, Central-Amerika, sowie in Mexico die gewöhnlichste Nahrung der niederen und mittleren Volksklassen; ja die Tortillas,

d. h. die Maispfannenkuchen, sind sogar bei den höheren Ständen sehr beliebt. Fällt einmal die Maisernte schlecht aus, so stellen sich Hunger und Elend bei den Bewohnern von Mexico ein, da nicht nur Menschen, sondern auch Thiere davon leben, die dann durch den Mangel zu Grunde gehen. Ueberhaupt wurde er von dem südlichsten Theile von Chile an bis nach Pensylvanien gebaut. Er ist außerordentlich fruchtbar, denn er giebt gewöhnlich das 200fache, ja in manchen Gegenden sogar das 800fache Korn.

Die Indianer vom Arkansasflusse aßen als gewöhnliche Speise die grünen Kolben des Maises in Bisonfett gebraten, auch dienten ihnen die Maiskörner zum Rechnen; aus den Stengeln zogen sie eine Art Zucker, welchen Kortez den Honig des Maises nennt. Außerdem wird der Mais zur Bereitung von verschiedenen gegohrenen Getränken benutzt, welche in Peru schon zu den Zeiten der Inca's unter dem Namen Chico bekannt waren.

Die so außerordentlich verbreitete Pflanze mit ihren großen Aehren mußte den Spaniern sehr bald auffallen, und kam daher schon in den ersten Jahren nach Entdeckung von Amerika, und zwar durch Kolumbus selbst, der ihn im ersten Jahre seines dortigen Aufenthaltes bemerkt hatte, 1493 nach Europa. Die Spanier trafen nämlich auf verschiedenen Inseln, in der Nähe der Dörfer, Maisfelder an, und an der Küste von Veragua fanden sie sogar so große Strecken mit Mais angepflanzt, daß sich eine solche wohl sechs Stunden weit ausdehnte.

Die Peruaner machten aus den Körnern Mehl, beutelten es mit Baumwollentuch und backten dreierlei Brot daraus. Ueberhaupt befund sich der Ackerbau der Peruaner in sehr glänzendem Zustande, denn sie wandten alle nur mögliche Sorgfalt zur Vermehrung der Productionsfähigkeit des Bodens an. Sie kannten sogar schon den Guano als Düngungsmittel.

Es ist ein schöner Zug auch des, noch nicht durch das Christenthum veredelten Gemüths, daß es diejenigen Gaben der Erde, deren Ursprung und Entstehung in Dunkel gehüllt ist, als aus der Hand Gottes unmittelbar empfangen, ansieht. Dr. Franklin erzählt aus dem Munde eines Häuptlings der Susquehannah-Indianer folgende Mythe über den Mais, die in dem Sagencirkel der verschiedenen Indianerstämme fortlebt:

„Anfangs hatten unsere Väter blos das Fleisch der Thiere zur Fristung ihres Lebens, und war ihre Jagd erfolglos, so drohete ihnen der Hungertod. Zwei unserer jungen Jäger, welche einen Hirsch erlegt hatten, zündeten ein Feuer an, um einen Theil der Beute zu braten. Als sie eben mit der Stillung ihres Hungers beschäftigt waren, sahen sie ein schönes junges Weib aus den Wolken herabsteigen und sich auf einen Hügel niederlassen. Sie sagten zu einander: Das ist ein Geist, der vielleicht den Duft unseres Bratens gerochen hat; wir wollen ihm Etwas anbieten. Sie legten der Erscheinung den leckersten Theil, die Zunge, vor. Die Frau zeigte sich mit dem Geschmacke derselben zufrieden und sprach: Eure Güte soll belohnt werden; kommt nach dreizehn Monaten wieder an diesen Ort und Ihr sollt Etwas finden, das zu Eurer und Eurer Kinder Ernährung durch alle Geschlechter hindurch dienen wird. Sie thaten, wie ihnen geheißen war, und fanden zu ihrem nicht geringen Erstaunen — Pflanzen, die sie nie zuvor gesehen, die aber seit jener grauen Vorzeit fortwährend mit großem Nutzen von uns angebaut wurden. Wo die rechte Hand der Frau den Erdboden berührte, fanden sie Mais, auf der Stelle, welche ihre linke bedeckt hatte, weiße Bohnen, und wo sie gesessen, war Tabak aufgeschossen."

In Europa verbreitete sich sein Anbau mit reißender Schnelligkeit; denn begünstigt durch den Ruf seiner großen Fruchtbarkeit und durch die Aehnlichkeit mit der wohlbekannten, aber schlechteren Moorhirse, trat der Mais schnell um das ganze Becken des Mittelmeeres als wichtige Saatfrucht auf, schloß sich unmittelbar an den Weizengürtel an, ja drängte sich später sogar in denselben hinein und wurde im Tieflande allgemeine Nahrung des Landvolkes.

Bis zum 17. Jahrhundert hatte er sich in den europäischen Ländern ausgebreitet, doch wurde er schon 1525 in Spanien auf den Feldern angebaut; in Portugal hat er nach und nach alle Kornarten verdrängt; in Frankreich, wo man ihn im Jahre 1536 noch in Gärten anpflanzte, wurde er erst unter Heinrich IV. bekannter. Nach England kam er 1560 und wurde auch hier zuerst in den Gärten angepflanzt. Schon vor 1532 wurde die Frucht in einem botanischen Werke, und zwar in deutscher Sprache, erwähnt, nämlich in dem Kräuterbuche von Tragus (Bock).

Der alte Botaniker Fuchs (1542) nahm an, der Mais sei aus Griechenland nach Süddeutschland gebracht worden. Es erhob sich nämlich gleich nach dem Erscheinen des Maises in Europa ein Streit über sein ursprüngliches Vaterland. Daß er aus Amerika gekommen sei, konnte nicht geleugnet werden; man stritt nur darum, ob die Alten ihn nicht auch schon gekannt hatten, zumal sich mehrere auf die Benennung „türkisches Korn" beriefen, die doch unbedingt auf den Orient hinweise. Diese Annahme führte viele der älteren Botaniker auf den Irrthum, den Mais als eine Hirseart zu betrachten, und seinen Ursprung in Asien zu suchen. Zur Unterstützung dieser Annahme spricht noch der Bericht des berühmten Reisenden Siebold, welcher erzählt, daß er in Japan eine Schrift gelesen habe, in welcher die Angabe enthalten war, der Mais sei schon vor 1200 Jahren nach Japan gekommen. Doch wird die Wahrheit dieser Behauptung mit Recht bezweifelt.

Der Name „türkisches Korn" scheint daher gekommen zu sein, daß beim Vordringen der Kultur desselben nach Italien und Griechenland der Mais über Ungarn nach Deutschland gekommen sein mag.

Im Jahre 1560 wurde der Mais angebaut bei Rovigo; 1575 gab es schon im Mailändischen Maisfelder; 1590 kam er durch Odorico Pilori nach Belluno und durch Benedetto Miani nach Friaul; im Jahre 1610 war er bereits ein bedeutender Handelsartikel der Venetianer. Von diesen wurde er wahrscheinlich in die Levante und von der Türkei nach Ungarn eingeführt. Einer verbürgten Sage nach soll er durch die Zigeuner aus Ungarn in einige Gegenden Süddeutschlands gekommen sein. Auf einem anderen Wege wurde er 1647 von Verona nach Roveredo und von da nach Insbruck gebracht. Von Mailand gelangte er über die Schweiz an den Rhein und Neckar, daher er im südwestlichen Theile Deutschlands den Namen „Welschkorn" führt. Im Jahre 1690 wurde er in der Gegend von Straßburg in Menge gebaut. Noch jetzt ist er das Lieblingsgetreide in Italien und wird sogar mehr angepflanzt als die Kartoffel; nur auf den Gebirgen, wohin der Mais nicht folgen kann, tritt jene in ihre angestammten Rechte, da sie mehr eine Pflanze für die Berge als für die Ebenen und Thäler ist. Auch hat die Einführung des Maisbaues in Italien die Kultur der Gerste und der Hirse bedeutend vermindert und das Gerstenmehl als Volksnahrung völlig verdrängt. Noch immer macht der Mais unter den Getreidearten die stärksten Fortschritte; in Tyrol haben sich die Maisfelder seit 30 Jahren beinahe um die Hälfte vermehrt; in Krain nährt sich schon das Volk von der Polenta; in Steiermark hingegen wurde er erst zu Anfange des 18. Jahrhunderts bekannt. In einigen Gegenden Ungarns ist der Mais, von dem Volke

Kukuruz genannt, die Hauptfrucht und vertritt dort die Kartoffel.

In Würtemberg muß der Mais sehr früh bekannt gewesen sein, freilich zuerst nur als seltene Pflanze, denn unter den Gewächsen, welche im fürstlichen Garten zu Stuttgart angepflanzt wurden, kommt schon 1665 gelbes und rothes türkisches Korn vor und ebenso wurde er in dem Badgarten zu Boll 1595 von Bauhin angepflanzt. Ein Gegenstand landwirthschaftlicher Kultur wurde er aber erst seit Anfang des 17. Jahrhunderts.

Es giebt eine Menge Spielarten vom Mais, und von Zeit zu Zeit werden neue entdeckt; doch ist es bisher noch nicht gelungen, irgendwo die ursprüngliche Stammart mit Sicherheit zu finden. Man hat Sorten mit gelben, weißen, blauen, rothen und buntfarbigen Körnern. Wichtiger ist der Unterschied zwischen der großen und kleinen Art, die man in Deutschland anzubauen pflegt, wo der Maisbau bis zu 50—52° und bis zu einer Höhe von 1200′ reicht, während er schon an den Pyrenäen bis zu einer Höhe von 3000′ aufsteigt, da er dort noch die hinreichende Sommerwärme, welche wenigstens 18—19° Cent. betragen muß, findet. Die große und gangbarste Maisart liefert einen höheren Ertrag als die kleine, kommt aber in kalten Sommern nicht zur Reife. Die kleine Art ist zwar im Ertrag weit weniger lohnend, dagegen ist ihre Ernte sicherer. Eine andere, ebenfalls früh reifende Sorte, welche wegen ihrer frühen Reife auch in solchen Gegenden gedeihen soll, die dem gewöhnlichen Mais sonst nicht zusagen, wurde im Frühjahr 1848 in Würtemberg empfohlen.

In den letzten Jahren sind einige neue Arten bekannt gemacht worden, von denen sich die erste dadurch empfiehlt, daß sie in schnellerer Zeit reift und weniger zart ist; es ist der sechsmonatliche Mais. Eine andere Art, Zea rostrata, reift ebenfalls schneller, als die früher bekannten Arten und ist dabei auch mehlreicher.

In Südfrankreich hat man Versuche gemacht mit dem Anbau des weißen oder chinesischen Maises, die einen glücklichen Erfolg gehabt haben. Der chinesische Mais hat zwar ein kleineres Korn als der pensylvanische, er trägt aber viel reichlicher und liefert ein feineres Mehl.

In der osteuropäischen Ebene erstreckt sich seine Kultur bis zum 48. Grad N. Br. und je weiter man nach Süden kommt, desto häufiger findet man ihn neben dem Weizen, bis er ihn in der Nähe des mittelländischen Meeres und in ganz Nordamerika bei Weitem überragt. In Spanien, Italien und Griechenland steht ihm der Anbau des Weizens noch ebenbürtig zur Seite, dagegen ist er im größesten Theile des tropischen Amerikas die ausschließliche Getreidepflanze. In Aegypten und im nördlichen Indien theilt er seine Herrschaft mit dem Reis, der zuletzt immer häufiger wird und schließlich auf beiden indischen Halbinseln, in China, Japan und auf dem ostindischen Insellande die Hauptrolle spielt. Auf der Westküste Afrikas, wo ihn hauptsächlich die Neger anbauen, muß er sie ebenfalls mit dem Reis theilen.

So recht eigentlich gehört er, wie der Reis, dem tropischen Gürtel an, dessen Nordgränze der 15° N. Br. und dessen Südgränze der 23° S. Br. ist. Aber die Europäer haben überall, wohin sie gelangten, seine Kultur zu befördern gesucht, und wo es irgend nur die klimatischen Verhältnisse gestatten, da wird er durch ihre Vermittelung angebaut. Daher hat sich seine Kultur schnell über den alten Kontinent verbreitet und ist nach Indien, China und Japan auf einem Wege gelangt, welcher keine Tradition hinterlassen hat. Die Malaien auf Sumatra und Oceanien, so wie auf den Philippinen bauen ihn ebenfalls, und nach Guinea kam er bereits im 16. Jahrhundert durch die Portugiesen. In der neuesten Zeit wurden gleichfalls Versuche gemacht, ihn auf Neuseeland zu kultiviren. Selbst auf der zu Afrika gehörigen Insel Bourbon, und ferner auf Congo findet man ihn jetzt.

Der Nutzen des Maises ist in allen seinen Theilen beträchtlich. Die Körner geben eine schmackhafte Grütze, welche in Italien zur beliebten Polenta, und in Süddeutschland zu einem guten, wohlschmeckenden, Welschkornbrei benutzt wird, und ein vortreffliches Mehl zu allerlei Backwerk, in Italien zu Macaroni. Doch wird es, um eine leichtere Gährung zu bewirken, zur Hälfte mit Weizen- oder Roggenmehl vermischt; überhaupt ist es zu täglichem Brot seiner eigenthümlichen Süßigkeit halber nicht gut geeignet, die nur sehr schwer die Gährung zuläßt. Es trocknet auch sehr leicht aus. Der gemeine Italiener lebt größtentheils von bloßem Mais. Er läßt ihn nämlich grob mahlen, d. h. zu Grütze machen, und kocht sich davon mit Salz und Wasser jeden Morgen einen derben Kloß, den er mit den Händen zerbröckelt und Polenta nennt. Die Polenta wird von derjenigen Maissorte bereitet, welche der Italiener Quarantino nennt, weil sie bis zur Ernte 40 Tage braucht. Er macht die erste Aussaat im Frühjahr, die zweite im Sommer auf dasselbe Land oder wo anderes

Getreide abgeerntet ist. Dieses wird nämlich sogleich auf die Seite geschafft, der Boden auch gleich, ehe ihn die Sonne austrocknet, gepflügt und nun die zweite Maissaat gemacht. — Der Landmann in den südlichen Vereinigten Staaten genießt fast keine andere Speise als Maisbrot mit Speck. Er hält des Tages drei Mahlzeiten und zu jeder wird das Brot als Kloß oder Fladen in der Pfanne gebacken. Noch werden die Körner hier und da zur Bereitung von **Bier** oder **Essig** benutzt. Uebrigens sind die reifen Körner und die unreifen milchigen Kolben geröstet, gebraten und warm gegessen, sehr schmackhaft.

In Frankreich, hier und da auch in Deutschland, ißt man junge in Essig eingemachte Maiskölbchen (epis de maïs confits) als Delikatesse.

Die grünen Pflanzen enthalten zur Blüthezeit eine große Menge süßen, zur Syrup- und Zuckerbereitung tauglichen Saftes, wozu sie auch mit dem günstigsten Erfolge benutzt werden.

Einen nicht geringen Nutzen gewährt der Mais in seiner Anwendbarkeit zur Viehmast, denn zur Nahrung und zum Mästen der Ochsen, Schafe, Schweine, Gänse, Enten 2c. ist kein anderes Getreide so tauglich als die Maiskörner, was auch von der Maispflanze als Grünfutter, wozu sie namentlich in unseren Gegenden schon in großen Strecken angebaut wird, und gleichfalls von den getrockneten Blättern gilt. Im südlichen Nord-Amerika giebt man die Körner auch den Pferden statt des Hafers. Die **Stengel** lassen sich zum Dachdecken und als Brennmaterial verwenden, und werden sogar zum Korbflechten benutzt. Die **Fasern der Stengel**, sowie **der Blätter** geben ein haltbares Gespinnst und die **Scheiden**, welche die Kolben umhüllen, sind so elastisch, daß sie sich zum Auspolstern von Sesseln, Sätteln und zur Anfertigung guter, dauerhafter Matratzen vorzüglich eignen. In Paris und Straßburg gehören dergleichen Producte bereits zu einträglichen Handelsartikeln.

Man hat die merkwürdige Entdeckung gemacht, daß überall, wo der Mais allgemeine Nahrung geworden ist, früher oder später eine Hautkrankheit, die **Pellagra**, sich zeigt. In Spanien, wo der Mais am frühesten gebaut und zur Hauptnahrung verwendet worden ist, zeigte sie sich zuerst, und zwar am Anfange des 18. Jahrhunderts; in Frankreich erst 1818; in Italien seit 1790.

Auch hat der Mais einen bedeutenden Feind, der ihm überall hin gefolgt ist. Man hat ihn bei uns erst seit einigen Jahren bemerkt. Mit den großen Quantitäten Mais, welche während der Theurung im Jahre 1847 aus Amerika nach Europa gebracht wurden, kam nämlich in außerordentlicher Anzahl ein kleiner Rüsselkäfer (Calandra oryzae) mit herüber, der anderwärts dem Reis- und Maiskorn ebenso großen Schaden bringt, als in Deutschland der einheimische Kornwurm (Calandra granaria) den verschiedenen Getreidearten, welche hier angepflanzt werden.

Der Mais wird übrigens nicht gesäet, wie die übrigen Getreidearten. Die Saamen werden vielmehr einzeln in Reihen gesteckt und die Pflanzen später öfters behackt; in Nord-Amerika pflügt man gewöhnlich zwischen den Reihen, um leichter und schneller fertig zu werden. An passenden Orten und bei geregelter Behandlung trägt jeder Maisstengel 4 bis 6 Fruchtkolben, deren jeder gegen 200 Körner enthalten kann, ja Prinz Wied hat bei Harmony in Nord-Amerika einzelne Kolben gesehen, welche 27 bis 30 Loth Gewicht und 1000 Körner hatten. Die Art und Weise, wie man die letzteren ablöst, ist verschieden: in Graubündten z. B. hat man zu diesem Zwecke einen Kasten, über dessen Oeffnung quer ein eiserner Stab läuft, an dessen Oberkante man die Kolben mehrmals stark hinzieht, so daß die Saamen in den Kasten fallen. Am meisten bedient man sich der Maisentkörnungsmaschinen, unter denen die amerikanische und die Seidl'sche Maisdreschmaschine den Vorzug verdienen.

Die Gerste.

Für die nördlicheren Gegenden hat die Gerste eine nicht geringe Bedeutung, da sie eine von denjenigen Getreidepflanzen ist, welche nicht nur auf geringerem Boden gedeiht, sondern auch ein kälteres Klima verträgt. Ihre Nordgränze reicht bis zum 62° — 70° — 67° N. Br. und ihre Südgränze bis zum 57° — 65° — 60° N. Br. In Irland dagegen reicht ihr Gürtel sogar bis zum 52° N. Br. herab. Diese Gränze gilt jedoch nur für die Gegenden, wo sie mit dem Hafer und der Kartoffel ausschließlich das tägliche Brot liefert. In Skandinavien sind es: Finnmarken, die Nordlande, die höheren Distrikte der skandinavischen Berge, ferner die Farör-Inseln, die Shetlandsinseln, das nördlichste Schottland und Irland. In der Regel mengt man hier Gersten- und Hafermehl durcheinander, um Brot zu backen. In Asien und Neuholland geht dagegen die Nordgränze, bestimmt durch das große asiatische Hochland nur bis zum 50° — 40° N. Br. Für Amerika gilt etwa als Nordgränze der 58° — 50° N. Br. und als Südgränze der 50° bis 45° N. Br. In Asien und Amerika gelten diese Gürtel auch für den Roggen und Hafer. Vereint mit dem Hafer hat sie eigentlich ihre Herrschaft in Europa bis über den Polarkreis, in Asien und Amerika bis nahe an denselben ausgedehnt. Der Gürtel, wo diese beiden Cerealien vorherrschend sind, ist der arctische und in den östlichen Ländern auch der größere Theil des subarctischen Gürtels.

Auf dem durch mehrere Knoten getheilten Halme sitzen die Früchte in Form einer Aehre, welche aus regelmäßig geordneten Reihen von Aehrchen zusammengesetzt ist. Der Kelch besteht aus zwei schmalen Spelzen, welcher immer nur eine Blüthe umschließt. Die Krone ist ebenfalls spelzig, und ihre beiden Spelzen umhüllen den Saamen gleich einer Rinde, man hält sie daher für Theile, welche dem Korn angehören. Die unterste Spelze läuft in einer langen scharfen Granne aus und diese muß beim Dreschen abgeklopft werden, da sich die Spelze nicht ablöst. In einem solchen Aehrchen stehen die Blüthen immer zu dreien beisammen und davon hat die mittelste Stempel und Staubfäden, während die zwei seitlichen nur Staubfäden mit Staubbeuteln oder auch gar keine Staubfäden tragen. Die Narbe des Stempels ist federig.

Häufig leidet die Gerste durch den Rost, eine Krankheit, die darin besteht, daß die Aehren ganz schwarz werden von einem Pilze, der die Körner überzieht und gänzlich verzehrt. Auch das Mutterkorn tritt zuweilen häufiger auf.

Von der Gerste werden 4 Arten angebaut. 1. Die gemeine Gerste (Hordeum vulgare L.), welche wieder mehrere Spiel- und Neben-Arten hat. Bei dieser haben die Blüthen der Aehrchen alle einen Stempel und Staubfäden, welche im Juni und Juli hervorbrechen. Sie entwickeln daher alle Früchte. Diese bilden 6 Reihen oder Zeilen, von denen 4 weiter hervorstehen, so daß die ganze Aehre 4zeilig erscheint. Sie ist theils Winter-, theils Sommerfrucht, und wird im ersten Falle schon im Herbst, im letzten erst im Frühjahr gesäet. Hierher gehört auch die Himmelsgerste, deren Korn nicht beschaalt ist, weßhalb die Saamen beim Dreschen leicht aus den Spelzen fallen.

2. Die sechszeilige Gerste, Rollgerste oder Stockgerste (Hordeum hexastichon L.). Sie blüht ebenfalls im Juni und Juli und

auch bei ihr sind alle Blüthen fruchtbar. Die Körner sitzen in 6 gleichförmigen Reihen, so daß also die Aehre sechszeilig erscheint. Sie wird als Winter= und Sommerfrucht gebaut. Im Uebrigen ist sie wie die vorige.

3. Die zweizeilige Gerste (Hordeum distichum L.). Bei dieser Art sind nur die mittleren von den drei Blüthen mit Stempeln und Staubfäden versehen, deren Aehrchen eiförmig gestaltet und aufrecht=begrannt sind. Neben dieser befinden sich zwei linealische, grannenlose Blüthenährchen, welche nur Staubfäden tragen. Obgleich eine solche Aehre also nur zwei Reihen Saamen trägt, so ist diese doch die nutzbarste und daher am allgemeinsten gebaute Art. Es giebt noch eine zu dieser Art gehörige Sorte, welche man große Himmelsgerste oder nackte, zweizeilige nennt, deren Saamen nur ganz lose in den Kronspelzen sitzen. Eine andere Sorte ist die Pfauengerste. — Die zweizeilige Gerste wird nur als Sommerfrucht gebaut und blüht im Juni und Juli. Man wählt für sie einen guten, lockeren Boden, der eine etwas feuchte, aber nicht nasse Lage hat. Gern benutzt man solche Felder, auf denen im Jahre zuvor Weizen, Roggen, Kartoffeln, Klee, Winterrübsen oder Brache gewesen ist. Der Acker muß wo möglich vorher zweimal gepflügt werden, im Herbst und dann wieder noch einmal im Frühjahr. Es ist besser, die vorhergegangenen Getreidearten gedüngt zu haben, da frische Düngung nicht so vortheilhaft wirkt. Ende April oder Anfang Mai ist die geeignetste Saatzeit und bald keimt die Gerste, besonders wenn der Boden etwas ausgetrocknet war und kurz nach der Aussaat ein geeigneter Frühlingsregen eintritt. Die gemähete Gerste (sie reift kurz nach dem Roggen oder schon mit ihm zugleich) läßt man nur so lange im Freien, bis das dazwischen befindliche Gras trocken geworden ist. Zum Aufharken wählt man gern die ersten Tagesstunden, wo der Thau noch die Halme geschmeidig erhält; ist derselbe bereits aufgetrocknet, so werden die Halme so spröde, daß viele Aehren abbrechen und verloren gehen.

4. Die Bartgerste oder Reisgerste (Hordeum zeocriton L.). Sie unterscheidet sich von der zweizeiligen Gerste nur dadurch, daß das mittlere, fruchtbare Aehrchen mit fächerförmig abstehenden Grannen besetzt ist. Sie blüht im Juli und verträgt einen sehr kurzen Sommer. Man baut sie im hohen Norden Europa's und auf hohen Gebirgen (z. B. in Tyrol 5000 Fuß über der Meeresfläche) meistens nur als Sommerfrucht. Sie war ehemals in Deutschland häufiger

als jetzt. Dadurch, daß sie ein schönes Mehl liefert, ist sie vor den übrigen Arten besonders ausgezeichnet.

Außer den angebauten Arten kommt noch bei uns die Mäuse-Gerste (Hordeum murinum L.) sehr häufig wild wachsend vor. Sie bedeckt fast überall die Wege, Mauern und Schuttplätze. Die steife Gerste (Hordeum strictum Desf.), die roggenartige Gerste (Hordeum secalinum Schreb.) und die Meerstrands-Gerste (Hordeum maritimum With.) finden sich in Deutschland seltener.

Der Saamen der Gerste dient zur Bier-, Zucker-, Syrup-, Graupen-, Kaffee-, Gerstenmilch- und Mehlbereitung. — In Europa wird die meiste Gerste zur Bierbereitung benutzt. Man läßt zu diesem Zwecke die Körner keimen, um sie nachher zu rösten, damit die Keimung nicht weiter fortschreitet, und nennt sie in diesem Zustande Malz. In den Keimen hat sich ein eigenthümlicher Stoff entwickelt, den man Diastase nennt und der zur Gährung des Bieres durchaus nothwendig ist. Soll es nun zur Bierbereitung verwendet werden, so wird es vorher geschroten und eingemaischt, d. h. mit Wasser übergossen. Endlich fügt man noch Hefen hinzu, um die Gährung zu befördern, wobei sich das Stärkemehl in Zucker und Gummi, der Zucker aber zuletzt größtentheils in Weingeist verwandelt. Ein Zusatz von Hopfen gewährt dem Biere noch einen kräftigeren Geschmack und bewirkt, daß es nicht so leicht sauer wird. Dieses Getränk nährt durch die darin aufgelöste Menge Zucker und Gummi schnell und stark, hat aber den Nachtheil, daß es, in größerer Menge genossen, berauscht, da es zwei betäubende Stoffe, nämlich Weingeist (1 bis 8 %) und Hopfen enthält. —

Brot bäckt man aus dem Gerstenmehl nicht gern, weil es zu schnell austrocknet, und es dient daher auch nur in dem nördlichen Europa, namentlich in Schottland zu diesem Zwecke. Oefters aber wird es zu Brei und Klößen benutzt; mehr noch gebraucht man Gersten-Graupe und Grütze.

Bei Fiebern bedient man sich eines aus ganzen Gerstenkörnern oder Graupen bereiteten Getränkes. Bei Schwäche und Abmagerung kocht man Gerstenmalz und gebraucht es zu Bädern und zum Trinken, oder auch in Milch gekochte Gerstengraupen. Nicht selten hat man den Malztrank gegen den Skorbut mit Erfolg angewendet.

Gerstenkörner, wie Kaffeebohnen gebrannt, gemahlen und gekocht, sind von den bekannten Ersatzmitteln des Kaffee's, nebst ebenso bereiteten Mören, jedenfalls die gesundesten.

Für Hühner, Truthühner und Tauben ist die Gerste ein ganz vorzügliches Futter und für die Schweine, geschroten, eine vorzügliche Mast. Auch Hunden bekommt gekochtes und mit etwas Salz, Fett, Brot u. dgl. gemengtes Gerstenschrot sehr gut. Doch für Kühe ist Hafer besser, denn die Gerste befördert wohl ganz vorzüglich das Fettwerden, aber durchaus nicht den Milchertrag. Im Morgenlande und in Afrika bekommen auch die Pferde, statt des Hafers, meist nur Gerste.

Das Gerstenstroh ist gleichfalls sehr nahrhaft, und daher ein ganz geeignetes Viehfutter, wenn es zu Häcksel zerschnitten und mit einigen Körnern vermischt wird.

Das ursprüngliche Vaterland der Gerste soll das nordwestliche Asien sein, doch hierüber ist die Meinung nicht ungetheilt. Nach Olivier soll sie noch jetzt häufig auf dem kulturgeschichtlich so wichtigen Boden zwischen dem Euphrat und Tigris wild wachsen. Wildenow ist geneigt, ihr Vaterland nach dem Ufer des Samara, dessen Wasser sich mit der Wolga vermischen, zu setzen. Mit einiger Sicherheit weiß man jedoch nur von der zweizeiligen Gerste das Vaterland anzugeben. Meyer fand sie wild wachsend zwischen Lenkoran und Baku, Koch auf den Steppen von Schirvan im Südosten des Kaukasus und Kotschy eine Abart derselben in Süd-Persien.

Nach Europa kam die gemeine Gerste über Aegypten und gegenwärtig findet sich Gerstenbau in diesem Erdtheile auf der skandinavischen Halbinsel, wo er bis zu 70" N. Br. reicht, ferner auf den Farör-Inseln, auf den britischen Inseln, wo sie hauptsächlich zum Bierbrauen benutzt wird, in allen zur großen nordeuropäischen Ebene gehörigen Ländern, in den mitteleuropäischen Gebirgen, in Rußland (osteuropäischen Ebene), wo sie ihre Nordgränze beim 67. Grad erreicht, in den Alpen, Pyrenäen, in Spanien, Italien, Ungarn, Türkei und Griechenland, und in letzterem Lande ist sie noch jetzt die häufigste Frucht. In den südlichen Ländern dient sie hauptsächlich nur als Viehfutter.

Von den genannten Gerstenarten ist die sechszeilige am längsten bekannt. — Mit dem Anbau der Gerste beschäftigten sich schon die Juden, Karthager, Aegypter (sie hatten die zwei- und vierzeilige und man fand ihre Körner in den Katakomben bei verschiedenen

Mumien), Griechen, Perser, Babylonier, Meder und Inder. Die Römer bauten Sommergerste (Hordeum distichum oder galaticum) und Wintergerste (H. cantherinum). Sie wurde von dem Weizen in die Gebirge verdrängt, wo sie die Hauptnahrung der Armen blieb. Man bereitete bei diesem Volke eine Art Gerstenbrei (Polenta) und Gerstenbrot (Maza) daraus. Den römischen Soldaten war es eine Strafe, wenn sie wegen eines Vergehens Gerstenbrot essen mußten.

Die Deutschen bauten die Gerste in den frühesten Zeiten, und die Alemannen brauten aus ihr und dem Weizen schon Bier, wie auch später die Germanen anfänglich nur Gerste zu Malz nahmen. Es wurde nachher zwar auch Weizen, Hafer und Dinkel dazu genommen, doch behielt die Gerste ihr ursprüngliches Recht. In Nürnberg wurde schon 1290 verboten, aus Hafer, Roggen, Dinkel und Weizen Bier zu brauen, und nur die Gerste vorgeschrieben.

Nach Amerika gelangte die Gerste bald nach seiner Entdeckung, wo man sie noch jetzt auf den kälteren Hochgebirgen baut.

Nach Australien brachte sie Bougainville, der sie auf Taiti mit eigener Hand aussäete, um den Eingeborenen zu zeigen, wie sie es später machen sollten.

Afrika besitzt sie in seinem nördlichen Theile gleichfalls schon lange, wo sie namentlich die Mauren und Araber zu Pferdefutter verwendeten, aber auch im südlichen Theile hat man ihren Anbau hier und da versucht.

In Asien wird sie in China und zwar im nördlichen Theile mehrfach angesäet.

Der Hafer.

Diese Getreideart unterscheidet sich von den bisher besprochenen dadurch, daß ihr Fruchtstand nicht eine Aehre, sondern eine Rispe bildet. Am oberen Theile spaltet sich nämlich der Halm in viele kleine Aeste, an deren Spitzen die Aehrchen sitzen, welche lose auseinander hängen. Der Kelch ist 2spelzig, in welchem zwei oder mehrere Blüthen sitzen, die alle Staubfäden und Stempel haben. Die Krone ist ebenfalls 2spelzig; die untere dieser Spelzen ist entweder 2spitzig oder 2grannig und hat auf dem Rücken noch eine gekniete unten gewundene Granne. Der eigentliche Griffel fehlt, und die federartige

Narbe sitzt unmittelbar auf dem Fruchtknoten. Die bei uns theils angebauten, theils wild wachsenden Arten zerfallen in mehrere Hauptgruppen.

Bei den zur ersten Gruppe gehörigen sind die Aehrchen, wenigstens nach der Blüthezeit abwärts hängend, die Kelchspelzen sind von 5 bis 9 Nerven durchfurcht und der Fruchtknoten ist an der Spitze haarig. Alle hierzu gehörigen Arten sind einjährige Pflanzen.

1. Der gemeine Hafer (Avena sativa L.) hat eine aufrechte Rispe, welche sich nach allen Seiten gleichmäßig ausbreitet. Die Kelchspelzen oder Bälge sind länger als die Blüthen, von denen meist zwei beisammen sitzen. Die oberste Kelchspelze ist 9nervig, die Kronspelzen sind kahl, lanzettlich und nach der Spitze zu verschmälert, die Spitze theilt sich in zwei Spalten, welche gezähnelt sind. Die oberste kleinere Blüthe ist grannenlos. Der Stengel der Blüthe oder die Achse ist kahl und nur am Grunde der untersten Blüthe ist er kurz-büschelig-behaart. Er blüht im Juli und August. Die Saamen sind von den bei der Reife strohgelben Kronspelzen umschaalt. — Man hat auch eine Abart, welche grannenlos und weiß-beschaalt, eine andere, welche braun-, und noch eine andere, welche schwarz-beschaalt ist; eine vierte Abart (A. trisperma) hat dreiblüthige Aehrchen. — Man baut den gemeinen Hafer jetzt überall an.

2. Der türkische oder Fahnen-Hafer (Avena orientalis Schreb.) hat eine schmale, zusammengezogene, einseitswendige Rispe. Er blüht im Juli und August, findet sich theils gebaut, theils verwildert und kommt auch oft unter dem ersteren vor.

3. Der Rauch-, Rauh- oder Sand-Hafer (Avena strigosa Schreb.) hat ebenfalls eine fast einseitswendige Rispe. Die obere Kelchspelze ist 7—9nervig; der Kelch ist nicht länger als die Blüthen, welche auf dem Rücken eine gekniete Granne haben. Die Kronspelzen sind haarlos und an der Spitze zweispaltig, deren Zipfel grade Grannen tragen. Er blüht im Juni und Juli und wird meist nur auf ganz leichtem Sandboden gebaut, findet sich aber auch oft verwildert oder unter dem gemeinen Hafer.

4. Der nackte Hafer (Avena nuda L.) hat eine ziemlich gleichförmige nur wenig einseitswendige Rispe. Die Aehrchen sind meist 3blüthig, und der Kelch ist kürzer als die Blüthen, welche lanzettförmig hervorragen. Die Kronspelzen sind kahl, vom Grunde bis zur Spitze stark nervig; die unterste ist an der Spitze haarspitzig-2spaltig und die obere ist grannenlos. Der Blüthenstengel ist kahl.

— Beim Dreschen fallen die Körner aus den Spelzen, müssen aber erst noch, wenn sie Grütze oder Mehl geben sollen, auf der Mühle von ihren Schaalen befreit werden. — Er blüht im Juli und August. Man baut ihn nur hier und da in geringer Menge.

Die noch zu dieser Gruppe gehörigen Arten finden sich nur als sogenanntes Unkraut unter der Saat. Es sind:

5. Der Flug- oder Windhafer (Avena Fatua L.).

6. Der Bastard-Hafer (Avena hybrida Peterm.)

7. Der kurze Hafer (Avena brevis Rth.).

Bei denen, welche zur zweiten Gruppe gehören, sind die Aehrchen nicht hängend, die Kelchspelzen sind 1—3nervig, und der Fruchtknoten ist an der Spitze behaart. Ihre Wurzel ist ausdauernd. Sie finden sich alle wild auf Wiesen und ragen meist weit über die anderen Gräser empor. Es sind:

8. Der glatthalmige Hafer (Avena planiculmis Schrad.).

9. Der weichhaarige Hafer (Avena pubescens L.).

10. Der Wiesen-Hafer (Avena pratensis L.).

Die dritte Gruppe unterscheidet sich dadurch, daß die untere Blüthe an der Spitze und nicht auf dem Rücken begrannt ist, die Kelchspelzen sind 7—9nervig und der Fruchtknoten ist kahl. Es gehört hierzu:

11. Der zarte Hafer (Avena tenuis Much.), welcher einjährig ist, und nur wild vorkommt.

Bei der vierten Gruppe tritt die Granne aus der Mitte der Blüthe oder oberhalb der Mitte hervor, die Kelchspelzen sind nur 1—3nervig, die Blätter sind linealisch und flach, und der Fruchtknoten ist kahl. Hierzu gehört:

12. Der gelbliche oder Gold-Hafer (Avena flavescens L.).

Bei der fünften Gruppe tritt die Granne unterhalb der Mitte der Blüthe hervor, die Kelchspelzen sind 1—3nervig, der Fruchtknoten ist kahl und die Blätter sind zusammengerollt-borstlich. Hierzu gehören:

13. Der nelkenblättrige Hafer (A. caryophyllea Web.).

14. Der frühzeitige Hafer (A. praecox P.B.).

Die Arten von 5 bis 14 sind alle wild wachsend und werden entweder als Heu gebraucht oder vom Vieh abgeweidet. Die Arten von 1 bis 4 werden dagegen angebaut, aber nur die erste erfreut sich einer größeren Verbreitung.

Der Hafer ist für rauhe Gebirgsgegenden die wichtigste der Getreidearten, da er Kälte und schlechten Boden weit besser verträgt als alle andern. In warmen Ländern wird er wenig, in heißen gar nicht gebaut. Er kommt ungefähr in denselben Ländern vor, wo die Gerste gebaut wird, theilt also mit ihr denselben Gürtel, nur reicht die Gerste noch einige Grade nördlicher hinauf.

Er wird allenthalben nur als Sommerfrucht gebaut; nur eine Abart macht eine Ausnahme, nämlich der sogenannte englische oder Pfundhafer, welcher große, schwere Körner hat und einen besseren Boden verlangt.

Gewöhnlich läßt man den Hafer als zweite Frucht nach der Düngung folgen, besonders nach Weizen und Roggen, wenn sich der Boden nicht für Gerste eignet; man kann seine Fruchtbarkeit noch dadurch vermehren, daß man vorher mergelt. Auf gutem Boden kann man ihn sogar als dritte Frucht nach der Düngung, wenn z. B. Weizen und Gerste vorangegangen sind, folgen lassen. Auch nach Brache, Kartoffeln und Klee geräth er gut. Das Land wird im Herbste vorher oder erst im Frühjahr gepflügt. Die Aussaat geschieht gewöhnlich vom März bis Mai, und man nimmt dazu am liebsten Körner von der letzten Ernte. Der Saame wird meist flach untergepflügt und hierauf geeggt; bei lockerem Boden bedarf man des Pfluges überhaupt nicht einmal, sondern es ist nur nöthig, daß man den Saamen eineggt, ein Verfahren, das man keiner anderen Getreideart bieten darf, denn bei denen ist sogar ein einmaliges Pflügen unzureichend.

Die Reife des Hafers tritt mit Ende August oder Anfangs September ein. Nachdem er gemähet ist, muß er noch lange liegen, öfters 8 bis 14 Tage, damit er beregnet oder wenigstens stark bethauet werde, weil sich sonst beim Dreschen die Körner zu schwer vom Stroh ablösen.

Am meisten werden die Haferkörner als Pferdefutter benutzt, indem man sie mit Häcksel vermischt und diese Mischung mit Wasser anfeuchtet. Auch für Gänse, Enten und Truthühner sind sie ein vortreffliches Futter; zwar gedeihen auch die Haushühner gut danach, aber er ist, wenn er in größerer Menge gefüttert wird, schwerer verdaulich, und erst dadurch, daß man ihn vorher etwa 24 Stunden im Wasser weichen läßt, wird er verdaulicher. Den Tauben ist er weniger zuträglich. Das Rindvieh und die Ziegen erhalten ihn als Schrot unter dem Trank, und ebenso eignet er sich als Schrot sehr gut zur Mästung der Schweine. Zuweilen sind A. sativa, orientalis und strigosa zusammen gesäet oder auch A. sativa und die Futterwicke, um sogleich ein Mengfutter zu gewinnen.

Häufig ist der Hafer auch ein Nahrungsmittel für die Menschen. Sein Mehl dient nicht bloß zur Bereitung des Brotes, des Haferbreies und des Hafermuses für kalte und triste Gegenden (z. B. manche Gebirgsgegenden), sondern es wird auch aus ihm die beliebte Hafergrütze bereitet, indem man ihn in Mühlen von den Spelzen und Saamenschaalen befreit. Die Hafergrütze ist nicht nur eine nahrhafte Speise für Gesunde, sie wird vielmehr auch bei den meisten Krankheiten als leicht verdauliches und nahrhaftes Mittel angewendet. Besonders aber ist der Haferschleim dienlich bei Brustkrankheiten, beim Durchfall, beim Fieber u. s. w. In Schottland, Norwegen und Schweden leben die Leute großentheils von kleinen, harten, ungesäuerten, aus Hafermehl gebackenen Fladen. In manchen Gegenden dient er auch zur Gewinnung von Graupen oder zur Bereitung eines leichten Biers.

Das Haferstroh benutzt man als Streu oder als Winterfutter für Rindvieh und Schafe.

Ganz besonders benutzt man den Hafer noch als Grünfutter. Man säet ihn zu diesem Zwecke so früh wie möglich auf recht fetten Boden. Wenn er noch nicht einen Fuß hoch ist, schneidet man ihn ab, wonach er wieder ausschlägt. Bei nicht zu trockener Witterung kann man dies drei bis fünf Mal wiederholen. Er ist ebenso nahrhaft wie Klee. Auch kann man den grün geschnittenen Hafer trocknen, und aus ihm ein gutes Heu bereiten; weder Weizen, noch Roggen und Gerste eignen sich so vorzüglich zu Grünfutter.

In Europa, wo er als die ursprüngliche Brotfrucht betrachtet werden kann, wird er in folgenden Ländern gebaut: in Skandinavien, auf den Farör-Inseln, auf den Shetlands-Inseln, auf den Orkaden, in Großbritannien, in der nordeuropäischen und osteuropäischen Ebene, in den mitteleuropäischen Gebirgen, in einzelnen Parthieen der Alpen und Pyrenäen, in Spanien, Italien und Griechenland.

Von dem gemeinen Hafer kennt man das Vaterland nicht mehr, obwohl das Donaugebiet dafür gelten mag. Der Reisende Anson fand ihn auf der Insel Juan Fernandez, hinter der Küste von Chili, anscheinend wild wachsend, aber wahrscheinlich ist er dort, von den Spaniern angesäet, später verwildert. Celten und Germanen, so weit wir zurückzugehen vermögen, kultivirten ihn schon vor 2000 Jahren und er scheint sich von da aus in den gemäßigten und kalten Erdstrich aller Länder verbreitet zu haben. Der orientalische Hafer ist aber erst am Ende des vorigen Jahrhunderts aus dem Oriente nach Europa eingeführt worden. —

Den Aegyptern, Juden, Griechen und Römern war der Hafer nicht bekannt, dagegen bauten ihn die Perser, Babylonier und Meder. In Deutschland war er das erste angebaute Getreide, wo man früh aus ihm Haferbrei bereitete, was ebenso die Alemannen thaten, und auch Bier daraus braucte. Im Jahre 1433 verordnete sogar der Rath von Augsburg, alles Bier aus Hafer zu machen, und erst 1550 wurde diese Verordnung wieder aufgehoben. Das älteste Brot war übrigens das Haferbrot, sowie Hafermus oder Brei die allgemeinste und älteste Speise der deutschen Stämme war und blieb. In der Schweiz, in der Gegend von St. Gallen, war der Hafer ebenfalls das erste Getreide und ebenso Hafermus das erste und älteste Nahrungsmittel.

Nach Amerika gebracht, wird er dort in kälteren Gegenden mehrfach angebaut; den ersten in Australien säete Bougainville aus, und in Nordafrika wurde er neuerdings von den Franzosen angebaut, um ihn als Futter für ihre Pferde zu verwenden.

Die Hirse.

Von weniger Bedeutung, als die bereits vorgeführten Grasarten, ist die gemeine Hirse (Panicum miliaceum L.), da sie nur immer in kleineren Parthieen angebaut wird und nur in der Küche ihre Verwendung findet. Sie verlangt einen feuchten Boden, der zwar etwas sandig sein kann, aber sehr gelockert, frisch und stark gedüngt werden muß. In der Regel wird der Acker tief umgegraben, seltener gepflügt, und dann muß er vorher sehr geebnet werden, ehe man die Körner ausstreut. Da es überhaupt nothwendig ist, daß diese in möglichst frischen Boden kommen, so ist es in unseren Gegenden gebräuchlich, daß man ihn des Nachts umgräbt, und ehe die Sonne aufgeht, ist die Aussaat schon vollendet. Die Zeit der Aussaat ist der Monat Mai.

Die Blätter der Hirse sind lang und breit und wie die Scheiden dicht mit weichen Haaren bedeckt. Der Stengel ist viel stärker als bei den anderen heimischen Getreidearten. Aus einem Korn sprossen meistentheils mehr als ein Stengel, und je dünner sie gesäet ist, desto mehr Stengel treibt sie; es bildet sich demnach eine förmliche Staude. Um sie nicht zu dicht zu säen, vermischt der Landmann oft den Saamen mit Sand zu gleichen Theilen, ist sie aber dennoch zu dicht, so werden beim Jäten, was zwei Mal geschehen muß, die schwächeren Pflanzen ausgerupft oder ausgehackt. Am besten gedeihet die Hirse, und trägt auch viel mehr Saamen, wenn jede einzelne Pflanze 6 Zoll Raum um sich behält.

Der Blüthenstand bildet bei der Hirse eine lockere und weitschweifige Rispe, welche sich bedeutend ausbreitet und meist nach einer Seite überhängt; selbst die Aehrchen sind rispig, die Blüthen grannenlos, aber die Kelchspelzen stachelspitzig. Jedes Aehrchen hat nur eine Blüthe, in welcher sich zwei Griffel und drei Staubfäden befinden. Der Kelch besteht aus drei Klappen, von denen die untere viel kürzer ist als die obere. An der unteren Klappe befindet sich noch eine 1spelzige, eigentlich die dritte Klappe darstellende Blüthe, der die Griffel ganz, zuweilen auch die Staubfäden fehlen. Eine eigentliche Hülle ist nicht vorhanden.

Die Hirse ist einjährig; ihr nicht ganz aufrechtstehender, sondern schräg in die Höhe gehender Stengel erreicht eine Höhe von $1\frac{1}{2}$—3 Fuß und kommt im Juli und August zur Blüthe. Sobald der Saamen in der Mitte der Rispe reif wird, so schneidet man die öfters fingersstarken Halme ab und sammelt sie ein. Die großen Rispen kommen nicht mit einem Male zur Reife, welche an den untersten Theilen beginnt, und so weiter schreitend, reift die Spitze zuletzt. Würde man mit dem Schneiden warten, bis die Spitze ganz reif geworden, dann würde nicht nur der untere, sondern auch schon der mittlere Theil ausfallen. Nach dem Abschneiden läßt man sie nur kurze Zeit liegen, gewöhnlich auf untergebreiteten Laken; schon an demselben Tage oder wenigstens doch am nächsten wird sie eingefahren. Auf der Tenne läßt man die Bündel noch drei bis vier Tage auf einander liegen, damit sie sich erwärmen und die oberen Theile noch nachreifen, wodurch die Körner sich viel leichter ablösen. Nach dem Dreschen muß das Stroh noch einmal ausgebreitet werden, um es zu trocknen. Es dient entweder als Streu oder als Viehfutter.

Der Saame bildet entweder ein weißes, gelbes oder schwärzliches Korn, welches letztere man Sprallhirse nennt. Nach dem Dreschen wird er anfangs dünn ausgebreitet und täglich gewendet, bis er völlig trocken ist. Er ist dicht in die erhärteten, glänzenden Kronspelzen eingehüllt. Für das Federvieh ist er ein ganz vorzügliches Futter. Auf Mühlen oder durch Stampfen werden aus ihm Grütze oder Graupen bereitet, die man entweder in Milch oder in Fleischbrühe kocht. Gleiche Theile Weizen- und Hirsemehl geben ein sehr gutes Brot, während es aus reinem Hirsemehl spröde ist.

Bei uns wird sie nur in geringerer Menge gebaut, in der osteuropäischen Ebene dagegen, namentlich in den mittleren Provinzen wird sie sehr viel verbraucht und ihre Nordgränze reicht dort bis zum 55. Grad. Selbst die in den Steppen um das kaspische Meer umherstreifenden Kirgisenstämme haben in neuerer Zeit angefangen, sie zu kultiviren. Auch in Italien und Griechenland wird sie mehrfach gebaut. Doch steht ihr dort schon zur Seite die Moorhirse oder die Durrha (Holcus Sorghum), welche in Spanien ganz ihre Stelle vertritt. Die Araber bauten sie schon frühzeitig und auch noch jetzt in großer Menge, und in Aegypten wird sie gegenwärtig vielfach angebaut.

Im südlichen Europa ist noch die welsche oder Kolbenhirse oder der Fennich (Setaria italicum P.B.) häufig angebaut, welche eine dicke, lappige, aus vielen Rispchen zusammengesetzte, fingerslange Rispe hat. Sie hat lange oder kurze, meist zu 2 sitzende Borsten, welche von aufwärts gerichteten Zäckchen ganz rauh sind. Die Kronspelzen sind bei der Reife undeutlich in die Quere gerunzelt oder ganz glatt. Der Stamm dieser Art ist aufrecht und erreicht eine Höhe von 2 bis 6 Fuß. Sie stammt aus Ostindien, aber ihre Kultur ist schon sehr alt, da sie bereits den Römern und Griechen als Panicum bekannt war.

Die gemeine Hirse und die Kolbenhirse wurden den Römern unter Julius Cäsar bekannt, und die Moorhirse gelangte zu Plinius Zeiten zu ihnen. Er beschreibt die letztere als eine Pflanze von sieben Schuh Höhe, mit schwarzem Saamen und fast unglaublicher Vermehrung.

Die Alemannen bauten sie zur Zeit der Karolinger; in Deutschland findet ihr Anbau zuerst unter der Regierung der Hohenstaufen Erwähnung, und nach Strabo gedieh sie in Gallien vortrefflich und wäre nach seiner Meinung die stärkste Schutzwehr gegen Hungersnoth.

In Congo und an vielen Stellen der Westküste Afrika's ist sie bereits seit länger eingeführt, und in China findet sie sich in den nördlichen Provinzen nicht selten. Vielleicht ist sie es und die Moorhirse, welche Kaiser Chin-nong schon vor 3000 Jahren dort einführte. Eine andere Hirseart (Panicum frumentaceum Boxb.) wird in Ostindien häufig als Nahrungsmittel kultivirt.

Außer der gemeinen Hirse wachsen noch mehrere Arten bei uns wild. Sie haben sich bis jetzt noch keiner nähern Beachtung zu erfreuen gehabt, da sie, selbst unscheinbar, eben solche Früchte haben. Diese Arten sind: 1. die Blut-Hirse (Panicum sanguinale L.), 2. die gewimperte Hirse (Panicum ciliare Retz), 3. die fadenförmige Hirse (Panicum filiforme Gke.) und 4. die Hühner-Hirse (Panicum Crus galli L.).

Der Roggen, der Weizen, der Mais, die Gerste, der Hafer und die Hirse gehören zu der so großen, in dem Haushalte der Natur so bedeutungsvollen Familie der **Gräser** oder **Gramineen.** Von der Gesammtzahl der deutlich blühenden Gewächse, die wir kennen, machen die Gräser ungefähr den 20. und die Halbgräser den 40. Theil aus. Die Flora von Nord- und Mitteldeutschland hat unter ihren 2150 Pflanzen allein 184 Grasarten, welche in so großer Menge vorkommen, daß sie z. B. auf unsern Wiesen vorherrschend sind. Sie liefern dadurch, daß die meisten als Futterkräuter sich sehr gut zur Fütterung im frischen Zustande oder als Heu eignen, einen wesentlichen Beitrag für den menschlichen Haushalt. Viele von ihnen gewinnen wieder dadurch Bedeutung, daß sie, wie z. B. der Schafschwingel, den Viehweiden einen besonderen Werth verleihen. Die Namen aller bei uns vorkommenden Gräser aufzuzählen, müssen wir hier unterlassen. Nur noch einige ausländische Gräser, durch welche der Handel einen besonderen Aufschwung erlangt hat, oder die für einzelne Völkerschaften von der weitgreifendsten Bedeutung sind, wollen wir nennen. Eine ausführliche Beschreibung werden sie im zweiten Kursus finden. Hierher gehört der vielfach als Nahrung dienende Reis (Oryza sativa L.), das so unendlich wichtige Zuckerrohr (Saccharum officinarium L.), das namentlich in Indien so bedeutungsreiche Bambusrohr (Bambusa L.), wovon es mehrere Arten giebt, und das bei der Stuhlflechterei u. s. w. viel verwendete spanische Rohr (Arundo Donax L.).

Das Kanariengras (Phalaris canariensis L.), das auch hier und da, z. B. bei Erfurt und Bamberg, gesäet wird, um den

Kanariensaamen zu gewinnen, der für unsere Stubenvögel vielfach gekauft wird, und der Schwaden (Glyceria L.) dürften ebenfalls noch genannt werden.

Die Bohne.

Die Blüthe, derjenige Theil, welcher fast bei allen Pflanzenarten den Anhaltepunkt zur Betrachtung bildet, hat folgende hervortretende Merkmale: Der Kelch besteht aus zwei lippenartigen Theilen, von denen der obere, die Oberlippe zwei-, der untere, die Unterlippe dreizähnig ist. Der Griffel ist oben bärtig und wie die Staubfäden und das Schiffchen (das größere Kronenblatt) schraubenförmig gedreht. Die Blumenkrone besteht aus vier Theilen, davon hat der eine, welcher von der Oberlippe unterstützt wird, eine tiefeingebogene kahnförmige Gestalt, und wird deshalb das Schiffchen genannt, zwei andere Theile, die Flügel, breiten sich ruder- oder flügelförmig rechts und links davon aus und der vierte Theil steht gleich einem Segel auf dem Schiffchen und hüllt den Stempel und die Staubfäden ein. Viele haben diese Blüthenform auch mit einem Schmetterlinge verglichen und die Pflanzen mit derartigen Blüthen **Schmetterlingsblüthler** genannt. — Die Frucht, welche man Hülse nennt, ist am hintern Theile von einer kleinen Scheide umgeben, die sich im frischen Zustande abziehen läßt. Die Hülse besteht aus zwei Klappen und wird durch zellige Hervorragungen derselben nach innen fast querfächerig getheilt. In den dadurch entstehenden Höhlungen sitzt je eine Bohne.

Bei uns werden hauptsächlich zwei Arten kultivirt.

Die gemeine Bohne, Schneidebohne, Schminkbohne, Stangenbohne, Schwertbohne, Steigbohne, Veitsbohne, Faserlen, Fieselen oder Krummschnabel (Phaseolus vulgaris L.) ist eine einjährige Pflanze. Ihre senkrechte Wurzel treibt Wurzelfasern hervor. Ihr fast stielrunder, etwas eckiger Stengel treibt viele Aeste, windet sich um alles ihm Erreichbare, und deshalb steckt man ihm Stangen, an welchen er sich 10 bis 12 Fuß hoch in die Höhe windet. Er ist stark markig und mit sehr kleinen, wenig bemerkbaren Haaren besetzt.

Die Aeste und Aestchen sind dem Stengel ganz ähnlich, sie werden nach oben allmälig schlanker und endigen mit Blättern oder Trauben. Die Blätter stehen wechselweise, sind sehr lang gestielt, und an jedem Stiel sitzen drei Blättchen; diese sind kurz gestielt, am

Grunde oder Anheftungspunkte (Basis) dreinervig, und auf beiden Seiten mehr oder weniger weichhaarig. Das in der Mitte stehende Blättchen ist breit, eirund, während die seitenständigen ungleich eirund sind; alle drei haben eine bedeutend verlängerte Spitze. Am Grunde der Blättchen befinden sich noch kleine blattartige Gebilde, die man Afterblättchen nennt.

Die Blüthen stehen in Trauben, welche kürzer sind als die Blätter. Sie stehen nur einzeln in den Blattachseln und an ihrem Stiele befinden sich ebenfalls Nebenblättchen, welche einzeln an der Basis der gepaarten Blumenstielchen sitzen. Unterhalb des Kelches sitzen wieder zwei sich gegenüberstehende Nebenblätter, welche breiter als der Kelch sind. Der einblättrige, sich in zwei Lippen zertheilende Kelch fällt mit der Blumenkrone ab. Die vierblättrige, schmetterlingsartige Blumenkrone ist weiß, lila oder violett. Von den zehn Staubfäden sind neun verwachsen, und von ihnen umgeben erblickt man den fadenförmigen Griffel, welcher eine dickliche, stumpfe und weichhaarige Narbe trägt. Der Fruchtknoten ist bedeutend verlängert, etwas zusammengedrückt und schwach weichhaarig. Die Frucht bildet eine lange, theils gerade, theils sichelförmige, zusammengedrückte, glatte und glänzende Hülse. Bei der Reife wird die Hülse gelb und lederartig. Die Saamen, von denen meistens fünf bis sieben in einer Hülse sitzen, sind nierenförmig, an einem Ende gewöhnlich etwas abgeplattet, nach Verschiedenheit der Spielart, deren es eine ganze Menge giebt, länger oder kürzer und mehr oder weniger zusammengedrückt. Der seitwärts stehende Nabel (Anheftungspunkt) ist länglich oval und ist anders gefärbt als der Saame. Dieser ist gewöhnlich weiß, aber bei den Spielarten auch von allen Farben und sehr mannigfaltiger Zeichnung.

Wenn man von einer reifen Bohne die Haut oder die Hülse (daher die Bezeichnung: Hülsenfrucht) ablöst, so hat man den durch seinen Stärke-Reichthum so nahrhaften Kern, der in zwei Hälften zerfällt, die nur in der Nähe des Nabels etwas zusammenhängen. Diese beiden Hälften nennt man Saamenlappen oder Cotyledonen und dort, wo sie zusammenhängen, sitzt der Keim oder Embryo. Wenn die Bohnen aufgehen, so werden die Cotyledonen mit in die Höhe gehoben und bilden gleichsam das erste Paar der Blätter, unterscheiden sich zwar nicht durch ihre Farbe, denn sie werden auch grün, wohl aber durch ihre runde, fleischige Gestalt von den wirklichen Blättern. Alle Pflanzen, welche mit zwei solchen Saamenlappen keimen, nennt man **zweisaamlappige Gewächse** oder **Dicotylen**. Von den in diesem Kursus besprochenen Pflanzen sind alle mit Ausnahme des bereits besprochenen Safrans, des Roggens, des Weizens, des Maises, der Gerste, des Hafers, der Hirse und der noch folgenden Zwiebel und des Spargels **Dicotylen**. Letztere keimen nur mit **einem** Saamenlappen; sie heißen deshalb **einsaamlappige Gewächse** oder **Monocotylen**.

Die Blüthezeit der Bohne ist im Juni bis August. Eine Abart der gemeinen Bohne ist die ebenfalls häufig in unseren Gärten angepflanzte **Zwergbohne** (Phaseolus nanus L.), welche nach den verschiedenen Gegenden noch **Brechbohne**, **Kriechbohne**, **Krupbohne**, **Staudenbohne**, **Zuckerbohne**, **Buschbohne**, **Franzbohne** oder **Frühbohne** genannt wird. Sie unterscheidet sich hauptsächlich dadurch, daß sie nur 1 bis 2 Fuß hoch wird und nicht windet.

Die **vielblüthige Bohne**, die **Feuerbohne**, die **arabische** oder **türkische Bohne** (Phaseolus multiflorus Willd.) hat längere Trauben als das daneben sitzende Blatt. Sie hat prächtige, scharlachrothe Blüthen und bunte weit größere Saamen, seltener weiße Blüthen und Saamen. Die Hülsen sind auch hängend, aber von vielen kleinen Höckerchen ganz rauh. —

Die Bohnen werden meistens in Gärten, seltener in Feldern gezogen. Man legt sie in guten, vorher tüchtig gelockerten und gedüngten Boden, welcher, wenn sie recht gut tragen sollen, frei und sonnig liegen und vor kalten Winden geschützt sein muß. Anhaltendes Regenwetter und viel Nässe ist ihnen sehr schädlich und oft werden sie durch die Nachtfröste des Frühjahrs getödtet, wie es erst im vorigen Jahre am ersten Pfingsttage in ziemlich großer Ausdehnung der Fall war. Die Legezeit ist bei nicht zu rauher Witterung schon im Mai. Man macht in 1 bis 1½ Fuß weiten Entfernungen 1 bis 1½ Zoll tiefe Löcher, in die man 4 bis 6 Bohnen legt. Sind es Stangenbohnen, so steckt man die Stangen entweder gleich bei, oder erst dann, wenn sie so weit sind, daß sie sich winden wollen.

Als **Gemüse** ist der Verbrauch der Bohnen nicht unbedeutend. Man pflückt die Früchte theils grün ab, um sie zerschnitten entweder sofort zu kochen, oder für den Winter aufzubewahren, indem man sie trocknet oder einmacht. Das Trocknen geschieht, indem man sie vorher abkocht, und dann durch die Sonnen- oder Ofenhitze dörrt; wenn sie eingemacht werden, thut man sie in kleine Fäßchen oder Blechbüchsen, versetzt sie mit Salz und gießt Wasser darauf. So werden sie oft weithin versendet. Die Hauptsache sind hierbei die Schaalen, da die Saamen noch gänzlich unentwickelt sind. Nahrhafter, aber schwer verdaulich, sind die reifen Bohnen. Die Schaalen sind durch die Reife gänzlich unbrauchbar geworden. — Als Arzneimittel dient das aus den reifen Bohnen und aus der Sau- oder Buffbohne, die zu den Wicken gehört, bereitete Bohnenmehl (Farina Fabarum), indem daraus zertheilende und erweichende Umschläge bereitet werden. Auch soll das bei einer starken Abkochung der Bohnen erhaltene Wasser, besonders wenn es in einem kupfernen Gefäße geschieht, sehr Schmerz stillend sein, wenn man sich in der Sonnenhitze die Haut stark verbrannt hat. Als innerliche Arznei wird die Bohne nicht mehr angewendet.

Nur wo sie im Großen gebaut wird, drischt man sie aus, sonst wird sie gewöhnlich mit den Händen aus den Hülsen gelöst. Die Stengel und Blätter und selbst die trockenen Hülsen werden in manchen Gegenden als Viehfutter benutzt.

Das Vaterland der gemeinen Bohne ist Ostindien, während die Feuerbohne aus Süd-Amerika stammt. Die letztere wird so häufig angebaut wie die erste, leidet auch weniger vom Ungeziefer, namentlich von den Schnecken, ist unempfindlicher gegen Kälte und Nässe, trägt auch sehr reichlich, ist aber nicht so zart.

Die Bohne wird jetzt überall gebaut, wo es nur das Klima zuläßt, namentlich aber in der nordeuropäischen Ebene und überhaupt im Gürtel des Weizens.

Verschiedenen alten Völkern waren die Bohnen nicht unbekannt und wurden selbst in mehreren Abarten kultivirt. Von diesen alten Völkerschaften waren es die Juden, die Aegypter, die Griechen, die Römer und die Alemannen, welche sie pflanzten. Bei den Römern lieferte sie jedoch nur für das niedere Volk ihre Früchte, für die lukullischen Tafeln der Reichen waren sie nicht geeignet. In Deutschland beförderten die Hohenstaufen ihren Anbau, welches später die Klöster mit großem Eifer fortsetzten. Obwohl viele Klöster wegen der dort herrschenden Ueppigkeit verschrieen sind, so gab es jedoch manches, welches sich wieder durch Einfachheit auszeichnete. Auf einem Küchenzettel des Blaubeurer Klosters werden für „Fest-, Sonn- und Feiertage" folgende Speisen vorgeschrieben: „Krutt und Rieben, Erbis, Linssen, Bonen, grünes Krutt, Zwibel, öpfelmuß, bachene öpffel, geschweißte und bratte Byren, Zwetschen und Hanffupp."

Die gemeine Bohne ist auch nach **Amerika** gewandert, und nach **China** soll sie erst in neuerer Zeit durch die Holländer verpflanzt sein, wenigstens wird die grüne Bohne dort Holländerbohne genannt.

In **Indien** sind wenigstens ein Dutzend verschiedene Bohnen ein Gegenstand der Kultur, von denen mehrere ihre Heimath im südlichen China, in Cochinchina u. s. w. haben mögen. Von den ostindischen Bohnenarten, welche dort gebaut sind, muß zuerst genannt werden Phaseolus Mungo L., deren Bohnen mit Reis die Hauptnahrung in Ostindien und China ausmachen. Sie hat sich jetzt auch nach Aegypten und Italien verbreitet. Eine zweite ebenfalls sehr schmackhafte Art ist Phaseolus radiatus L. und Ph. lunatus L., ferner Ph. tunkinensis Loor von Cochinchina, Ph. Max Roxb., Ph. calcaratus von Mysore, Ph. aureus von Bengalen, Ph. torosus aus Nepal und Ph. aconitifolius; letztere wird mehr zur Ernährung der Hausthiere verwendet.

Den asiatischen Arten stehen folgende amerikanische gegenüber: Ph. multiflorus, Ph. derasus, ebenfalls aus Südamerika und Ph. lathyroides aus Westindien.

Die Bohne erinnert uns an ein Fest ganz eigenthümlicher Art, an das **Bohnenkönigsfest**, welches namentlich in Frankreich in geselligen Cirkeln üblich ist und am Dreikönigstage stattfindet. Es hat sich auch hier und da nach Deutschland übergesiedelt. Man bäckt nämlich in einen großen Kuchen eine einzige Bohne, der in verschiedene Stücke zerlegt, an die Anwesenden ausgetheilt wird. Derjenige, in dessen Stück sich die Bohne findet, ist für das nächste Jahr Bohnenkönig und als solcher berechtigt, sich im Scherz einen Hofstaat zu wählen, wobei es an scherzhaften Huldigungen von Seiten der Anwesenden, sowie an verschiedenen anderen Belustigungen nicht fehlt. Der neue König hat aber auch zugleich die Verpflichtung, am nächsten Dreikönigstage eine Festlichkeit zu veranstalten, wobei die neue Königswahl vor sich geht. In Frankreich war diese Sitte in früherer Zeit so allgemein, daß selbst am Hofe solche Bohnenkönigsfeste stattfanden, obwohl die Geistlichkeit namentlich im 17. Jahrhundert vielfach dagegen eiferte. Die Ansicht, daß diese Sitte sich von den römischen Saturnalien, dem Karneval der Alten, an welchem man überall Jubel und Gelächter hörte, die lächerlichsten Possen sah, und selbst die Kinder sich einen König wählten, herleite, dürfte wohl die meiste Wahrscheinlichkeit für sich haben.

Die Erbse.

Wie die Bohne, so gewährt uns auch die Erbse mannigfachen Nutzen. Ihre Blüthen sind ebenfalls Schmetterlingsblüthen und daher in ihrem Bau ganz denen der Bohne ähnlich.

Die Schoten- oder Brech-Erbse (Pisum sativum L.) ist einjährig und wird theils in Gärten, theils auf Aeckern gebaut. In Gärten giebt man ihr ein sonniges, nicht zu fettes, ebenso nicht frisch gedüngtes Land, welches von Schnecken wenig besucht wird. Die Aussaat ist hier nicht an eine gewisse Zeit gebunden, und damit man die frischen Erbsen möglichst lange hat, kann man die ersten Beete schon Ende Februar belegen und mit anderen bis Ende Juli fortfahren. Auf einem Beete von 3 Fuß Breite zieht man mit einer Hacke 2 Längsfurchen und legt die Saamen etwa 3 Zoll tief nicht zu dicht hinein. Sobald die Pflänzchen 4 Zoll hoch sind, lockert man die Erde um sie herum auf, man „häufelt" sie, und dann müssen sie stets möglichst rein gehalten werden, wenn nicht Nesseln und andere Pflanzen sie überwuchern sollen; doch muß man beim Jäten wieder mit vieler Vorsicht verfahren, weil man sonst die sehr kurzen Wurzeln, die nicht tief in den Boden dringen, leicht beschädigen oder wohl gar die ganze Pflanze mit herausreißen kann. Damit sie nicht zu Boden sinken und der Sonne möglichst ausgesetzt sind, steckt man ihnen Reiser hin, aber etwa ½ Fuß von den Pflanzen entfernt, an welchen sie sich mit ihren Wickelranken festhalten.

Die Blüthezeit der Erbse ist vom Mai bis Juli. Die Blüthen sitzen entweder zu zwei oder zu mehr, in welchem Falle sie eine Traube bilden. Der Blüthenstiel steht in den Achseln der Blätter. Der Kelch ist in fünf blattartige Kelchzipfel gespalten, welche breit-lanzettlich und zugespitzt sind. Die ganze Blumenkrone ist entweder ganz weiß, oder die Fahne ist nur weiß und die Flügel sind rosenroth. Ist dies letztere der Fall, so sind auch die Nebenblätter roth gefärbt. Die Fahne ist groß und zurückgeschlagen. Von den zehn Staubgefäßen sind ebenfalls 9 verwachsen und eines frei; die Staubfäden sind pfriemenartig. Der Griffel ist dreikantig, von der Seite her zusammengedrückt, am Grunde oberseits gekielt, unterseits rinnenförmig und an der Spitze bärtig. Die Frucht ist eine einfächerige Hülse, welche aus zwei Klappen besteht, die an mehreren Stellen zusammengeschnürt sind. Zwischen den Einschnürungen sitzt je eine Erbse. In einer Hülse finden sich etwa drei bis sieben. Die Blätter sind paarig gefiedert, mit 2 bis 3 Paar Blättchen, der Blattstiel ist rundlich und endigt nicht mit einem Blättchen, sondern mit einer Wickelranke, die sich um jeden Gegenstand herumschlängelt. Die Blättchen sind rundlich-eirund, aber die Nebenblättchen, welche den Stengel mit ihrem Grunde dicht umschließen, sind halb-herzförmig, hinten ungleich gezähnt und größer als die Blättchen.

Die Erbse erreicht eine Höhe von 1 bis 2 Fuß, ist über und über haarlos, aber ganz und gar mit einem grau-grünen (meergrünen) Staub oder Duft überzogen.

Wenn die Saamen reif werden, so werden die Hülsen gelblich. Die Saamen sind blaßgelb.

Bei der Acker- oder Zuckererbse (Pisum arvense L.), welche im Ganzen viel Aehnlichkeit mit der Brech-Erbse hat, sitzen die Blüthen einzeln oder zu zweien. Die Fahne der Blumenkrone ist blaßviolett, die Flügel sind purpurroth und das Schiffchen ist weiß. Die Saamen sind kantig-eingedrückt, graugrün und mit braunen Punkten verziert. Sie ist ebenfalls einjährig, wird auch viel aber fast nur in Gärten gebaut und blüht vom Mai bis Juli.

Außer diesen beiden angebauten Erbsenarten kommt noch an den Küsten der Ostsee eine wildwachsende vor, die Meerstrands-Erbse (Pisum maritimum L.)

Einen großen Feind haben die Erbsen während ihrer Blüthezeit an dem Erbsenkäfer, welcher in die jungen Hülsen und zwar an jede Erbse ein Ei legt, aus dem bald die Larve kommt, die sich in die Erbse hineinfrißt. Während der Saatzeit und besonders während des Keimens sind ihnen die Tauben sehr schädlich, denn diese kratzen ganze Flächen eben aufgehender Erbsen aus, um sie zu verzehren.

Es giebt eine Menge Abarten. Bei den Gartenerbsen unterscheidet man Läufer- und Zuckererbsen; davon wieder die Zwergzuckererbse, die große englische Schwertzuckererbse, die grüne Erbse, die Büschelerbse, die große holländische Erbse, die Klunkererbse und die frühe Läufererbse. — Doch der Hauptunterschied der Erbsensorten liegt darin, daß sie entweder Zuckererbsen oder Kneifelerbsen sind. Die Zuckererbsen zeichnen sich dadurch aus, daß die Schaale der Frucht, so lange sie unreif, durch und durch zart ist. Man genießt sie deßhalb ebenso wie die Saamen. Die Kneifelerbsen, auch Pahl- oder Brockelerbsen, haben dagegen eine zähe, lederartige Schaale, welche nur auswendig dünn mit zartem Fleische überdeckt ist. Von ihnen benutzt man daher im frischen Zustande nur die Erbsen, während man die Schoten dem Vieh giebt. Zu letzteren gehört die Kron-, Büschel- oder Traubenerbse (P. sat. umbellatum). Ihre Blüthen stehen in fast doldigen Büscheln, und ihre Nebenblätter sind ganz zerschlitzt.

Sobald die Hülsen oder Schoten reif sind, nimmt man sie ab, was am besten mit der Schere geschieht, weil beim Abreißen die Wurzeln leicht locker werden, und läßt die Saamen, welche 4 bis 6 Jahre keimfähig bleiben, noch gehörig nachreifen.

Baut man die Erbsen im Großen auf Feldern, so läßt man den dazu bestimmten Acker schon im Herbst einmal pflügen, und im März oder April werden sodann die wie Getreide ausgesäeten Erbsen 4 bis 5 Zoll tief untergepflügt. Sobald die meisten Schoten reif sind, werden die Pflanzen gemäht, was keine leichte Arbeit ist, da sie mit ihren Wickelranken fest in einander hängen. So lange sie auf dem Felde liegen, dürfen sie nur sehr vorsichtig gewendet werden, weil die Schoten leicht aufspringen und die Saamen ausfallen. Wenn sie ausgetrocknet sind, werden sie früh am Morgen, wo sie noch vom Thau feucht sind, eingefahren.

Die grünen Erbsen sind ein gesundes und leckeres Gemüse, und werden gern und häufig gegessen, die reifen sind äußerst nahrhaft, nur etwas schwer verdaulich. In manchen Gegenden läßt man in der Mühle die Haut entfernen und Erbsengraupen daraus bereiten. In den südlichen Gegenden pflegt man sie zum Verspeisen zu rösten.

Oft werden die Erbsen, geschroten oder gekocht, als ein äußerst nahrhaftes Viehfutter für Pferde, Rindvieh und Federvieh benutzt. Ebenso ist die grüne Pflanze ein vortreffliches Viehfutter; selbst das Stroh ist nahrhaft, aber nicht sehr milchgebend.

Die Erbse wird im Ganzen häufig gebaut. Im Allgemeinen wird sie auf der Westseite der skandinavischen Halbinsel nur bis zum 64½ Grad N. Br. gezogen, doch findet man auch einzelne Varietäten, wegen ihrer frischen Schoten bis Hammerfest und Lappland. Einen nicht unwichtigen Nahrungszweig bildet sie überhaupt in der nord- und mitteleuropäischen Ebene, ebenso fehlt sie nicht in England, Rußland und vielen weiter nach Süden liegenden Ländern.

Sie wird seit langen Jahren gebaut. Schon bei den Juden, Griechen, Römern und Alemannen stand sie als Kulturpflanze in Ansehen, ja ihre Kultur muß auch in Indien in eine sehr frühe Zeit zurückgehen, da sie dort in den ältesten Büchern Erwähnung findet.

Man hat die Erbse noch jetzt wild auf den Hügeln der Landenge der Krim gefunden, wahrscheinlich aber ist ihr Vaterland ursprünglich noch weiter an den Küsten des schwarzen Meeres zu suchen.

Die gleiche Verbreitung, wo nicht eine noch über die Küsten des mittelländischen Meeres ausgedehnte, muß auch für die Ackererbse angenommen werden. Diese Art wird jetzt häufiger als die Brecherbse angebaut, und ebenso ist sie in Indien nicht fremd geblieben.

Außer diesen beiden Erbsenarten sind noch die ägyptische Erbse (Pisum Jomardi) und die abyssinische (Pisum abyssinicum) als vorzüglich Afrika angehörige Nahrungspflanzen zu nennen. Die schon erwähnte Pisum maritimum L., außer an der Ostseeküste, noch an den Gestaden von Frankreich, England, Dänemark, bis Kamtschatka und die Pisum Ochrus L. in Italien, Portugal, Spanien und Kreta wild wachsend, werden nur zur Zeit der Hungersnoth als Nahrung verwendet.

Eine wichtige Erbsenart im Oriente ist die Kichererbse (Cicer arietinum L.). Griechen, Juden und Aegypter säeten sie schon im Alterthume aus; ebenso war sie in Indien früher ein Gegenstand der Kultur. Der gemeine Grieche genießt sie noch jetzt im rohen sowohl, als im gerösteten Zustande während der Wintermonate und bedient sich ihrer zugleich als Surrogat des Kaffee's. Ebenso wird sie noch jetzt häufig in Aegypten bis Abyssinien gebaut und ist auf den Höhen des Libanon, sowie in Spanien eine der verbreitetsten Kulturpflanzen.

Auch diese Pflanze wird als beinahe wild wachsend in den kaukasischen Ländern, in Griechenland u. s. w. angegeben, sowie sie sich auch auf den Feldern des mittleren Europa's verwildert hier und da vorfindet.

Sowohl die Erbsen, als auch die Kichern sehen wir bereits auf den Musterwirthschaften Karl's des Großen, ferner unter den Hohenstaufen und durch die Klöster eingeführt. — Jetzt sind sie freilich beinahe über die ganze Erde verbreitet.

Die Linse.

Die Linse ist eine einjährige Pflanze und blüht im Juni und Juli. Der Kelch dieser Schmetterlingsblüthe ist 5spaltig oder fünfzähnig, fast ebenso lang wie die blau-weiße Krone. Von den pfriemlichen Staubfäden sind 9 zu einem Bündel vereinigt und einer freistehend. Der fadenförmige Griffel ist auf der inneren Seite in einer Längslinie von der Narbe abwärts behaart, auf der äußeren Seite kahl, an der Spitze flach und breiter werdend. Die Hülsen sind elliptisch-rautenförmig, ganz glatt und enthalten meistens 2 Saamen. Diese sind von gelblicher, brauner oder schwarzbrauner Farbe, rund und mehr oder weniger zusammengedrückt. Die Blüthenstiele tragen oft nur eine einzelne Blüthe, sonst aber auch zwei bis drei, welche traubenartig gestellt sind. Sie sitzen in den Blattwinkeln und sind ziemlich so lang wie das Blatt. Die Blätter sind gefiedert, die oberen enden mit einer Wickelranke und haben meist 6 Paar längliche Blättchen. Die Nebenblättchen sind lanzettlich und ganzrandig.

Die gemeine Linse (Lathyrus Lens Peterm.), welche ½ bis 1 Fuß hoch wird, findet man vielfach angebaut, aber auch hier und da verwildert. Man hat eine größere, die Pfenniglinse, und eine kleinere Sorte, jedoch baut man meist nur die letztere, weil ihre Saamen wohlschmeckender sind.

Da die junge Pflanze gegen den Frost sehr empfindlich ist, so säet man sie erst Anfangs Mai aus und bringt sie nicht allzu tief in den Boden. Die jungen Pflanzen müssen von anderen wild wachsenden, welche dazwischen stehen, möglichst gesäubert werden, damit sie sich ungestört entwickeln können. Wenn die Schoten bräunlich werden, ist es Zeit, sie zu schneiden und einzuernten, wenn auch die Blätter noch grün sind. Damit diese trocknen, läßt man sie noch einige Tage im Freien liegen; man muß sie aber möglichst vor Regen schützen, weil dadurch die Schoten größtentheils aufspringen und die Saamen zerstreut werden. Um solchen Verlust zu umgehen, binden viele Leute die Linsen sofort in Bündeln und hängen sie an einem luftigen Orte, der von oben her geschützt ist, auf. Die Saamen werden durch Dreschen oder Klopfen von den Hülsen befreit. Stroh erhält man zwar nur sehr wenig, aber es wird an Nahrhaftigkeit dem Heu gleich geschätzt, und dient als sehr gutes Futter für Schafe, Lämmer und Kälber. Doch darf man es wegen seiner hitzigen Natur nicht zu häufig und nur in kleinen Portionen reichen. Die Pferde, wenn sie nicht von Jugend auf daran gewöhnt sind, werden leicht davon krank.

Sehr vortheilhaft werden die Linsen im Gemenge mit Getreide gebaut; es geben z. B. Linsen mit Gerste ein ganz vorzügliches Brotgetreide. Als Gemüse zubereitet, sind die Linsen eine sehr nahrhafte, aber schwer verdauliche Speise. Ebenso sind sie geschroten oder gekocht sehr geeignet, die Milch der milchgebenden Thiere nicht nur zu vermehren, sondern auch ihre Fettigkeit bedeutend zu erhöhen.

Die Linse war schon den Juden, Aegyptern, Karthagern, Griechen und Römern bekannt, aber erst in neuerer Zeit ist sie in Bengalen eingeführt worden. Dies und der Umstand, daß Indien diese Pflanze früher nicht kultivirt hat, deuten auf ein mehr westlich gelegenes Vaterland hin. Dasselbe dürfte im nördlichen Kaukasus und in Südrußland um so eher zu suchen sein, als die Linse dort außer im kultivirten Zustande in der That wild wächst; sie wird auch durch ganz Europa hier und da verwildert angetroffen.

Noch jetzt dient die Linse den Beduinen als Brotfrucht. Auf den Hochebenen von Abyssinien (5000—8000′ hoch) ist eine Abart von Lathyrus Lens var. abyssinica entstanden. Außer dieser haben sich im Laufe der Zeit noch mehrere Varietäten gebildet; z. B. die in manchen Gegenden mehr bekannte Provencerlinse u. d. a.

Die Linse wird in allen europäischen Ländern doch nur mehr im Kleinen angebaut und zwar schon seit vielen Jahren. In Deutschland wird ihres Anbaues zuerst zur Zeit der Hohenstaufen erwähnt. Die Spanier verpflanzten sie schon in den ersten Jahren des 16. Jahrhunderts an die Westküste von Peru.

Eine ganz besondere Bedeutung hat die Linse dadurch erlangt, was zugleich auch das Alter ihrer Kultur andeutet, daß Esau für ein Gericht Linsen seine Erstgeburt an Jakob verkaufte.

Die Linse wird von Mehreren zu der Gattung: Platterbse (Lathyrus L.) von Anderen zu der Gattung: Erve (Ervum Tourn.) gezählt. Die Gattung: Pflotterbse hat mehrere in Deutschland theils wild wachsende, theils unter dem Getreide sich findende Arten, als: die nebenblättrige Platterbse (L. Aphaca L.), die blattlose Platterbse (L. Nissolia L.), die Erdnuß (L. tuberosus L.), die Wiesen-Platterbse (L. pratensis L.), die eßbare Platterbse (L. sativus L.), die behaarte Platterbse (L. hirsutus L.), die Wald-Platterbse (L. silvestris L.), die verschiedenblättrige Platterbse (L. heterophyllos L.), die breitblättrige Platterbse (L. latifolius L.), die Sumpf-Platterbse (L. palustris L.), die erbsenblättrige Platterbse (L. pisiformis L.); die Frühlings-Platterbse (L. vernus Bernh.), die schwarze Platterbse (L. niger Wimm.) und die Berg-Platterbse (L. montanus Bernh.)

Die eßbare Platterbse (Lathyrus sativus L.), bereits

den Griechen bekannt, ist gegenwärtig mehr eine Futterpflanze, als daß sie noch zur Nahrung und zwar im unreifen Zustande verwendet würde.

Zu der Gattung: Erve (Ervum Tourn.) gehören die Arten: die erbsenartige Erve (E. pisiforme Peterm.), die Wald-Erve (E. silvaticum Peterm.), die kassubische Erve (E. cassubicum Peterm.), die schlingende Erve (E. Orobus Kittel), die Zitterlinse (E. hirsutum L.), die viersaamige Erve (E. tetraspermum L.), die schlanke Erve (E. gracile DC.), die einblüthige Erve (E. monanthos L.) und die knotenfrüchtige Erve (E. Ervilia L.).

Die Wicke.

Alle Wickenarten sind vortreffliche Futterkräuter, und einige davon werden als solche in großer Menge gebaut. Die in Deutschland vorkommenden Wickenarten sind: die Hecken-Wicke (Vicia dumetorum L.), die Vogel-Wicke (V. Cracca L.), die feinblättrige Wicke (V. tenuifolia Rth.), die zottige Wicke (V. villosa Rth.), die Zaunwicke (V. sepium L.), die gelbe Wicke (V. lutea L.), die Saat-Wicke (V. sativa L.), die schmalblättrige Wicke (V. angustifolia Rth.), die platt-erbsenartige Wicke (V. lathyroides L.) und die Buff- oder Saubohne (V. Faba L.). Von diesen werden jedoch nur zwei Arten kultivirt, die Saat-Wicke (Vicia sativa L.) und die Buff- oder Saubohne (Vicia Faba L.).

Die Saat-Wicke (Vicia sativa L.) ist eine einjährige Pflanze, die überall auf Aeckern häufig gebaut wird. Sie ist mehr oder weniger behaart und wird 1 bis 1½ Fuß hoch. Die Blätter sind gefiedert, haben etwa 7 Paar Blättchen und endigen mit einer Wickelranke oder einem Spitzchen. An den unteren Blättern sind diese verkehrt-eiförmig und tiefer ausgerandet, an den oberen sind sie länglicher, sonst aber auch verkehrt-eiförmig oder länglich-linealisch. Ihre Ausrandungen sind abgestutzt. Alle Blättchen endigen mit einer stachligen Spitze. Die Blüthen, welche im Juni und Juli sich entfalten, entspringen aus den Blattwinkeln, sind ganz kurz gestielt und stehen entweder einzeln oder zu zweien. Der Kelch derselben ist fünfspaltig oder fünfzähnig, alle Zähne sind gleich lang, welches bei anderen Wickenarten nicht der Fall ist, und etwa so lang wie die Kelchröhre, dabei sind sie lanzett-pfriemenförmig und gradeaus gestreckt. Die Blumenkrone ist mehrfarbig; die Fahne, welche ganz haarlos ist, hat eine blaue, die Flügel eine purpurrothe und das Schiffchen eine weißliche Farbe. Um den grade aufstrebenden, fadenförmigen Griffel, der an seinem oberen Theile etwas behaart ist, stehen die zehn Staubfäden, von denen neun zu einem Bündel vereinigt sind. Die Früchte sind aufrecht stehende, längliche, kurzbehaarte Hülsen, von gelbbrauner Farbe, in denen 5 bis 8 kugelige Saamen sitzen, die etwas zusammengedrückt und braun gefärbt, öfters aber auch grünlich-, weißlich-, gelblich- oder schwärzlich gesprenkelt sind.

Als Viehfutter dient die Wicke in verschiedener Form. Entweder wird die Pflanze grün oder als Heu benutzt. In beiden Fällen ist sie ein vortreffliches Futter und kommt an Nahrhaftigkeit dem Klee und der Esparsette gleich. Schneidet man sie zu diesem Zwecke ab, wenn sie in voller Blüthe steht, so schlägt sie bei nicht zu trockner Witterung wieder aus, und man kann dadurch noch eine Ernte erzielen, wartet man aber so lange, bis die Früchte schon anfangen, reif zu werden, so schlagen sie nur sehr sparsam oder gar nicht wieder aus. Sehr häufig säet man sie zur Hälfte mit Hafer vermischt aus, um sie reif werden zu lassen, da eine Mischung von Wicken- und Haferkörnern ein ganz vorzügliches Futter für die Pferde ist. Dies hat noch den Vortheil, daß in trockenen Sommern, wo die Wicken immer weniger gut gerathen, doch der Hafer seine Ernte liefert. Seltener säet man die Wicken unter Gerste, Sommerroggen oder Erbsen. Wenn dies geschieht, so wird eine solche Mischung gleichfalls als Viehfutter benutzt. Zur Bierbrauerei taugt mit Wicken gemischte Gerste nicht. Geschroten sind die Wicken sehr nahrhaft für Pferde und Kühe. Die Körner sind wohl für Tauben, aber nicht für Hühner, ein sehr geeignetes Futter, und den Gänsen können sie, wenn sie ihnen in Menge gegeben, sogar gefährlich werden. — Nur bei großem Mangel an Getreide mischt man das Wickenmehl auch dem Brote bei.

Die Wicke wurde von den Karthagern, Griechen und Römern zu Viehfutter angebaut; in einer schwäbischen Urkunde vom Jahre 1797 findet ein Erbsen-Bohnen-Wickenacker Erwähnung und im 16. Jahrhundert wurde sie in Peru mit vielem Glücke angebaut.

Die Sau- oder Buffbohne (Vicia Faba L.) ist ebenfalls eine einjährige Pflanze, die bei uns nicht in dem Umfange gebaut wird, wie die Wicke. Am häufigsten findet man sie als Einfassung von Kartoffelfeldern u. s. w. Sie hat einen starken, aufrechten, viereckigen, meistentheils astlosen Stamm, der 2 bis 4 Fuß hoch wird. Ihr Blattstiel endigt in eine Spitze und die gefiederten Blätter bestehen aus 2 bis 3 Paar großen Blättchen, welche eine elliptische oder längliche Form haben. Die Blüthen stehen in den Blattwinkeln, sind sehr kurz gestielt und bilden 2 bis 4blüthige Trauben. Die Blüthezeit fällt in den Juni und Juli. Die fünf Zähne des Kelches sind ungleich, und zwar sind die drei unteren viel länger als die beiden oberen.

Die große Blumenkrone ist fast immer weiß und nur zuweilen bläulich oder röthlich, aber auf jedem der Flügel befindet sich ein großer, sammtschwarzer Fleck. Die Fahne ist haarlos. Der Griffel und die Staubfäden sind ganz wie bei der angebauten Wicke. Die Frucht bildet eine Hülse, welche aufrecht steht; die Schaalen derselben sind mit weichen kurzen Haaren flaumartig bedeckt, und im reifen Zustande werden sie schwarz und lederartig. Jede enthält etwa 5—6 Saamen.

Es giebt bereits eine Menge Abarten. Besonders kultivirt sind die großen Sorten mit etwas plattgedrückten Hülsen und plattgedrückten Saamen, weil ihre Früchte in vielen Gegenden, ehe sie reif werden, theils mit den Hülsen, theils ohne dieselben gegessen werden. Die kleinere Sorte heißt auch Pferde- oder Eselsbohne, hat zähere walzige Hülsen und walzige Saamen, die sie in großer Menge trägt. Ihre reifen Saamen sind gekocht oder geschroten ein sehr nahrhaftes Futter für das Vieh. Die reifen Buffbohnen sind, wie Erbsen zubereitet, zwar auch genießbar, bilden aber immer nur eine grobe Speise.

Das Stroh wird, wie die Frucht, bei der Reife schwarz; es kann, zu Häckfel geschnitten, den Pferden gereicht werden, oder man läßt die Blätter und Spitzen von den Schafen abfressen; am besten eignet es sich zu Brennmaterial. — Die Pflanze leidet sehr viel von den Milben, welche die oberen Theile, namentlich die Blüthenstiele oft gänzlich bedecken.

Das Vaterland der Buffbohne ist wahrscheinlich an den südwestlichen Ufern des caspischen Meeres zu suchen. Unter allen Hülsenfrüchten dürfte sie am längsten bekannt und am meisten verbreitet sein, da sie schon von den Griechen und Römern für heilig gehalten und von den Juden angebaut wurde. Auf dem heiligen Wege nach Eleusis stand ein dem Bohnengotte Kyanetes geweihter Tempel, da er zuerst Bohnen angebaut haben soll. Die Kyanepsien oder Bohnenfeste, welche die Athener dem Apollo zu Ehren feierten, waren durch Genuß der Bohnen ausgezeichnet. Den Aegyptern galten diese Bohnen als eine unreine Frucht, welche sie nicht einmal zu berühren wagten. Auch Pythagoras verbot seinen Schülern, Bohnen zu essen. Die schwarzen Flecke an den weißen Flügeln der Blumen wurden ehedem als Schriftzeichen des Todes angesehen, daher diese Bohne im Alterthume als Symbol des Todes galt. — In den Katakomben Aegyptens fand man sie nicht, vielleicht aus der oben angeführten Ursache. Sie gehört übrigens zu jenen fünferlei Saamen, welche der Kaiser Chin-nong im Jahre 2822 v. Chr. G. in China einführte. — In Abyssinien ist ihr Anbau so allgemein, daß man sie mahlen läßt und Brot daraus bäckt.

Die Lupine.

Es ist noch nicht allzulange her, daß man die Lupine nur als eine Zierpflanze unserer Blumengärten kannte, aber schon seit mehreren Jahren bedeckt sie große Flächen unserer Felder, um theils grün, theils reif zu verschiedenen Zwecken zu dienen. Ihre Wichtigkeit für die Ackerwirthschaft findet immer mehr Anerkennung und sie wird jetzt nicht mehr allein von den rationellen Ackerwirthen angesäet, sondern auch die kleineren Landwirthe, bei denen in den meisten Fällen das „Neue" schwer Eingang findet, haben gezeigt, daß sie die Vorurtheile gegen ihren Anbau überwunden haben. Wie konnte das aber auch anders sein, da sogar ganze Bücher geschrieben worden sind, die einzig und allein über den Anbau der Lupine handeln?

Jetzt werden bei uns bereits drei Arten angepflanzt.

1. Die gelbe Lupine (Lupinus luteus L.) ist eine einjährige Pflanze und erreicht eine Höhe von 1 bis 3 Fuß. Die Blätter dieser Pflanze sind gefingert, d. h. es gehen von einem gemeinschaftlichen Punkte, dem obersten Ende des Blattstieles 5 bis 12 längliche Blättchen aus, welche im trocknen Zustande leicht abfallen. Diese, sowie die ganze Pflanze, sind mit filzigen Haaren bedeckt. Sie entfaltet ihre wohlriechenden Blüthen im Mai und Juni, welche so kurz gestielt sind, daß man sie als „sitzende" bezeichnet hat. Während sie in Form eines Quirls um den Stengel herum sitzen, sind diese Quirle nach der Spitze zu so aufeinander gedrängt, daß sie eine dichte Traube bilden, welche als Spitze die Pflanze ziert. Jede Blüthe ist mit

einem Deckblättchen versehen. Der Blüthenkelch ist in zwei Lippen getheilt; die Oberlippe ist zweitheilig, die Unterlippe dreizähnig und in den Lippenwinkeln sitzen noch 2 lineale Deckblättchen. Die Blumenkrone, aus Schiffchen, Flügeln und Fahne bestehend, ist gelb gefärbt und das Schiffchen ist geschnäbelt-zugespitzt. Der pfriemenförmige Griffel ist aufsteigend und hat eine kopfförmige Narbe. Die zehn Staubfäden sind alle verwachsen und tragen sehr ungleiche Staubbeutel. Die Frucht bildet eine Hülse, die bei den Einschnürungen schwammartige Scheidewände hat. In jeder sitzen etwa 4 bis 5 plattkugelige Saamen, welche braun- und weißschäckig gefärbt sind. — Sie stammt aus Süd-Europa und wird jetzt besonders auf sandigem Boden als Feldfrucht im Großen gebaut.

Die blaue Lupine (Lupinus angustifolius L.) ist, wie die vorige, eine einjährige Pflanze, kommt ebenfalls im Mai und Juni zur Blüthe und erreicht eine Höhe von 1 bis 4 Fuß. Ihre gefingerten Blätter haben linealische Blättchen, welche angedrückt-weichhaarig sind. Ihre Blüthen haben keine Deckblättchen, sind etwas länger gestielt und stehen wechselständig. Die Oberlippe des Kelches ist zweispaltig und die Unterlippe fast dreispaltig. Die Blumenkrone ist blau und die Hülsen sind mit einem wolligen Ueberzuge bedeckt. Die übrigen Theile sind wie bei der vorigen Art. Auch sie wird in einigen Gegenden, besonders in der Altmark, im Großen gebaut.

Die weiße Lupine (Lupinus albus L.) ist der blauen am meisten ähnlich. Nur die Blättchen der gefingerten Blätter sind verkehrt-eiförmig, doch etwas länglich; die Oberlippe des Kelches ist ungetheilt, die Unterlippe dreizähnig; ihre Blumenkrone ist weiß, oder etwas in's Blaßbläuliche spielend, und ihre 2 bis 4 Saamen in jeder Hülse sind groß, etwas zusammengedrückt und von weißlicher Farbe. Sie wird auch jetzt bei uns, wiewohl weit seltener als die beiden vorigen Arten, im Großen angebaut, während sie in Italien schon längst auf den Feldern kultivirt wurde, um theils das grüne Kraut, theils die Saamen dem Vieh zu füttern.

Den Hauptnutzen gewährt die Lupine dadurch, daß sie so vortheilhaft zur Gründüngung sich eignet, und sie soll in ihrer Wirkung sogar dem Schafmist gleich kommen. Nachdem der Acker abgeerntet ist, besäet man ihn mit Lupinen, und wenn dieselben gehörig in's Kraut geschossen und dem Blühen nahe sind, so pflügt man sie unter. Da sie sehr saftreich sind, so gehen sie schnell und leicht in Verwesung über. Ebenso eignet sich die grüne Pflanze ganz vorzüglich zu Grünfutter, namentlich für das Rind, und auch die Saamen sind geschroten ein sehr nahrhaftes Futter für die Zugochsen. Man meint auch, daß Rinder und Schafe durch ihren Genuß von Eingeweidewürmern befreit werden. — Früher wurde der Saame, welcher eine bedeutende Bitterkeit besitzt, in der Medizin gebraucht. Hier und da dient er als Nahrungsmittel, als Gemüse, und zu Mehl bereitet als Brot, indem man durch Einweichen ihm seine Bitterkeit nimmt. In einzelnen Gegenden wird er auch geröstet und gegessen oder als Kaffeesurrogat benutzt.

Von den Lupinen, welche durch alle Mittelmeerländer, von Portugal und Algerien bis zu den griechischen Inseln und Constantinopel, wild wachsen, wurde nur die behaarte Lupine (Lupinus hirsutus L.) im Alterthume bei den Griechen angebaut. Man baute sie theils zur Vertilgung des Unkrautes, theils zur Düngung der Aecker und Weinberge an. Auch um die Wurzeln kranker Bäume pflanzte man sie, weil man glaubte, daß jene dadurch wieder gesund würden. Noch jetzt dient sie in Griechenland dem Vieh und den armen Leuten, sowie denjenigen, welche die Entbehrung sich zu ihrer Lebensaufgabe gestellt haben, zur Nahrung. Von diesem Lande aus verbreitete sie sich nach Indien und Arabien.

Ebenso sind die weiße Lupine (Lupinus albus L.), die auch Wolfs- oder Feigbohne heißt, und Lupinus Termis Forsk. Mittelmeerpflanzen, erstere durch Italien, Sicilien, Thracien bis in das südliche Rußland, letztere in Sardinien, Corsika, Sicilien u. s. w. verbreitet. Beide werden jedoch fast ausschließlich nur zur Mästung des Viehes verwendet; letztere wird, in Salzwasser gekocht und geschält, zuweilen auch in Aegypten gegessen. Die eine wie die andere wird in Italien kultivirt und die Wolfsbohne seit dem 16. Jahrhundert auch in den Rheingegenden gezogen. — Aber auch die neue Welt hat in Lupinus perennis L. seinen Vertreter dieser nützlichen Pflanzen. Von Canada bis Florida werden ihre bitteren Saamen gegessen.

Der Klee.

Unter den vielen Kleearten, welche in Deutschland vorkommen, ist es doch nur eine Art, welche als Kulturpflanze eine besondere

Bedeutung gewinnt, während viele der anderen durch ihr Vorkommen auf Wiesen und Weiden dem Vieh besonders zuträglich sind.

Die zwar gleichfalls auf Wiesen und Grasplätzen wild wachsende, sonst aber im Großen angebaute Art ist der Wiesen-Klee (Trifolium pratense L.), auch Kopf-Klee, spanischer Klee oder Saat-Klee genannt. Er ist eine 1 bis 1½ Fuß hohe, ausdauernde Pflanze, welche vom Juni bis in den September hinein blüht. Seine langgestielten Blätter bestehen aus drei eiförmigen oder elliptischen Blättchen, welche von einem gemeinschaftlichen Punkte, dem Endpunkte des Blattstieles ausgehen, fast ganzrandig und mit feinen anliegenden Härchen bedeckt sind. Außerdem haben die Blätter noch eiförmige Nebenblättchen, welche plötzlich in eine Granne übergehen. Die Blüthen sitzen dicht vereinigt zu einem Köpfchen, welches anfangs kugelig, sich später eirund gestaltet. Meistens sitzen zwei solcher Köpfchen beisammen, welche von zwei stiellosen Blättern umhüllt sind. Der Kelch ist von 10 Nerven durchfurcht, mit flaumenweichen Haaren bedeckt, um die Hälfte der Krone kürzer und in fünf fadenförmige, gewimperte Zähne getheilt, welche zur Fruchtzeit aufrecht stehen. Der Schlund des Kelches hat einen schwieligen Ring. Die Blumenkrone ist gewöhnlich roth, seltener zum Theil oder ganz weiß. Sie verwelkt nach dem Verblühen, bleibt in der Kelchröhre sitzen und umschließt gewöhnlich die Saamenhülle. Während bei den bisjetzt besprochenen Pflanzen dieser Verwandtschaft die Kronenblättchen getrennt waren, sind sie bei dem Klee am Grunde zu einer Röhre verwachsen. Das Schiffchen ist stumpf, wodurch die Blüthe noch kleiner erscheint. Von den 10 Staubgefäßen steht eins vereinzelt, während die anderen verwachsen sind und sogar mit den Kronblättern zusammenhängen. Nach oben sind die Staubfäden etwas erweitert. Der Griffel ist haarlos. Die Früchte bilden eine 1- bis 2saamige Hülse, welche nicht leicht aufspringt.

Der Wiesenklee ist eigentlich zweijährig; da man ihn aber für gewöhnlich nicht zum Saamentragen kommen läßt, sondern ihn mehrmals des Jahres abschneidet, so steht er wohl 3 bis 5 Jahre.

Als Futterpflanze gewährt er dem Landmann sehr großen Nutzen, während er gleichzeitig durch ihn die Tragkraft seiner Felder erneuert. Durch stets wiederholten Getreidebau wird nämlich das Land so erschöpft, daß es zuletzt gar nicht mehr trägt; man sah sich daher genöthigt, die Aecker allemal das dritte Jahr ausruhen, d. h. unbenutzt liegen zu lassen. Seit man aber, etwa schon in der Mitte des vorigen Jahrhunderts, den Anbau des Klees versucht und seine Vortheile erkannt hat, säet man im zweiten Jahre Klee unter das Getreide, welcher dem Stroh desselben einen bedeutenden Werth wegen seines Futterreichthums gewährt. Im dritten Jahre aber erhält man, während es bei der früheren Bewirthschaftung unbenutzt lag, von dem Felde eine Menge vortrefflichen Kleefutters, welches theils frisch, theils getrocknet zur Verwendung gelangt. Ein Landmann, der diesen Vortheil benutzt, wird dadurch in den Stand gesetzt, noch mehr Vieh zu halten, welches ihm außer dem großen Nutzen durch Milch u. s. w. auch mehr Dünger liefert, der seinen Aeckern wiederum zugute kommt. Außerdem hinterläßt der Klee, wenn er umgepflügt wird, dem Lande durch seine vielen und großen Wurzeln eine so reichliche Düngung, daß die meisten Getreidearten danach, ohne daß der Acker besonders gedüngt zu werden brauchte, sehr gut gedeihen. Freilich giebt es noch eine ganze Zahl von Dörfern, wo man die Vortheile des Kleebaues bis jetzt nicht erkannt hat, aber man kann solche Gegenden, wo sein Anbau betrieben wird, sehr bald durch die größere Vollkommenheit der Felder und an dem kräftigeren Vieh erkennen. Eine Beschränkung erleidet der Kleebau allerdings dadurch, daß man ihn in 6 bis 8 Jahren nicht wieder mit Vortheil auf demselben Acker ansäen kann, aber verständige Landwirthe werden in dieser Zeit, statt ihn brach liegen zu lassen, andere Pflanzen, z. B. Kohl oder Rüben anbauen.

Am besten gedeihet der Klee auf Thon, Kalk und etwas Sand enthaltendem, ein wenig feuchtem Boden. Man säet ihn nie allein an, sondern untermischt ihn jedesmal mit Getreide, meistens Frühgerste. Im ersten Herbst darf man ihn aber nicht abweiden lassen, weil der Boden noch zu locker ist, und die Pflanzen würden entweder zu sehr zertreten oder gänzlich ausgerupft werden. Im folgenden Jahre kann man ihn aber 2, 3, auch wohl auf sehr fettem Boden und bei günstiger Witterung 4 Mal abmähen und im Herbst noch abweiden lassen.

Beim Verfüttern des frischen Klees ist weit mehr Vorsicht nöthig als bei anderem Grünfutter, da er sehr leicht blähet und Verstopfungen verursacht. Am allerwenigsten darf man das Vieh sofort darauf saufen lassen. Es ist immer weniger gefährlich und auch dem Vieh zuträglicher, wenn man den Klee, mit Heu oder Stroh vermengt, auf der Futterlade zerschneidet und somit vermischt verfüttert. Je jünger aber der Klee, oder je nasser er vom Thau oder Regen ist, desto mehr ist diese Vorsichtsmaßregel zu beachten, und desto mehr trockenes Futter ist hinzu zu setzen, ebenso auch, wenn er in Haufen liegt, in denen er sich gar leicht erhitzt.

Um den Ertrag eines Kleefeldes noch zu erhöhen, streut man zerstoßenen Gyps darüber; dies muß aber schon im ersten Frühjahr geschehen, damit später eintretende Regen die Pflanzen davon gänzlich rein waschen. Wenn ein Kleefeld noch ein zweites Jahr den möglichsten Nutzen gewähren soll, so bestreut man es wieder mit Gyps oder Asche, wenn man es nicht vorgezogen hat, es mit Dung zu überwerfen, der den Winter über liegen bleibt und im Frühjahr abgeharkt wird.

Um den Klee zu Heu zu machen, ist es am vortheilhaftesten, ihn nicht eher zu mähen, als bis er in voller Blüthe steht. Sein Trocknen und Einfahren erfordert aber viele und große Vorsicht, da er im ersten Falle leicht verdirbt, im anderen die Blätter leicht zerbröckelt werden. Die Vorrichtungen für das Trocknen sind je nach der Gegend sehr verschieden.

Will man für eine künftige Aussaat den Saamen gewinnen, so läßt man ein nicht mit Gyps bestreutes Stück stehen, bis die Köpfe trocken sind und gerieben, den Saamen leicht fallen lassen. Nachdem er vorsichtig getrocknet ist, drischt man ihn bei möglichst warmem Wetter auf Tüchern aus, und reinigt den Saamen durch Sieben oder auf Windmaschinen. Guter Saame hat eine braune Farbe mit gelbem und violettem Schiller.

Die **Blüthen** des Klee's riechen und schmecken stark nach **Honig**, weßhalb sie von den Bienen viel besucht werden, die aber nur mit vieler Mühe den Honig aus der langen Kronenröhre herausholen können. Der Blumenhonig findet sich nämlich und zwar bei allen Blüthen am Grunde der Blumenkrone, auf dem Fruchtknoten, wo er sich aus den sogenannten Honigdrüsen erzeugt.

Vielen Schaden fügen den Kleefeldern die Mäuse zu, welche sich während des Winters gern dort einnisten, wahrscheinlich, weil die Wurzeln ihnen Nahrung gewähren, und der Dünger sie bedeutend gegen die Kälte schützt. Auch scheinen sie den Kleesaamen gleichfalls gern zu fressen.

Andere bei uns wild wachsende Kleearten, welche theils ausdauernd, theils einjährig sind, kommen oft zahlreich vor, und erhöhen dadurch, wie schon erwähnt, die Nahrhaftigkeit der Wiesen und Weiden. Es sind: der **Wald-Klee** (T. alpestre L.), der **blaßgelbe Klee** (T. ochroleucum L.), der **Rothklee** (T. incarnatum L.), der

Acker-Klee (T. arvense L.), der gestreifte Klee (T. striatum L.) der mittlere Klee (T. medium L.), der rothe Klee (T. rubens L.), der Erdbeer-Klee (T. fragiferum L.), der Lupinen-Klee (T. Lupinaster L.), der Berg-Klee (T. montanum L.), der kriechende Klee (T. repens L.), der Bastard-Klee (T. hybridum L.), der zierliche Klee (T. elegans Sav.), der kleinblüthige Klee (T. parviflorum Ehrh.), der braune Klee (T. spadiceum L.), der Gold-Klee (T. agrarium L.), der niederliegende Klee (T. procumbens L.) und der fadenförmige Klee (T. filiforme L.)

Von diesen Arten wird noch der Rothklee und der kriechende Klee zuweilen auf den Feldern angebaut.

Statt des Wiesen-Klee's baut man auch öfters die Luzerne und die Esparsette an, die sich beide geflüchtet haben und sich jetzt auf Grasplätzen und Rainen verwildert vorfinden. Als Futterpflanze haben sie denselben Werth, wie der Wiesen-Klee.

Die Luzerne (Medicago sativa L.) wird 1 bis 2 Fuß hoch und hat einen aufrechten Stengel. Die Blättchen sind ausgerandet und stachelspitzig; an den unteren Blättern sind sie länglich-verkehrteiförmig, an den oberen linealisch-keilförmig. Die Blüthen sitzen in länglichen Trauben, und die Blumenkrone ist bläulich oder violett. Sie blüht im Juni bis September. Die Hülsen sind 2 bis 3 Mal schneckenförmig gewunden.

Die Luzerne wird zwar hier und da auch bei uns, in Deutschland besonders in Thüringen und in den süddeutschen Ländern, in größerer Ausdehnung aber erst im südlichen Frankreich und in Italien angebaut.

Sie gehört zu den Schneckenklee-Arten, von welchen bei uns häufiger der sichelförmige Schneckenklee (M. falcata L.), der Hopfen-Schneckenklee (M. lupulina L.) und der kleinste Schneckenklee (M. minima L.) wildwachsend vorkommen.

Die gebaute Esparsette (Onobrychis sativa Lmk.) hat einen aufsteigenden Stengel, der 1 bis 2 Fuß hoch wird. Die Blätter haben 9 bis 12 Paar linealisch-längliche Blättchen, und die Blüthentrauben sind doppelt so lang als das Blatt. Die Blumenkrone ist rosenroth. Die Hülsen sind kreisrundlich und auf dem Mittelfelde erhaben-netzförmig.

Der Klee wurde in China schon 120 Jahre vor Chr. Geb. durch Karavanen eingeführt, und in Nord-Afrika gedeiht er so üppig, daß man ihn 5 bis 6 Mal im Jahre abmähen kann. Die

Luzerne ist schon viel länger kultivirt. Sie wanderte von Osten her immer weiter gegen Westen. Die Griechen lernten sie in den Perserkriegen kennen, und sie wurde bald allgemeines Pferdefutter. Bei den Persern, Babyloniern und Medern wurde sie noch früher zu gleichem Zwecke angebaut, und auf gleiche Weise verwendeten sie auch die Römer.

Die Bohne, die Erbse, die Linse, die Wicke, die Lupine, der Klee, die Luzerne und die Esparsette gehören, wie schon mehrfach angedeutet, zu der Familie der **Schmetterlingsblüthler** oder **Papilionaceen**, welche in Deutschland noch manchen Vertreter aufzuweisen hat. Die vorzüglichsten Arten sind: der besenförmige Pfriemen (Sarothamnus scoparius Koch), der behaarte Ginster (Genista pilosa L.), der Färber-Ginster (G. tinctoria L.), der deutsche Ginster (G. germanica L.), der aus Süddeutschland stammende, jetzt überall in Anlagen angepflanzte Goldregen oder Bohnenbaum (Cytisus Laburnum L.), der schwarzwerdende Geisklee (Cytisus nigricans L.), die dornige Hauhechel (Ononis spinosa L.), die kriechende Hauhechel (O. repens L.), der gemeine Wundklee (Anthyllis Vulneraria L.), das griechische Bockshorn (Trigonella Foenum graecum L.), der gezähnte Steinklee (Melilotus dentata Pers.), der langwurzelige Steinklee (M. macrorhiza Pers.), der gebräuchliche Steinklee (M. officinalis Desr.), der weiße Steinklee (M. alba Desr.), der gemeine Hornklee (Lotus corniculatus L.), der Sumpf-Hornklee (L. uliginosus Schk.), die schotentragende Spargelbohne (Tetragonolobus siliquosus Rth.), der als Zierpflanze angebaute baumartige Blasenstrauch (Colutea arborescens L,), die wilde Robinie oder Akazie (Robinia Pseud-Acacia L.) die kicherartige Bärenschote (Astragalus Cicer L.), die süßholzblättrige Bärenschote (A. glycyphyllos L.), die Wiesen-Bärenschote (A. Hypoglottis L.), die Sand-Bärenschote (A. arenarius L.), die bunte Kronwicke (Coronilla varia L.), die kleine Klauenschote (Ornithopus perpusillus L.) und der schopfförmige Hufeisenklee (Hippocrepis comosa L.)

Die Zwiebel.

Die Zwiebel gehört zu einer Pflanzengattung, welche den Namen Lauch (Allium L.) führt. Diese umfaßt eine ganze Reihe von Arten, welche bei uns vorkommen und theils wild wachsen, theils angebaut werden. Sie sind alle ausdauernde Pflanzen. Ihr Stamm bildet eine Zwiebel, von deren unterem Theile, dem sogenannten Zwiebelkuchen, welcher aus einer dünnen, fleischigen Scheibe besteht, ein Büschel feiner, haarförmiger Wurzeln ausgeht, die oft eine kranzförmige Stellung haben und tiefer in den Boden gehen. Die Zwiebel selbst befindet sich unter der Erde und besteht aus einer Menge dicht an einander liegenden fleischigen Blättchen, welche den Keim einschließen. Aus demselben entwickeln sich theils die fleischigen Blätter, theils der Blüthenstengel. Letzterer trägt an seiner Spitze eine Menge Blüthen, welche eine von einer oder mehreren Scheiden umgebene Dolde bilden. Vor der Blüthezeit sind die Blüthen von der Scheide eingeschlossen, die durch das Anschwellen derselben zerreißt oder sich auflöst.

Die einzelne Blüthe hat keine Blumenkrone, sondern nur 6 Kelchblätter, welche unterständig sind, d. h. unterhalb des Fruchtknotens sitzen, die wiederum die 6 Staubfäden tragen. Der Griffel ist ungetheilt und trägt eine stumpfe Narbe. In den Blüthen der Laucharten befinden sich keine Honigdrüsen. Die Früchte bilden rundliche Kapseln, in denen die eckigen Saamen eingeschlossen sind.

Viele dieser Arten tragen noch zwischen den Blüthen kleine Zwiebeln, die, in die Erde gelegt, ebenfalls keimen, größer werden und ebenso beschaffen sind wie die, welche man aus dem Saamen erhält. Ebenso haben viele noch Nebenzwiebeln, welche mit der großen zusammenhängen und von einer gemeinschaftlichen Haut umschlossen sind. — Alle Theile der Pflanze, besonders aber die Zwiebeln haben einen starken Lauch-Geruch und Geschmack, was von dem darin enthaltenen flüchtigen Oele herrührt.

Die bei uns angebauten Arten sind folgende: Die Zwiebel, Bolle, Zipolle oder Sommerzwiebel (Allium Cepa L.) hat runde, hohle, bauchige Blätter, welche den Stengel unten scheidenartig umschließen. Der Stengel ist gleichfalls rund und hohl und unterhalb der Mitte bauchig-aufgeblasen. Die kugelförmige Dolde trägt keine Zwiebelchen, und ebenso ist die Wurzelzwiebel ohne Nebenzwiebeln. Die Staubfäden sind länger als die grünlich-weiße Blüthenhülle, drei davon, welche mit den anderen abwechseln, haben am Grunde auf jeder Seite ein Zähnchen. Die Doldenscheide ist kurz und besteht aus zwei Blättern. Der Blüthenstiel wird drei Fuß hoch und blüht im Juni und Juli.

Man hat jetzt eine Menge Zwiebelsorten z. B. weiße, gelbe, braune, dunkel- und blaßrothe, lange, breite u. s. w. ohne auf die Benennungen einzugehen, welche sie von solchen Oertern erhalten, wo sie besonders gut gedeihen, oder eine Eigenthümlichkeit in Form oder Farbe erhalten.

Sollen sie gut gedeihen, so muß man sie in recht guten, lockeren, weder nassen noch trockenen Boden säen, der eine möglichst sonnige Lage hat. Doch darf man ihn nicht frisch düngen, man befördert aber das Wachsthum der Zwiebeln, wenn man sie mit Ziegelmehl überstreut. Der Saame, welcher lange Zeit zum Keimen braucht, darf auch nicht zu tief, etwa nur ¼ Zoll in den Boden kommen, wenn er nicht gänzlich ausbleiben soll.

Sobald die Blätter der jungen Pflanzen abwelken, nimmt man die Zwiebeln bei trockenem Wetter auf, läßt sie vielleicht noch etwas nachtrocknen, und nun kann man sie den ganzen Winter über aufbewahren, wenn man sie nur vor Frost schützt. Doch darf man sie nicht in ganz warmen Zimmern aufbewahren, weil sie zu keimen anfangen und zum Verbrauch weniger geeignet sind.

Diejenigen, welche man nicht verbraucht hat, heißen Steck- oder Setzzwiebeln. Man pflanzt sie im nächsten Frühjahre wieder aus, bedeckt sie etwa 1 Zoll hoch mit lockerer Erde und kneipt ihnen vor der Blüthe die Knospen ab. Sobald die Blätter welken, muß man sie wieder aus der Erde nehmen. Nur wenigen läßt man die Blüthen, um Saamen von ihnen zu gewinnen. Sobald die Kapseln sich öffnen, schneidet man die Fruchtdolden ab und läßt sie, an einen luftigen Ort gehängt, noch nachreifen.

Die Zwiebel und ihre anderen angebauten Verwandten zeichnen sich außer jenem schon erwähnten ätherischen Oele, das höchst beißend ist und den Augen Thränen entlockt, durch ihren Gehalt an Stärke und Zucker aus. Als Nahrungsmittel machen sie sich nur in einem beschränkten Maaße geltend, da sie zwar oft gebraucht, doch nur immer dazu dienen, um den Speisen einen gewürzhafteren Geschmack zu verleihen. — Ueberdies bedient man sich noch der gebratenen Zwiebeln, auf harte Geschwüre gelegt, als Linderungsmittel. — Die trockenen Zwiebelhäute enthalten eine gelbliche Farbe und deshalb werden von manchen Hausfrauen die Ostereier damit gefärbt.

Die Zwiebel findet sich jetzt nicht mehr wildwachsend. Wahrscheinlich war sie vom westlichen Mittelasien (Palästina) bis Indien einheimisch, von wo sie sich bis China, Cochinchina und Japan und westlich über ganz Europa und Nord-Afrika verbreitete und bald nach der Entdeckung von Amerika auch dorthin gelangte. Australien erhielt sie aus Europa durch den Seecapitain Bougainville.

Die Schalotte (Allium Ascalonicum L.) wird ebenfalls zum Küchengebrauche häufig bei uns gebaut. Die Zwiebel ist viel kleiner als bei der vorigen. In den trockenen, rothgelben Schaalen schließt sie mehrere genau zusammenschließende violette Zwiebelchen als Brut für das nächste Jahr ein. Die ½ bis 1 Fuß langen Blätter sind hohl, pfriemenförmig und gleichförmig-stielrund, also nicht bauchig. Die Dolde trägt theils Kapseln, theils Zwiebelchen. Die Staubfäden sind länger als die bläuliche Blüthenhülle, und wie bei den vorigen haben ebenfalls drei davon am Grunde auf jeder Seite einen kleinen Zahn. Der Schaft wird 6 bis 9 Zoll hoch und entfaltet seine Blüthen im Juni und Juli, blüht aber bei uns nur selten.

Ihren Beinamen hat diese Pflanze von der Stadt Ascalon in Palästina erhalten. Sie hat keine geringere Verbreitung als die Zwiebel. Im heutigen Griechenland wird sie nicht kultivirt, dagegen ist sie häufig in Istrien und Dalmatien in den Gärten zu finden. Europa soll sie direkt aus Ascalon durch die Kreuzfahrer erhalten haben. Widersprochen wird jedoch dieser Angabe dadurch, daß schon von den Römern Schalotten gezogen worden sein sollen.

Die Winterzwiebel oder Schnittzwiebel (Allium fistulosum L.) ist der gemeinen Zwiebel fast ganz ähnlich. Ihr Schaft wird 1 bis 1½ Fuß hoch. Ihre Staubfäden sind zahnlos, sonst aber ebenfalls länger als die weiße, auf den Kielnerven grünliche Blüthenhülle. Man kann sie im Winter im Freien lassen und im Frühjahr die jungen Blätter benutzen.

Der Schnittlauch (Allium Schoenoprasum L.) hat linealische, pfriemliche, gleichförmig-stielrunde und hohle Blätter. Sein ½ bis 1 Fuß hoher Schaft ist von ähnlicher Form und blattlos oder am Grunde armblättrig. Die Dolde ist dicht gewölbt und nur Kapseln tragend. Die lila- oder fleischfarbenen, auch purpurrothen, einen violetten Kiel habende Blüthenhüllblätter sind lanzettlich, spitz und länger als die zahnlosen Staubfäden. Er blüht im Juni und Juli. Während des Jahres treibt er sehr viel junge Zwiebeln, die aber nicht zur Verwendung kommen. Man nimmt sie deshalb auch gar nicht aus der Erde heraus, um sie während des Winters aufzubewahren. Nur alle 2 bis 3 Jahre theilt man die Zwiebelmassen in kleinere Klümpchen und setzt sie weiter auseinander. Die jungen Blätter werden als Würze verschiedener Speisen benutzt.

Außerdem, daß er in allen Gemüse-Gärten sich angebaut findet, wächst er noch in den deutschen Gauen, namentlich an Flußufern wild. Er kommt vor an den Ufern des Rheins und der Mosel, an der Weser bei Petershagen, an der Elbe von Böhmen bis Hamburg, bei Havelberg und bei Freienwalde.

Eine größere Sorte nennt man Johannis- oder Fleisch-Lauch (A. Sch. sibiricum Willd.), von der man auch die Zwiebeln benutzt, welche man, sobald die Blätter welken, einerntet. Diese findet sich ebenfalls wild in den Sudeten und am Elbufer in Hannover. Verwildert und eingebürgert soll sie bei Kaltenhof in Mecklenburg vorkommen.

Der Porrei oder Porree (Allium Porrum L.), ursprünglich in Süd-Europa heimisch, wird jetzt allgemein zum Küchengebrauche angebaut. — Seine Blätter sind flach und am Grunde kahl oder gewimpert. Der 1 bis 2 Fuß hohe Schaft ist rund und kommt aus der Mitte einer dünnen, einfachen Zwiebel. Die Dolde ist kugelförmig und ohne Zwiebelchen. Die hellpurpurrothen Blüthenhüllblätter sind am Kiele rauh und nur wenig kürzer als die Staubfäden. Erst im zweiten Jahre kommt die Pflanze im Juni und Juli zur Blüthe. Man benutzt meistens nur die Blätter und läßt die Zwiebeln auch im Winter in der Erde. Bei schwerer Verdauung ist der Porree besser als jede andere Lauchart zum Genuß geeignet.

Eine Abart, den Sommerlauch, darf man im Winter nicht im Freien lassen. Den Perllauch erzeugt man, indem man dem Winterlauch den Schaft tief wegschneidet, worauf sich an den Wurzeln eine Menge kleiner Zwiebelchen erzeugen.

Der Knoblauch oder Schlangenlauch (Allium sativum L.) ist in Süd-Europa einheimisch; höchst wahrscheinlich wächst er aber auch in der Kirgisensteppe der Songarei wild und hat sich seit der ältesten Zeit von dort aus über ganz Asien, mit Ausschluß Japans, und über Nord-Afrika und Europa verbreitet. Die

Zwiebel ist eigentlich nur eine Schaale, die eine Menge eiförmig-länglicher Zwiebelchen einschließt. Die lang-zugespitzten Blätter sind breit-linealisch und flach. Der 1 bis 3 Fuß hohe Schaft ist vor dem Blühen etwas zusammengerollt. Die Blüthenscheide ist einklappig, sehr lang geschnabelt und abfallend. Die Blüthenhülle ist von schmutzig-weißer Farbe. Die Dolde trägt auch Zwiebelchen und blüht im Juli und August. — Diese Pflanze wird als ein starkes, nicht Jedem zusagendes Gewürz gezogen. Eine Lieblingsspeise ist sie den Juden, und der arme Grieche lebt noch heut zu Tage wochenlang von dem Genusse des Knoblauchs.

Eine Abart, die Perlzwiebel (Ophioscorodon Don), welche rundlich-eiförmige Zwiebelchen hat, wird wegen ihres feinen Geschmackes mehrfach gezogen. Es sitzen immer auf einem Haufen eine Menge meist nur erbsengroßer Zwiebelchen, die vor ihrer Verwendung erst von ihrer trockenen Hülle befreit und mit Essig eingemacht werden.

Außer diesen angebauten Laucharten finden sich innerhalb Deutschlands noch mehrere wild wachsende, von denen einzelne nur sehr selten sind. Diese sind: Der Allermannsharnisch (A. Victoralis L.), der Bären-Lauch (A. ursinum L.), der schwarze Lauch (A. nigrum L.), der scharfkantige Lauch (A. acutangulum Schrad.), der trügerische Lauch (A. fallax Schult.), der wohlriechende Lauch (A. suaveolens Jacq.), der steifblättrige Lauch (A. strictum Schrad.), der runde Lauch (A. rotundum L.), der rundköpfige Lauch (A. sphaerocephalum L.), der Weinbergs-Lauch (A. vineale L.), der Gemüse-Lauch (A. oleraceum L.) und der gekielte Lauch (A. carinatum L.).

Die angebauten Laucharten wurden schon im Alterthume mehrfach verbraucht. Von den Juden wurde der Knoblauch und die Zwiebel angepflanzt, und bei ihrem Zuge durch die Wüste sehnten sie sich nach dem „Lauch, Knoblauch und Zwiebeln" Aegyptens zurück (4. Mos. 11, 5.). Herodot berichtet, daß bei dem Baue einer Pyramide in Aegypten allein an Knoblauch, Zwiebeln und Meerrettig von den Arbeitern für 1600 Talente, d. i. 2,196,800 Thaler verzehrt wurden. Aber die Priester der Isis durften weder Knoblauch noch Zwiebeln essen. Auch der Porree war den Hebräern und Aegyptern bekannt, und bei letzteren stand er sogar in göttlichem Ansehen. Bei den Griechen gab es sogar Knoblauchshändler. Die Geizigen gaben ihren Sklaven diese Pflanze zur Nahrung, während bei den ältesten Griechen eine Brühe aus Knoblauch und Salz zu den gewöhnlichen Gerichten gehörte. Von den Zwiebeln unterschieden sie nach dem Orte, von wo aus sie in den Handel kamen, schon mehrere Sorten, und die Insel Kimolos wurde mit dem Beinamen Zwiebelinsel belegt, weil auf ihr ausgezeichnete Zwiebeln kultivirt wurden. Der Porree diente ihnen als eine Hauptnahrungspflanze. Die Römer kannten verschiedene Arten von Zwiebeln und Lauch, Schnitt- und Knoblauch. Der Knoblauch wurde jedoch wegen seines „üblen Geruches" gemieden. Jetzt dürfte es aber schwer fallen, in ganz Italien einen einzigen Garten ohne Knoblauch zu finden, dessen Genuß nur bei den Vornehmeren durch die Zwiebel ersetzt wird. Bei den Galliern fanden die Römer bereits die Zwiebel vor, und daß die Zwiebel- und Lauchgewächse unter den Deutschen schon früh bekannt waren, beweist eine Nachricht des Sidonius, in welcher er sagt, die Burgunder seien langhaarige, sieben Schuh hohe Patrone, welche viel essen und nach Lauch und Zwiebeln riechen.

Die Laucharten gehören zu den **Liliengewächsen** oder **Liliaceen**, von denen mehrere zu unseren schönsten Zierpflanzen gehören, z. B. die prächtigen Tulpensorten, die wohlriechenden Hyacinthensorten, die Kaiserkrone (Fritillaria imperialis L.) u. s. w. Andere in Deutschland wild wachsende Pflanzen dieser Familie sind: Die Wald-Tulpe (Tulipa silvestris L.), die gemeine Schachblume (Fritillaria Meleagris L.), die Feuer-Lilie (Lilium bulbiferum L.), der Türkenbund (Lilium Martagon L.), die astlose Graslilie (Anthericum Liliago L.), die ästige Graslilie (A. ramosum L.), die ebensträußige Vogelmilch (Ornithogalum umbellatum L.), die nickende Vogelmilch (O. nutans L.), der Wiesen-Goldstern (Gagea pratensis Schult.), der Acker-Goldstern (G. arvensis Schult.), der Felsen-Goldstern (G. saxatilis Koch), der scheidenförmige Goldstern (G. spathacea Schult.), der kleine Goldstern (G. minima Schult.), der gelbe Goldstern (G. lutea Schult.), die schöne Meerzwiebel (Scilla amoena L.), die zweiblättrige Meerzwiebel (S. bifolia L.), die Sternhyacinthe (Endymion non scriptus Grcke.), die schopfblüthige Bisamhyacinthe (Muscari comosum Mill.), die traubige Bisamhyacinthe (M. racemosum Mill.), die steifblättrige Bisamhyacinthe (M. botryoides Mill.) und das gemeine Beinheil (Narthecium ossifragum Huds.)

Der Holunder.

Der schwarze Holunder (Sambucus nigra L.) führt in verschiedenen Gegenden noch die Namen: Gemeiner Holunder, Schwarzholder, Holderbaum, Hollerbaum, Flieder, Fliederbaum, Schibikenbeerbaum, Kesken, Alhornbaum, Zwebst- oder Quesbin-Baum. Er ist ein strauch- oder baumartiges Holz-Gewächs, welches 10 bis 30 Fuß hoch wird. Die holzige Wurzel theilt sich in mehrere Aeste, von denen eine Menge Wurzelfasern ausgehen. Der aufrechte Stamm theilt sich in viele Aeste, hat eine sehr rissige Rinde und eine Oberhaut von perlgrauer Farbe. Die stielrunden Aeste stehen einander gegenüber, von denen die älteren niedergebogen, die jüngeren aufwärtsstehend sind, die einjährigen sind unvollkommen vielseitig und haben eine bräunlich-bleigraue Oberhaut, sowie zerstreute, längliche und gespaltene Höckerchen. Auffallend ist das starke, schwammige, schneeweiße Mark, welches in den jährigen Trieben den Haupttheil ausmacht und nur von einer dünnen Bastschicht, welche nach und nach verholzt, überzogen ist. Die zwei- bis dreijährigen Aeste benutzen die Knaben zu den beliebten Knallbüchsen, indem sie mit einem Stöpsel die Markröhre herausstoßen. — Die Blätter stehen gleich den Aesten sich gegenüber und zeichnen sich aus durch ihre großen Anheftungspunkte (Blattnarben). Sie sind gefiedert und haben 3 bis 7 eiförmige, gesägte und zugespitzte meist kahle Blättchen, die sich ebenfalls gegenüberstehen und das eine die Spitze des Blattnerven bildet. Der Blattstiel wird nach seinem Anheftungspunkte zu rinnenförmig. Die Nebenblätter fehlen entweder ganz oder treten nur als warzenförmige Bildungen auf. Die Blüthen stehen in einer flachen, dichten Trug- oder Afterdolde. Der gemeinschaftliche Blüthenstiel theilt sich in fünf Haupt- und viele Nebenäste, an deren Gipfeln die Blüthen einzeln sitzen. Der Kelch ist einblättrig, fünftheilig, mit spitzigen Zipfeln. Er befindet sich oberhalb des Fruchtknotens und bleibt auf demselben sitzen. Die Blumenkrone ist ebenfalls einblättrig, fünftheilig, radförmig und hat abgerundete Zipfel. Die Farbe derselben ist weiß oder blaßgelb. Die fünf Staubfäden sind dem Grunde der Blumenkrone eingefügt und breiten sich in derselben aus. Sie sind pfriemenförmig, fast so lang wie die Blumenkrone und tragen doppelte, rundliche, citronengelbe Staubkölbchen. Der Griffel fehlt gänzlich, und seine Stelle vertritt eine bauchige Drüse, welche drei stumpfe Narben trägt. Der Fruchtknoten ist drei- bis fünffächrig, aber durch Fehlschlagen ist die Frucht meist nur dreifächrig mit drei Saamen. Die Frucht ist eine länglich-runde, genabelte Beere, von schwarzer, selten von weißer, grüner oder gefleckter Farbe. Die Blüthezeit ist im Juni und Juli.

Das Vaterland des Flieders sind fast alle Länder Europa's und des nördlichen und mittleren Asiens, wo er in Wäldern und Hecken, an Zäunen und Mauern vorkommt. Außerdem aber findet er sich in Gärten häufig angepflanzt.

Man benutzt von ihm die Blüthen und die reifen Früchte in der Medizin. Die Blüthen rechnet man zu den nervenstärkenden, ätherischen Mitteln. Sie sowohl, wie der aus den Beeren bereitete Mus wirken gelinde reizend auf das Gefäßsystem und sind Schweiß befördernd. Man wendet die Blüthen daher im Aufguß oder das destillirte Wasser derselben, so wie auch den Fliedermus in catarrhalischen und leichten Entzündungs-Krankheiten an. Aeußerlich gebraucht man die Blüthen zu erweichenden Umschlägen und Dämpfen.

Von den Landleuten werden auch die Beeren allein, oder mit Zwetschen, Birnen u. s. w. zu Mus gekocht und gern gegessen. Wenn dasselbe in größerer Menge, eßlöffelweise, gegessen wird, so ist es durchschlagend.

Außerdem nähren sich viele kleine Vögel von den Früchten; als: Rothkehlchen, Rothschwänzchen, Meisen, Drosseln u. s. w. und deshalb benutzt man sie als Lockspeise, um dieselben in Schlingen zu fangen.

Das Holz alter Stämme ist sehr hart und gut geeignet zu feinen Arbeiten; es wird deshalb von den Drechslern mehrfach benutzt. Die Landleute bauen gern Handschlitten daraus.

Noch zwei andere Holunder-Arten kommen bei uns wild vor, nämlich der 2—4 Fuß hohe, im Juli und August blühende Zwerg-Holunder oder Eppich (Sambucus Ebulus L.) und der 6 bis 12 Fuß hohe, schon im April und Mai blühende Trauben-Holunder (Sambucus racemosa L.).

Der Flieder hat noch mehrere bei uns vorkommende Verwandte. Diese sind: Die wollige Schlinge (Viburnum Lantana L.), die gemeine Schlinge oder der Schneeball (Viburnum Opulus L.), dessen Abart: roseum L. kugelige Trugdolden und sehr große Blüthen ohne Staubgefäße hat, und als Zierpflanze in Gärten gezogen wird; die deutsche Lonitzere (Lonicera Periclymenum L.), das Geisblatt (L. Caprifolium L.), die gemeine Lonitzere (L. Xylosteum L.), die schwarze Lonitzere (L. nigra L.), die tatarische Lonitzere (L. tatarica L.), die Alpen-Lonitzere (L. alpigena L.), die nordische Linnäe (Linnaea borealis Gron.) und das gemeine Bisamkraut (Adoxa Moschatellina L.). Alle diese Pflanzen gehören zu der Familie der **Geisblattgewächse** oder **Caprifoliaceen.**

Die Weinrebe.

„Der Wein erfreuet des Menschen Herz," er erhebt ihn über die Sorgen des Lebens, und ist der Balsam für so viele Wunden, die ihm das Leben schlägt. —

Schneller bewegen sich die Gedanken, leichter tauchen die angenehmen Gefühle aus der Tiefe der Brust. Er kräftiget den Arm, giebt Muth in Gefahr, Resignation und selbst Todesverachtung. Kein erregendes Mittel wie dieses vermag sich so unvermerkt und verstohlen zum besten Freund und Lebensgefährten des Menschen zu machen, keines erfüllt ihn so mit Begeisterung wie dieses, für keines ersann der Mensch so viel Lobsprüche, für keines sang er so viele der herrlichsten Lieder als für — den Wein.

Die Pflanze, welche uns ein so herrliches Getränk, den edlen Rebensaft, gewährt, ist die edle Weinrebe (Vitis vinifera L.) auch Weinstock genannt. Dieselbe ist ein Schlinggewächs, das sich eine Stütze sucht, und wenn ihm dieselbe genommen, nach einer neuen hinstrebt. Ihr Stamm ist holzig und vieläftig, der oft an Bäumen u. dgl. emporkletternd, sich zu einer ansehnlichen Höhe erhebt. Einer der größten Weinstöcke steht z. B. im Windsor-Park bei London; er ist 130 Fuß hoch, 26 Fuß breit, schon über 50 Jahre alt und trug im Jahre 1843 gerade 2350 Trauben. — Die holzigen Theile der Weinrebe sind mit einer faserigen, sich ablösenden und endlich abfallenden, braunen Rinde bekleidet. Die Aeste sind übrigens dem Stamme ganz ähnlich, sie breiten sich sehr weit aus und haben wechselweis stehende, schlaffe Aestchen. Die jüngeren sind fast stielrund. Sie tragen die Blätter und die großen Wickelranken, welche sich fest um andere Gegenstände schlingen. Die jüngeren Aestchen sind auch stark mit erhabenen Längsstreifen bedeckt und außerdem etwas wollig, zottig oder weichhaarig.

Die wechselweis stehenden Blätter werden von fast ebenso

langen Stielen getragen, wie sie selbst lang sind. Sie haben eine rundliche herzförmige Gestalt, sind dabei stark gebuchtet, in fünf, seltener in drei Lappen getheilt, welche durch die fünf oder drei Hauptnerven, welche vom Blattstiele ausgehen, bestimmt werden. Sie sind außerdem stark nervig-aderig und haben einen grobgesägten Rand. Die älteren sind meist kahl, aber die jüngeren, welche sehr weich, sind zugleich wollig oder besonders auf der unteren Fläche mit abfallendem Filze bedeckt. Die Blattstiele sind fast stielrund. Die Wickelranken stehen immer einem Blatte gegenüber und sind entweder zweispaltig oder gezweitheilt; öfters tragen sie Afterblätter an der Theilungsstelle.

Die Blumen, welche stark nach Reseda riechen, sind gestielt und sitzen in Trauben beisammen. Die Trauben sitzen immer einzeln, einem Blatte gegenüber und sind eigentlich blumentragende Wickelranken. Sie sind rispenähnlich, doppelt-zusammengesetzt, in ihren einzelnen Theilen doldenähnlich und mit Nebenblättern versehen. Während der Blüthe sind sie gleich den jüngeren Aestchen mehr nach oben gerichtet, aber mit der Frucht sind sie hängend. Oefters ist der Blumenstiel noch theilweise zur Wickelranke ausgebildet. Die Nebenblätter sitzen einzeln und unterstützen sowohl den gemeinschaftlichen Blumenstiel, als auch an diesem die Blumenstielchen.

Der Kelch der Blüthe ist einblättrig, schwach fünfzähnig und sehr klein. Auch die Blumenkrone ist sehr klein, fünfblättrig, weichhaarig, hinfällig und von gelbgrüner Farbe. Die Entfaltung der Blüthe, welche im Juni und Juli erfolgt, ist eine höchst eigenthümliche, wie sie sich bei keiner anderen Pflanze wiederfindet. Die Kronenblätter sind nämlich umgekehrt länglich-eirund und hängen an der Spitze zusammen. Daher öffnet sich die Weinblüthe nicht nach oben, sondern nach unten, indem sich die Kronenblätter von ihrer Basis ablösen. Dadurch schwebt der obere Theil wie ein Deckelchen oder eine Mütze über dem unteren, aus welchem die Staubfäden hervorbrechen. Erst wenn dies geschehen, fällt der mützenförmige Obertheil zur Erde. Auf diese Weise hat der Weinstock weniger, als viele andere Pflanzen, vom Regen, der die Befruchtung hindert, zu leiden, und wirkte nicht ein arger Feind, der Frost, auf ihn ein, so würde der Weinstock alljährlich einen ziemlich sich gleich bleibenden Ertrag gewähren. In einer Weinblüthe sitzen fünf Staubfäden, welche, pfriemenförmig, vor dem Abfall der Blumenkrone gegen die Narbe gekrümmt sind, und erst nach dem Hinfall der Blumenkrone sich ausbreiten. Zwischen je zwei Staubfäden sitzen die Honigdrüsen, fünf an der Zahl, welche die Basis des Fruchtknotens umgeben und von grünlichgelber Farbe und rundlicher Form sind. Der rundliche oder eiförmige Fruchtknoten ist vier- bis fünffächrig, der Griffel ist nur sehr kurz und trägt eine runde, stumpfe Narbe mit unebenem Rande und länglicher Vertiefung.

Die Frucht ist eine im reifen Zustande ein- bis zweifächrige Beere, welche bald sehr groß, bald sehr klein, bald kugelrund, bald länglich und in ihrer Färbung alle Schattirungen vom Grünen durch Gelblichweiß, Roth und Schwarzroth bis in's dunkle Veilchenblau hindurchgeht. Außerdem ist sie noch mit einem feinen Reif überzogen. In einer Beere finden sich ein- bis fünf harte Saamen, zuweilen auch gar keine, welche länglich-eiförmig, dreiseitig, auf der Rückseite gewölbt und mit schwacher Längsfurche bezeichnet, auf den beiden anderen vertieft sind.

Ein ganz besonderes Kennzeichen der Rebe ist noch die Fähigkeit, gewaltige Massen von Flüssigkeiten in sich aufzunehmen und sie mit ebenso gewaltiger Kraft bis in den Gipfel zu heben. Nicht selten fangen die Weinreben an, ihre Flüssigkeiten auszutropfen, d. h. sie thränen, welches öfters zu schwerer Krankheit oder gar zu ihrem Untergange führt. Daher ist es ein entschiedener Fehler, den Weinstock erst im Frühjahr zu beschneiden; soll es ohne Nachtheil geschehen, so muß man unbedingt schon im Herbst dazu schreiten.

Ueber das Vaterland der Weinrebe waren die Meinungen sehr getheilt, aber es unterliegt keinem Zweifel mehr, daß die pontischen Länder, also das südwestliche Asien, das Paradies der Rebe sind, aus welchem ihr Segen auf die Völker träufelte. Damit überein stimmt auch die Angabe der heiligen Schrift, denn in diesen Gegenden pflanzte Noah den ersten Wein. Von hier aus ist die Rebe über Griechenland nach Europa gewandert, um allmälig die Runde über den Erdkreis zu machen.

Ihr ganzes Geschlecht verdient aber auch mit vollem Recht die Aufmerksamkeit, welche die Völker ihm angedeihen lassen. Unsere Weinrebe ist nämlich nicht die einzige Art ihrer Gattung.. Man zählt gegenwärtig bereits gegen ein halbes Hundert bekannter Rebenarten, die man nicht mit den Rebensorten oder den Spielarten der eigentlichen edlen Rebe (Vitis vinifera) verwechseln darf, denn deren Zahl beläuft sich sogar über 1400. Die meisten dieser Arten sind über Asien verbreitet, wo sie die wärmere gemäßigte Zone, die Gebirge Kleinasiens, Armeniens, des Kaukasus, Bengalens, Napal's, Malakka's, Java's, Cochinchina's, Japans u. s. w. bewohnen. Die meisten übrigen gehören dem wärmeren Nord-Amerika, nur wenige Afrika an.

Diese große Reihe von Rebenarten wird wesentlich durch das Laub charakterisirt und bestimmt. Hier ungetheilt durchläuft es eine ganze Reihe der herzförmig zugespitzten Form und verschönert diese durch mannigfaltige Einkerbungen des Blattrandes. Dort gelappt, wie bei unserer Weinrebe, unterscheiden sich die Arten durch die verschiedene Zahl und die bald winkelige, bald abgerundete Form dieser Lappen, welche sich überdies noch mit den Einkerbungen der vorigen Reihe verbinden. Die dritte Reihe wird von einem vielfach und tief geschlitzten Laube, wie es z. B. der Petersilien-Wein so reizend trägt, bestimmt. Ebenso wirken Größe, derbere oder schlaffere, wolligere oder plattere Beschaffenheit des Laubes auf die Tracht der Rebe ein.

Der ungeheure Nutzen, welchen uns die edle Weinrebe gewährt, besteht in dem Saft seiner Trauben. So verschieden die Gestalt und Farbe der Beeren, so verschieden ist auch ihr Geschmack und der Geschmack des aus ihnen bereiteten Weines. Von der Form, der Farbe, dem Geschmack und theilweise auch von der Zeit der Reife hängt die Benennung der Spielsorten ab. Die Zahl derselben bekundet hinreichend, mit welcher Sorgfalt der Mensch die Weinrebe gepflegt und gehegt hat. Bei keinem Gewächse hat sich aber der Einfluß des Bodens und des Klimas so bemerklich gemacht, als bei der Weinrebe. Sie übertrifft an Zahl der Spielarten sogar unsere Obstbäume um ein Bedeutendes, obwohl sich diese, wie wir bereits kennen, durch eine ungewöhnliche Mannigfaltigkeit an Sorten auszeichnen. Eine Kreuzung mit verschiedenen anderen Weinarten hat zu dieser Mannigfaltigkeit wenig beigetragen. So viel ist nur wahr, daß allerdings neben der edlen Weinrebe noch einige andere Arten in die Hand der Kultur gelegt sind. Dies behauptet man z. B. von der sogenannten Isabelltraube, einer Rebenart, welche gegen 100 Fuß hoch wird, einen Frost von 30° R. aushalten und aus Nordamerika stammen soll. Als eine dritte Art wird die Rumph'sche Weinrebe (Vitis Rumphii) aus Ostindien und zugleich als die Mutter aller langbeerigen Trauben bezeichnet. Sie hat jedoch nur in einem wärmeren Klima Werth.

Obwohl wir eine so große Auswahl in den Rebensorten haben, so bestrebt sich noch immerfort der Weinbauer, neue Sorten zu erzielen, obwohl es bei solcher Zahl von so vorzüglicher Güte schwer hält, noch etwas Besseres hervorzubringen. Diese ungeheure Menge von Spielarten kennen zu lernen, davon wollen wir abstehen, und nur auf die vorzüglichsten Glieder und ihre Bedeutung in der Weinkultur unsere Blicke richten. Folgen wir hierbei Dr. Karl Müller, der über die Weinsorten unseres eigenen Vaterlandes also schreibt: „Schon beim ersten Blicke treten uns zwei große Bedürfnisse entgegen: man wünscht (bei Anlage der Weinberge) Trauben für die Tafel und Trauben für die Weinbereitung. Diese Zwecke müssen unter den verschiedenartigsten klimatischen Bedingungen, in freien Weinbergen oder an Spalieren der Häuser erreicht werden. Nach diesen Verhältnissen soll sich die Natur der Rebe bequemen. Dem lüsternen Munde einen Genuß so früh als möglich zu verschaffen, ist es dem Menschen schon lange geglückt, frühreifende Trauben hervorzubringen. Der weiße und gelbe Gutedel mit seinen saftigen Früchten hat alle seine Nebenbuhler hierin ausgestochen. Doch die Anforderungen erstrecken sich bis auf die kleinsten äußerlichen und innerlichen Dinge. Die Vanilletraube vereinigt mit derselben Eigenschaft den feinen Geschmack der Vanille; der Frühleipziger zeichnet sich zugleich durch seine wenigen Kerne aus; die Petersilientraube ziert durch ihr fein zerschlitztes Laub die Tafel; ihr Gegensatz ist der schwarze kleine Wiener mit weißwolligem Laube; der Diamant glänzt durch große Trauben und runde süße Beeren, der Ruländer oder Kleinbronner durch frühe Reife, Fruchtbarkeit und saftige, gewürzige Beeren.

Ebenso macht selbst das Spalier seine Ansprüche geltend. Wo sie lange Wände oder Laubengänge bedecken soll, ist eine Rebe erforderlich, deren Stöcke eine bedeutendere Triebkraft in sich tragen, kräftigere Stämme, reichlichere Ausläufer und dichteres Laub hervorbringen. Eine solche Rebe ist z. B. der Gänsefüßler mit schwerer, blauschwarzer Traube und einem Blatte, dessen Gestalt ihm den Namen gab. Ihm erst folgt der blaue Trollinger mit saftiger schwerer Traube. Umgekehrt verlangt man für kleinere Spaliere Reben mit geringerem Wachsthum und empfiehlt unter den tauglichsten den Gutedel, Traminer und den großen frühen schwarzen Burgunder. Dieser reift schon im August. Der Traminer verlangt zwar sehr sonnige Stellen, belohnt indeß diese Rücksicht dadurch, daß seine dunkelfleischrothen Beeren nicht leicht faulen, und hat man ihn zu dachförmigen Lauben verwendet, wozu ihn seine ganze Natur empfiehlt, so wird er der lieblichste Schutz gegen den Brand der Sonne. Statt seiner ist der Krachgutedel, so genannt, weil seine überaus großen Beeren unter den Zähnen gleichsam krachend zerplatzen, mit weniger sonnigen Stellen zufrieden. Er empfiehlt sich um so mehr, als seine Trauben, in trocknen Räumen aufbewahrt, sich bis tief in den Winter als köstliches Obst erhalten, eine Eigenschaft, die er mit dem Traminer theilt.

Natürlich macht auch das Klima nicht geringe Ansprüche. Der Norden Deutschlands bedarf anderer Trauben, als der Süden. Jener verlangt frühreife Arten, dieser bildet auch später reifende aus. Für den Norden eignet sich am besten z. B. der Frühleipziger, für den Süden der weiße, rothe, schwarze Muscateller, die Vanilletraube und der gelbe Orleans oder Hartheinisch.

Ebenso vielfach sind die Bedürfnisse zur Weinbereitung, und nicht minder reich ist ihre Auswahl. Der Eine wünscht ein weißes, der Andere ein rothes Traubenblut. Beiden kann geholfen werden: zwei lange Reihen von Weiß- und Rothweinen ziehen sich durch das Register der Weinkultur. — Der König aller Weißweine ist der weiße Rießling; denn von ihm nur stammen der Johannisberger, Rüdesheimer, Markobrunner, Liebfrauenmilch, Hochheimer, Nierensteiner, überhaupt die edelsten Rhein-, Mosel- und Frankenweine, an denen man Geist, Arom und Blume nicht genug zu preisen weiß. Dafür ist der Rießling aber auch überaus eigensinnig, ein wahrer Sonnenbruder, der nur an den geschätztesten und wärmsten Lagen seine ganze und herrliche Natur entfaltet.

Seinen direkten Gegensatz bilden der Elbling (Elben) und Heinisch, die Philister unter den Weinen. Weniger wählerisch als jener, leisten sie nur viel in der Quantität, nicht aber in der Qualität; eine Eigenschaft, durch welche sie sich bei dem weniger denkenden Weinbauer, der nur Massen zu produciren sucht, im Süden und Norden Deutschlands einschmeichelten. Dennoch hat ihnen die Neuzeit mehr und mehr das Heimathsrecht gekündigt, seitdem sie ihrer Herrschaft durch Rießling, Traminer und Klevner verlustig gingen.

Man stellt den rothen Traminer, dessen Ursprung man von Tramin in Wälschtyrol ableitet, in dem großen Weinregister gern hinter den Rießling. In solcher Reihe entspricht er wenig seinem rheinischen Namen Dreimänner-Wein, denn er ist der Vater sehr edler, feuriger und lieblicher Weine. Von him stammen

z. B. der Forster, Deidesheimer und Ruppertsberger. Wie der Rießling liefert er auch weniger an Quantität, aber desto mehr an Qualität, weshalb er jetzt noch weniger verbreitet ist. Endlich beschließt er seine nahe Verwandtschaft zum Rießling dadurch, daß er, mit diesem vermischt, einen noch feineren Wein liefert. In Frankreich vertritt der weiße Traminer (Fränkisch) vorzugsweise seine Stelle. Von daher stammt auch der rothe Klevner (Ruländer, oder kleine schwarze Burgunder), welcher, von Frankreich aus zuerst nach Speyer verpflanzt, im Jahre 1689 nach der Zerstörung jener Stadt von dem Kaufmann Ruland gerettet und verbreitet wurde. Weit weniger eigensinnig als der Rießling, schätzt man ihn nicht allein wegen seiner frühen Reife, sondern auch wegen des Geistes, Aromes und Bouquets seines Weines.

Eine eigenthümliche Rolle spielt der Wälschrießling, ein Kind der Champagne. Obschon er auf eine gute Lage hält, belohnt er doch die Pflege dadurch, daß er weniger haltbarem Weine eine bessere Dauer giebt. — Der grüne Sylvaner oder Oesterreicher verbindet mit großer Fruchtbarkeit und sehr süßen Trauben, die ihn deshalb selbst für die Tafel empfehlen, die große Tugend, auch in ungünstigeren Lagen schon früh zu reifen und einen guten Mittelwein zu liefern. Nur tadelt man an ihm die kurze Dauer seines Produktes. Es versteht sich übrigens von selbst, daß wie dieser auch andere Tafeltrauben zur Weinbereitung verwendet werden können. Am verbreitetsten ist der vorhin genannte, und der weiße Gutedel; der Krachgutedel liefert den Markgräfler.

Unter den Rothweinen behauptet der Klevner den ersten Rang. Man leitet seinen Namen und Ursprung von Chiavenna (Kleven) in der Lombardei her und läßt ihn von Frankreich aus, wo er in Burgund und der Champagne weit verbreitet ist, nach Deutschland gewandert sein. Hier ist er der Vater der vortrefflichsten rothen Weine, z. B. vom Aarbleichert, rothen Ingelheimer, Weinheimer, Aßmannsheimer u. s. w. Selbst edle weiße Weine werden von ihm erhalten, wenn der Most nicht den blauen Farbstoff der Trebern ausgezogen hat. Sein Gegensatz sind der blaue Sylvaner und der blaue Räuschling, die Philister unter den blauen Weintrauben, nur ausgezeichnet durch große Fruchtbarkeit, die sie mit dem Elben und Heinisch unter den weißen Weinen theilen. Wie nach dem Rießling der Traminer, so folgt nach dem Klevner die Möhrchentraube oder der Morillon der Champagne, dessen Produkt man noch feiner als das des Klevners rühmt. Dagegen ist der Tinto oder

Färber im vollen Sinne des Wortes der Färber unter den Weinen. Zwar ziemlich herb und wählerisch in seiner Lage, trägt er doch ziemlich gut, reift nicht zu spät und liefert ein dauerhaftes Produkt, welches helleren Weinen eine ausgezeichnet schöne dunkle Färbung verleiht.

Hiernach stellt sich von selbst das Verhältniß der Reben zu den örtlichen Verhältnissen heraus. Je edler das Produkt werden soll, um so vorzüglicher, um so sonniger muß die Lage, um so edler die Rebe sein. Das geht selbst auf die wärmeren Länder über. Auch sie besitzen, so recht zum Beweise, daß der schlechte Wein nicht immer ein Produkt des schlechteren Klima's, sondern auch einer unedleren Rebe ist, ihren Dreimännerwein und Groschenburger. Griechenland hat ihn z. B. in seinem Hundswürger, dort Skylopnikles genannt, weil man von ihm glaubt, daß selbst ein Hund an seinen Trauben ersticken könne.

Jedes Land kultivirt übrigens seine besonderen Rebensorten. In Ungarn zählt man allein über 200 Spielarten, und Griechenland steht nach Landerer kaum zurück. In Oesterreich vertritt der Zierfandler den Ruländer, der Grobweiße den rheinischen Elbling; von jenem stammen die Weine von Gumpoldskirchen, von diesem die Grinzinger, Nußberger und Waidlinger. Den rheinischen Klevner vertritt unter den Rothweinen der Portugieser und liefert den rothen Vöslauer. Die Königin der österreichischen Weinreben ist jedoch der Formint in Ungarn oder die Seeweinbeere mit großen, dichtbeerigen, grüngelblichen und weißgrau bereiften Trauben. Sie ist die Mutter des Tokayers und wird nur auf einem Umkreise von 5 □ M., auf den Porphyr-Vorbergen der Zempliner Gespannschaft kultivirt. Bekanntlich unterscheidet man Tokayer Essenz und Ausbruch. Jene wird von dem freiwillig ausfließenden Safte der am Stocke halbgetrockneten Beeren, dieser aus denselben, aber ausgetretenen Trauben bereitet. In Frankreich gilt der Pineau oder Noirien als der Stammvater des köstlichen rothen Burgunders und besten weißen Champagners, der Carmenac, ein Verwandter der schwarzen Burgundertraube, als der Vater der herrlichen Rothweine von Bordeaux und Medoc. Aus Griechenland stammt die berühmte Malvasiertraube, die ihren Namen von Napoli di Malvasia im Peloponnes empfing. Kurz eine unendlich reiche Zahl der Rebensorten zieht sich durch die verschiedensten Länder der Erde.

Der Nutzen der Weinrebe hat jedoch mit der Lieferung der schmackhaften Weintrauben und der köstlich mundenden Weinsorten noch nicht sein Ende erreicht. Einen überaus wichtigen Artikel liefert sie gleichfalls in der Rosine. Bekanntlich unterscheidet man Corinthen, Rosinen und Zibeben. Man weiß, daß die Corinthen, in Griechenland Staphiden genannt, welche ursprünglich nur um Corinth, das ihnen den Namen gab, wuchsen, einer durch die Kultur ihrer Kerne verlustig gehenden Traubensorte (Vitis vinifera var. apyrena L.) entstammen. Gegenwärtig besitzt ganz Griechenland eine seiner wichtigsten Erwerbsquellen in ihnen. Doch zieht man die von Patras und Vostiza vor, obschon sie auch im Golfe von Argos und Nauplia ebenso herrlich gedeihen. Ihr Werth hängt ganz von ihrem Trocknen ab. Darum läßt nach Landerer jeder Staphidenbauer den zehnten Theil seines Landes zur Trockentenne, namentlich da übrig, wo der Boden abschüssiger ist, um den etwa fallenden Regen rascher abzuleiten. Ein thonhaltiger, mit Ochsen- oder Ziegenmist durchkneteter, festgeschlagener Boden bildet die poröse Unterlage, welche sich überdies terrassenförmig erhebt, und natürlich die Feuchtigkeit in hohem Grade an sich ziehen muß. Alle 10—12 Stunden mit Schaufeln umgewendet, trocknet hier die Ausbeute eines Jahres, welche über Wohl und Wehe des Landes zu einem großen Theile entscheidet. Bei gutem Wetter ist es in 8—10, bei feuchtem erst in 15—20 Tagen vollbracht. Völlig getrocknet, werden die Stiele durch Lesen, die Schmutztheile durch Sieben entfernt.

Mannigfaltiger ist das Trocknen der großen Rosinen. Man dreht, um den Saftzufluß zu verhindern, die reifen Trauben halb vom Stengel los, schneidet sie erst nach halber Trocknung ab und dörrt sie endlich an der Sonne oder im Backofen. Man schätzt die auf dem Boden getrockneten Rosinen jedoch als die besten, besonders, wenn sie vom Winde mit dem Staube der weißen, vulkanischen Puozzolanerde gepudert sind; eine Methode, die sich leicht erklärt, wenn man weiß, daß die Trauben, auf eine solche Weise vorher getrocknet, ein ausgezeichnetes Arom und größere Süßigkeit entwickeln. Diesem natürlichen Verfahren gegenüber steht ein künstliches, welches dieselbe rasche Trocknung bezweckt. Man bereitet sich, erzählt Landerer, eine durch Kalk geschärfte Aschenlauge, in welche die reifen Trauben einige Minuten eingetaucht werden, um sie sofort auf die Trockentenne zu bringen. Die Schaalen der Beeren schrumpfen rasch zusammen, in 2—3 Tagen sind die Trauben getrocknet. Aber sie sollen auch mit

Glanz in die Welt gehen. Zu diesem Behufe gießt man vor dem Eintauchen in die Aschenlauge etwas Oel über die Trauben; das hängenbleibende reicht hin, das weitere Einschrumpfen und Zusammenkleben zu verhindern. Für das gewöhnliche Leben bedient man sich nur gewöhnlicher, für den Handel nur ausgezeichneter Spielarten der pontischen Rebe (Vitis vinifera), unter denen die Muskateller-Trauben die feinsten Rosinen geben. Nur die Zibeben stammen als längliche getrocknete Beeren von jener Rebe, die wir oben die Rumphische nannten. — Es versteht sich von selbst, daß jedes südlichere Land des Mittelmeergebietes seine Rosinen welkt und jedes andere, das süße Trauben hervorbringt, dergleichen welken kann.

Außer, daß der Wein für Viele ein Sorgenbrecher und Freudenspender ist, gewährt er zugleich dem matt auf das Krankenbett Hingestreckten eine vom Arzte vorgeschriebene höchst wohlthuende Erquickung. Einen besonderen Ruf für den Genesenden haben rother und weißer Franzwein, spanischer oder Malagawein, Ungarwein und Rheinwein erlangt. — Der Weinstein, welcher dem Weine seinen sauren Geschmack giebt und sich an den inneren Wänden der Weinfässer absetzt, wird theils als roher Weinstein (Tartarus crudus albus et ruber), theils als gereinigter Weinstein (Tartarus depuratus, Crystalli et Cremor Tartari) in der Medizin gebraucht. Auch können Essig (Weinessig) und Alkohol, besonders Franzbranntwein (Spiritus Vini Gallici) und rheinischer Branntwein (Spiritus Vini Rhenani) aus dem Weine und den Hülsen bereitet und als Arzneien angewendet werden.

Die säuerlichen Weine dienen oft zur Bereitung von Molken. — Aeußerlich selbst ist der Wein bei Waschungen und Umschlägen und selbst in ganzen und halben Bädern ein vortreffliches Mittel bei mancherlei Krankheiten. Die reifen Weintrauben werden zu einer besonderen Kur, der Traubenkur, angewendet, da sie das leichteste und verdaulichste Obst sind. Ebenso hat das Weinrebenextract in hartnäckigen rheumatischen und gichtischen Beschwerden großen Ruf erhalten. Selbst der Saft der Weinranken mit den Blättern und die Thränen oder das Rebenwasser sind von einzelnen Aerzten mit Erfolg angewendete Mittel. — Der gereinigte Weinstein dient auch als ein vorzügliches Zahnpulver.

Aus dem Holze der Reben und den verkohlten Trebern macht man Farbe und Buchdruckerschwärze und aus nicht zu knorrigen Reben ganz vorzügliche Spazierstöcke.

Die Bestandtheile des Weines sind der schon erwähnte Weinstein oder Cremor tartari, ein Salz, das aus Weinsteinsäure und Kali besteht. Ferner finden sich darin Phosphorsäure, Schwefelsäure, Kalk, Magnesia, Alkohol, Zucker, verschiedene ätherische Oele, Traubensäure, welche während des Reifens der Traube aus der Weinsteinsäure entsteht, Apfelsäure, Manganoxydul, Eisenoxyd, schwefelsaurer Kali, Kochsalz, Kieselsäure, Pflanzeneiweiß, Gummi oder Pflanzenschleim, Pektin, Gerbsäure, Extractivstoff, Wachs und in den Schaalen der blauen Trauben ein besonderer blauer Farbstoff. Während der Gährung des Weines und selbst während der Lagerung bilden sich diese Stoffe noch bedeutend um, und es entstehen dadurch manche neue, die wir unberücksichtigt lassen müssen. —

Die Vortheile des Weines sind zu groß, als daß es uns verwundern könnte, daß die Rebe schon seit den ältesten Zeiten ihre Pilgerschaft über den Erdkreis angetreten hat. Schon in der Homerischen Zeit muß die Kultur des Weinstocks über Kleinasien und Griechenland verbreitet gewesen sein. Phrygien wird als das rebenbepflanzte Land bezeichnet, auch spricht der Schild des Achilleus, auf welchem eine Weinlese abgebildet war, und die Gärten des Alcinous und Ulysses auf den heutigen jonischen Inseln, in welchen eine Fülle von Trauben sich befand, dafür.

Tief poetisch ist der Mythus, in den sich bei den Griechen die Geschichte der Kultur des Weinstockes und dessen Einfluß auf den Menschen kleidete. Der schuldlose Götterknabe Dionysos, der Sohn des Zeus und der Persephone, wird von den, den ewigen Göttern feindlich entgegenstehenden Gewalten, den Titanen, mitten in seinem unschuldigen Spiele überrascht und zerrissen, seine Glieder werden zerstreut; aber Athena sucht und bringt das noch schlagende Herz, und aus diesem entsproß der Weinstock, der ewig lebende und niemals aussterbende Baum nach dem Worte der Alten.

Icarus, der erste Weinbauer des attischen Landes, welchen Dionysos selbst, die Rebe ihm schenkend, zu seinem Priester und Pfleger jenes heiligen Gewächses gemacht hatte, ward von den Landsleuten getödtet, die durch den Genuß des Mostes trunken geworden waren. Seine Tochter Erigone erhängt sich aus Kummer darüber und zwar an einem Baume im marathonischen Walde. Die Mörder des Icarus, welche so die Segensgabe des Gottes geschändet, dessen Heiligkeit verleugnet und Mordschuld auf sich und die Ihrigen gehäuft hatten, werden darüber von Dionysos damit bestraft, daß der Gott die Dürre und eine eigenthümliche Todessucht über ihr Land sendet. Es ergreift nämlich nach seinem Willen alle Töchter des Landes die Manie, die Erigone zu sühnen und dazu sich gleich dieser auf den Bäumen an einer Schlinge in der Luft schwebend zu erhängen. Dies geschah so lange, bis man die Mörder des Icarus ergriff und tödtete; alsobald hörte das Leiden auf, Dionysos war versöhnt.

Herodot und Theophrast geben Weinbau in Aegypten an, auch finden sich unter den älteren ägyptischen Monumenten mehrere auf denselben bezügliche Andeutungen, so wie Traubenreste in den Katakomben. Ueberdies sind ältere Münzen mit symbolischer Darstellung der Traube nicht eben selten.

Wie sehr der Genuß des Weines schon damals mundete, geht aus einer Stelle Herodot's hervor, wo er sagt: „Und wenn sie (die Wallfahrer) in Bubastus (Unter-Aegypten) anlangen, feiern sie das Fest mit großen Opferungen, und es geht mehr Rebenwein bei diesem Feste auf, als im ganzen übrigen Jahr zusammen.“

Von Griechenland und Aegypten schritt der Weinbau nach Italien vor. Romulus opfert den Göttern noch Milch, aber Numa Pompilius verbot schon den Todten auf dem Holzstoße Wein zu sprengen. Zuerst wurde Wein in Latium gebaut, wohin die Rebe 180 Jahre v. Chr. aus Phocis oder Thessalien, nach Columella aus Rhodos kam. Die früheren römischen Gesetze untersagten den Frauen, so wie den Männern vor dem 25. Jahre Wein zu trinken; nachsichtiger waren hierin die Griechen. Die ersten Vinalien feierte man stets am 23. April, die zweiten am 21. August. Cato führt acht Traubensorten, die er unterscheiden konnte, an, Columella und Plinius kannten schon bei fünfzig.

Die uralte Sitte, durch Zusatz von Terpentin aus Pinus maritima den Wein vor dem Sauerwerden zu schützen, welche Sitte bei den Griechen Veranlassung wurde, dem Gott des Weines einen Thyrsusstab (mit dem Tannenzapfen) in die Hand zu geben, hat sich auch auf Italien fortgepflanzt.

Ins südliche Frankreich brachten die Phocier wahrscheinlich schon 600 Jahre v. Chr. den Weinstock, doch konnte er sich daselbst nicht sehr verbreitet haben, da es bekannt ist, daß mehrere Einfälle der Gallier in Italien, wie das auch später bei den Cimbern der Fall war, des anlockenden Weingenusses wegen stattfanden. Nach einer alten Sage bei Livius soll der Weinstock nach

Gallien verpflanzt worden sein, um das Volk zu Ausschweifungen zu verleiten.

Während unter Domitian der Weinbau allenthalben beschränkt wurde, sehen wir seine Verbreitung unter Probus nach Pannonien und dem Rheine vorschreiten.

Mit der Zunahme der Kultur der einzelnen Länder gewann auch schnell die Aufnahme der Weinkultur, und jetzt ist mit diesem Zweige der Landwirthschaft die Existenz vieler Tausende verknüpft. Zwar über die ganze Erde verbreitet, läßt er sich jedoch weder über den 50. Grad nördlicher Breite, noch zwischen den Wendekreisen mit günstigem Erfolge anbauen. Seine Nordgränze in Europa erstreckt sich von der Mündung der Loire (47°) über die Champagne, dem Mosel-, Rhein-, Neckar- und Mainthale, über das Donauthal, der Krimm, dem südlichen Rußland, bis zur Mündung der Wolga. Oestlich vom caspischen Meere gedeiht die Rebe noch in der Bucharei, in der Hochebene Persiens und am Südabhange des Himalaja. In China, wo die Rebe früher angebaut wurde, hat man sie durch erlassene Gesetze wieder auszurotten gesucht. In Japan werden nach Thunberg die Trauben nicht mehr reif.

Andererseits sind Madeira und die canarischen Inseln, die Berberei, das nördliche Aegypten, Südpersien bis zum 29. Grad, die Insel Bahrein (27°) im persischen Meerbusen, die südliche Gränze.

Diese Gränzen gelten jedoch nur für die eigentlichen Weinländer, in denen die Weinrebe ihre Trauben zur Weinbereitung liefert. In China und Japan hegt man ihn mehr seiner Trauben wegen; auch bereitet man in einigen Theilen Asiens einen angenehmen Syrup aus denselben. An den Südabhängen des Himalaya, in Kabul, Kaschmir und dem Sutledsch-Thale, wo englische Kaufleute eine gegen 100 engl. Meilen lange Straße nach Simlah über das rauheste Gebirge führten, nur um hierher Trauben aus dem Gebirge bringen zu können, selbst auf den Nordabhängen, im oberen Tibet um die Hauptstadt Hlassa, wird Noah's Lieblingsgewächs noch vortrefflich gepflegt. Auf den Hochebenen von Persien wächst der berühmte Wein von Schiras und Palästina bringt herrliche Trauben hervor. In Afrika geht die Rebe nach Vogel bis Murzuk, über den 25.° N. Br. hinaus. An den Natronsee'n Fezzan's ihre höchste Schönheit erreichend, wird sie hier kleinblättrig und rankt sich an den Granaten und Feigenbäumen fort. Am häufigsten erscheint eine lockere, großbeerige, blaue Traube; eine dichte, weiße ist selten. Nur auf der Südspitze Afrika's, am Cap der guten Hoffnung taucht die Rebe wieder auf. Der feurige Constantia, der Johannisberger des Cap, ist ihr schönstes Produkt.

Nord-Amerika, obgleich von seinen Entdeckern einst Vineland genannt und die Heimath genießbarer Trauben, hat doch keinen ausgedehnten Weinbau. Der anfänglich aus europäischen Reben versuchte Weinbau wollte durchaus nicht gedeihen. Nur in Californien gedieh die Europäerin zur Zeit der weinkundigen Missionen, welche jährlich an 100,000 Burrils producirten. Auch in den gemäßigten Strichen Süd-Amerika's erfreut sie sich eines besseren Gedeihens. So in den Laplatastaaten und Chile, wo sie ihre Südgränze bei 40° S. Br. erreicht. Jetzt ist die einheimische Traube (Vitis Labrusca L.) mit mehr als 28 verschiedenen Sorten mit großem Glücke dazu verwendet worden. Unter allen sind die Catawba-Rebe, dann die Isabell-Rebe, die Cape, die Herbemonts-, Missouri- und Scuppernong-Rebe die besten. Die Catawba-Rebe, am Flusse gleiches Namens ($36\frac{1}{2}$° N. Br.), in Nord-Karolina einheimisch und bis zum 42° N. Br. wildwachsend, vermag dem Froste und den Unbilden des Klima's am besten zu widerstehen. Sie bringt hinlänglich süße Früchte mit einem feinen Aroma, woraus ein Wein wird, der schon jetzt mit den besseren Sorten europäischer Weine wetteifert.

Am tauglichsten für einen ausgedehnten Weinbau erweiset sich das Ohiothal, Kentucky, Tennesee bis in den Westen des Missisippi; Ersteres wird schon jetzt mit gerechtem Stolze das Rheinthal Amerika's genannt. Uebrigens finden sich in Nord-Amerika von dem Wendekreise bis St. Francisco nur einzelne Rebenpflanzungen.

In den Tropen zieht man die Rebe in den höheren Gebirgen; ja selbst schon in Algerien wird die Nordlage der Abdachung des Landes der Südlage vorgezogen. Auf den capverdischen Inseln, auf St. Thomas an der Küste von Guinea, in Abyssinien, selbst auf der indischen Halbinsel gedeiht der Weinstock nur im Gebirge und die vortrefflichen Trauben, welche Cumana erzeugt, sind nur das Product eines hochgelegenen Bodens. Sonst aber pflegt sich die Rebe z. B. in den Alpen noch wohl zu fühlen, wo nur der Mais, die Wallnuß und die Kastanie ausdauern. Im Allgemeinen kann man die Weingränze in den schweizer und deutschen Alpen auf 2500 Fuß, die eigentliche Weinzone 1200 Fuß setzen. Natürlich rücken diese Gränzen um so höher hinauf, je weiter ein Land nach dem Aequator liegt.

Auch der auf der südlichen Hemisphäre eingeführte Weinbau

geht vom Wendekreise des Steinbocks über den 40. Grad nicht hinaus. So finden wir ihn, wie schon erwähnt, in Chile (Conception), in Buenos-Ayres, am Cap der guten Hoffnung und in Neu-Süd-Wales, überall unter fast gleicher Breite, die zwischen dem 30. und 37. Grad schwankt. — Während auf der nördlichen Halbkugel, gewöhnlich der September und October die Zeit der Traubenreife bildet, ist sie auf der südlichen Halbkugel auf spätere Zeit, am Cap z. B. auf die Monate Januar und Februar verschoben.

Australien ist derjenige Erdtheil, welcher den Wein am spätesten erhalten hat. Im Jahre 1837 zog eine Familie aus Hattenheim im Rheingau nach Neu-Süd-Wales und legte in der Nähe von Sidney Weinberge an. Nach den neuesten Nachrichten ist diese Unternehmung über alles Erwarten gelungen. Der Wein, den man gewonnen hat, ist zwar kein Rheinwein, aber doch in jeder Beziehung vortrefflich, und man erkennt ohne Mühe seine Abstammung. Nach Nachrichten von 1851 gedeihen Rießling- und Burgunderreben vortrefflich.

Europa aber übertrifft alle Weinländer der Erde. Hier ist es, wo die Rebe eine zweite Heimath wiederfand. Von Oporto's Gestaden bis Memel und Astrachan, von der Nord- und Ostsee bis zum adriatischen und Mittelmeere reicht ihr Gebiet, obschon das Maximum ihres Gedeihens in Frankreich und die Mittelmeerländer fällt.

Nur einen Verwandten in Deutschland hat die Rebe in dem aus Nord-Amerika stammenden Zierstrauche, die fünfblättrige Zaunrebe (Ampelopsis quinquefolia R. et Schult.), welche bis 40 Fuß hoch klettert, und häufig als Zaun-, Mauer- oder Laubenbekleidung angepflanzt wird. Beide gehören zu der Familie der **Rebengewächse** oder **Ampelideen.**

Der Flachs.

Wir kennen alle den Flachs oder gewöhnlichen Lein (Linum usitatissimum L.), wir wissen, daß, wenn wir im April oder Mai die kleinen, glänzenden Saamen säen, schnell aus denselben schlanke, dünne, am Gipfel sich verzweigende, etwa 2 Fuß hohe Stengel emporwachsen, welche dicht mit lanzettförmigen zugespitzten, ganzrandigen, kahlen und sitzenden Blättern besetzt sind, und ganz oben himmelblaue, kurzdauernde Blumen tragen, welche im Juni und

Juli erscheinen, daß bald nach deren Abfall sich bräunliche **Kapseln** zeigen, welche darauf hindeuten, daß die Pflanze, schon drei bis vier Monate, nachdem sie emporgekeimt ist, ausgerissen werden kann, um die Fasern zu liefern, welche uns einen wichtigen Bekleidungsstoff geben.

In den **Blüthentheilen** des Flachses tritt die Zahl 5 merkwürdig vorherrschend auf. Eine Flachsblüthe hat 5 eiförmige, zugespitzte, feingewimperte, drüsenlose **Kelchblätter**, welche nicht sehr von den eigentlichen Blättern abweichen, fast so lang sind wie die Kapsel und sitzen bleiben; dann folgen 5 größere, feinere, himmelblaue mit azurblauen Adern durchzogene **Kronblätter**, von denen jedes zwischen zwei Kelchblättern sitzt. Innerhalb der Kronblätter befinden sich 5 pfriemenförmige, aufrechte, an der Basis erweiterte, in eine sehr kurze Röhre verwachsene **Staubgefäße**, deren blaue Farbe und feiner Bau ihre Verwandtschaft mit den Kronblättern verräth, und welche mit diesen abwechseln; dann folgen 5 kleine, zahnförmige Körper, welche als ein innerer Kranz von Staubgefäßen betrachtet werden müssen, die unentwickelt und unfruchtbar sind; endlich innerhalb dieses Kranzes 5 Fruchtblätter, welche zusammengewachsen sind, aber deren 5 freie verlängerte Spitzen die Fünfzahl verrathen. Diese Fruchtblätter werden später zu einer **Frucht**, welche in 5 Räume abgetheilt ist, aber jede derselben ist wieder durch eine, von der Mittelader hervortretende Scheidewand, welche bei dem gewöhnlichen Flachs nur halb die Achse erreicht, in zwei Räume getheilt, so daß 10 Räume in der Kapsel entstehen.

Die wichtigste Anwendung des Flachses ist die der **Fasern**, der langen, zähen Fasern, welche das Zellengewebe der Stengel durchstreichen. Diese Fasern sind von demselben Bau wie der Bast in den Bäumen (Lindenbast u. s. w.), wie die Fasern beim Hanf, beim neuseeländischen Flachs und vielen anderen Pflanzen, welche Bekleidungsstoffe geben. Unter dem Mikroskop zeigen sich diese Fasern als sehr verlängerte, röhrenförmige Zellen, mit sehr dicken Wänden, von mehreren Häutchen gebildet, welche sich innen an das ursprüngliche Häutchen legen. Bei der Bearbeitung des Flachses werden die Bastzellen von dem loseren eigentlichen Zellengewebe getrennt. Von zwar geringerer, aber ebenfalls nicht unwichtiger Bedeutung ist die Anwendung der Saamen, aus denen **Oel** (Leinöl) gepreßt wird, das in vielen Fabrikationszweigen und in der Arzneikunst seinen Verbrauch findet.

Der Lein ist demnach eine der wichtigsten Pflanzen. Man hat

davon zwei Sorten, nämlich den Klinglein, Klanglein, Springflachs oder zahmen Flachs (Linum crepitans), dessen reife Saamenkapseln, wenn man sie in die Sonne legt, von selbst mit Geräusch aufspringen, so daß sich die Körner leicht durch Sieben ausscheiden lassen. Er ist empfindlicher gegen die Witterung, wird nicht so lang, und giebt in der Regel kürzeren, aber feineren Flachs, dagegen mehr Saamen, der mehr und besseres Oel enthält. Die zweite Sorte ist der Dreschlein, Schließlein, oder wilde Lein (Linum vulgare), dessen breitere, plattere Saamen erst durch Dreschen aus den Kapseln gebracht werden müssen. Er gedeiht bei ungünstiger Witterung leichter, wird höher, giebt längeren, gröberen Flachs, aber weniger Saamen.

Am besten gedeiht der Lein auf fruchtbarem, lockerem, etwas feuchtem Boden, und bei einer Witterung, die warm und feucht zugleich ist. Da der Saame sehr klein ist, so muß die Oberfläche des Bodens so fein als nur möglich zerkrümelt sein. Schaf- und Ziegenmist sagen dem Flachs vorzüglich zu. — Hat man die Absicht, recht feinen Flachs zu ziehen, so säet man die Saamen recht dicht; will man dagegen mehr langen, aber groben, so säet man weitläufiger, wobei aus einem Saamen zuweilen sogar zwei Stengel kommen.

Sind die Pflänzchen zwei bis vier Zoll hoch, so müssen sie von allem Unkraut befreit, d. h. gejätet werden. Will man einen guten und haltbaren Faden erhalten, so muß man die Stengel ausraufen, sobald sie anfangen gelb zu werden, während die Saamen noch grünlichweiß sind. Darauf wird der Flachs sofort geriffelt, d. h. man zieht ihn so durch einen eisernen Kamm, daß die Kapseln (Knoten) abgerissen werden, während man in früherer Zeit den Flachs mit denselben ausbreitete. In Belgien werden alle Stengel, welche nur 1 oder 2 Kapseln haben, zum feinsten Gespinnst herausgelesen.

Nach dem Riffeln erfolgt das Rösten. Zu diesem Zwecke legt man die Stengel in Bündeln so lange unter Wasser, bis die nicht faserigen Theile in Fäulniß überzugehen beginnen, wobei große Aufmerksamkeit nöthig ist, um den rechten Augenblick, wo der Flachs herauszunehmen ist, zu finden. In 5 bis 10 Tagen ist die Röste vollendet; man entfernt durch Waschen den Schmutz und breitet die Stengel zum Trocknen aus. — In vielen Gegenden breitet man den Flachs sogleich nach dem Riffeln aus und läßt ihn 3 bis 6 Wochen liegen. Er erhält auf diese Weise die Thauröste, und man läuft viel weniger Gefahr, als wenn er im Wasser geröstet wird, denn dort kann er leicht mürbe werden, und wird dann einen weit weniger haltbaren Faden liefern.

Nach dem Rösten wird der Flachs an der Sonne oder in einem geheizten Raume gedörrt, dann gepocht, gebrochen und geschwingelt, wobei die nicht faserigen Theile in Stückchen abfallen, die man Scheben oder Anchen nennt. Schließlich wird er noch gehechelt, indem man ihn durch aufrecht stehende Drahtspitzen zieht, wobei die kürzeren Fasern abgestreift und die langen gleichsam glatt gekämmt werden. Die kürzeren Fasern nennt man das Werch, die langen den Flachs. Beides wird versponnen zu Zwirn oder Garn, das erstere liefert grobe Fäden, während man aus dem letzteren die feinsten Fäden spinnen kann. Das Garn wird vom Weber zu Leinwand u. s. w. verwoben, welche durch die Bleiche eine weiße Farbe bekommt.

Sehr oft ist die Leinwand mit Baumwolle durchwoben und dann weit weniger haltbar, als echtes Leinen, daher auch billiger. Meistens kann man dies aber nicht unterscheiden, und es wird mit solchem Halbzeuge von Leinen und Baumwolle mancher Betrug ausgeübt. Um solchen Betrügereien zu entgehen, hat man verschiedene Erkennungsproben angegeben, welche jedoch alle höchst unsicher sind; es giebt z. B. eine Festigkeitsprobe, eine Tintenprobe, eine Farbenprobe, eine Röstprobe, eine Verbrennlichkeitsprobe, eine Aschenprobe, eine Laugenprobe, eine Oelprobe, eine Schwefelsäureprobe und noch manche andere. Die einzig zuverlässige Prüfung kann nur mittelst des Mikroskops angestellt werden. — Das zu untersuchende Waarenpröbchen wird zunächst durch Waschen in warmem Seifenwasser von der Appretur (Leimüberzug) befreit und darauf getrocknet. Nunmehr zupft man aus der Kette ein Fädchen nach dem andern heraus, mindestens zehn, legt es auf eine Glastafel, macht es mit einem Tropfen destillirten Wassers feucht, zertheilt es an dem einen Ende mittelst einer Nähnadel auf das feinste, bedeckt es an dieser Stelle mit einem Deckgläschen, und betrachtet es alsdann unter einem Mikroskop bei einer mindestens 120fachen Vergrößerung. Die Baumwollenfasern erscheinen hierbei stets plattgedrückt, gleichsam bandartig, häufig gedreht oder stark gewunden, die Wand dünn, die Höhlung weit. Dagegen zeigt sich die Leinenfaser stielrund, nicht um sich selbst gewunden, ziemlich schmal, stark verdickt, daher die Höhlung (wenn eine solche vorhanden) enge ist, hin und wieder bemerkt man Anschwellungen (Knoten).

Diese Verschiedenheit im Bau beider Fasern erhält sich durchaus unverändert, was man auch mit Leinen und Baumwolle bei ihrer Verarbeitung vornehmen mag, gleichviel, ob sie gefärbt werden oder nicht. —

Das Oel, welches man aus den Saamen des Klangleins preßt, wird vom Landmann an Speisen gethan, in der Lampe gebrannt, zu Schmierseife verkocht, hauptsächlich jedoch durch Einkochen in Firniß verwandelt. Das Oel aus Dreschlein schmeckt minder gut, trocknet zu Firniß gekocht, weit langsamer, paßt sich aber sehr gut zu Anstrichen in freier Luft, weil es einen zäheren, nicht leicht abplatzenden Ueberzug giebt.

Die Klumpen, welche, nachdem die Leinsaamen vorher zerstoßen oder zerstampft sind, beim Auspressen des Oels übrig bleiben, nennt man Leinkuchen. Legt man sie in Wasser, so lösen sie sich allmälig zu einem Schleim auf, welcher dem Milchvieh besonders zuträglich ist. — Die Schaalen der Saamenkapseln werden, gestoßen oder gemahlen, mit Wasser, Kleie u. s. w. gemengt, den Schweinen und Gänsen gefüttert.

Der Saame wird auch in der Medizin gebraucht. Das Oel wird besonders bei hartnäckigen Verstopfungen, bei heftigen Koliken, Durchfällen, Lungenentzündungen u. s. w. angewendet. Aeußerlich dient es zu Klistiren und Umschlägen, besonders bei Verbrennungen. Aus dem gestoßenen Saamen, Leinmehl, werden Umschläge, theils trocken, theils in Brei-Form, bereitet. —

Das eigentliche Vaterland des Flachses ist unbekannt; jetzt findet er sich im südlichen Europa verwildert auf Aeckern und zwischen Saaten. Er ist ein Erbtheil für die gemäßigte Klimate geworden. Seinen Anbau findet man in Europa, Nord-Afrika, in dem gemäßigten Asien und an der Ostseite Nord-Amerika's, in der südlichen Halbkugel bis jetzt nur spärlich, in der heißen Zone nur wenig, und theils nur des Oels wegen z. B. in dem Plateau von Dekan. Die Nordgränze seiner Kultur ist in Norwegen der 65. Grad, in Schweden und Rußland der 64. Grad. In den Alpen steigt sein Anbau bis zu 5500 Fuß über dem Meere hinauf.

Innerhalb dieses Verbreitungsbezirks giebt es Strecken, wo der Flachsbau sehr bedeutend, während er in anderen zurückgedrängt ist. Der wichtigste Flachsdistrikt sind die Länder südöstlich der Ostsee (Rußland und Preußen), von hier aus findet über Riga, Reval, Liebau, Pernau und Petersburg eine außerordentlich starke Ausfuhr statt; ein großer Theil Nord-Europa's, namentlich

England, bekommt aus dieser Vorrathskammer den Flachs im rohen oder verarbeiteten Zustande. Ein anderer Flachsdistrikt wird von Belgien, Holland und einem Theil Frankreichs gebildet. Ein dritter ist Aegypten, welches größtentheils die Länder des Mittelmeeres mit diesem wichtigen Product versorgt.

Im Jahre 1836 bildete sich in London eine Gesellschaft zu dem Zwecke, die europäische Methode des Flachsbaues in Ostindien einzuführen. Hier wächst nämlich der Flachs um ein Drittel höher, als in Europa und ist von vorzüglicher Güte. Da nun England jährlich aus Rußland gegen 700,000 Ctr. Flachs bezieht und dafür 2,800,000 Pfund Sterling zahlt, so hoffte die Gesellschaft, diesen Gewinn an sich zu ziehen, um so mehr, da Flachs und Indigo auf demselben Felde zu gleicher Zeit gesäet werden können, und der Flachs also ohne neue Ausgaben angebaut werden kann. Auch Australien hat auf Neuseeland seinen Flachs (Phormium tenax), der von größter Wichtigkeit für die Ausrüstung der Schiffe ist, da die daraus verfertigten Gewebe, Taue u. dgl. weit größere Haltbarkeit besitzen und selbst wohlfeiler sind, als selbst die vom Hanf. Er ist aber von unserem Flachse sehr verschieden und gehört zu der Familie der Liliengewächse.

Man wird es vielleicht sonderbar finden, daß der Flachs sowohl in dem heißen Aegypten, wie auch in den kälteren Gegenden Rußlands bis 64. Grad N. Br. gedeiht, aber dieser Umstand erklärt sich hauptsächlich dadurch, daß der Flachs ein Gewächs ist, welches als einjährige Pflanze schnell seinen Lebenscyclus beendigt, und daß er im Norden Gegenstand der Sommer-, in Aegypten Gegenstand der Winter-Kultur ist. — In dem letztgenannten Lande wird der Flachs auf den, von dem Wasser des Nils zuletzt verlassenen Aeckern im December oder Januar gesäet und im April oder Mai geerntet; im Norden dagegen wird er im April oder Mai gesäet, und im August oder September geerntet. Die Temperaturverhältnisse sind deshalb an diesen beiden Orten während der Wachsthumsperiode des Flachses nicht sehr verschieden.

Die Nachrichten über den Anbau und die Benutzung des Flachses verlieren sich im grauen Alterthume. — Im zweiten Buch Mosis heißt es: daß der Hagel den Flachs und die Gerste vernichtete, als Moses sich vergeblich bei Pharao bemühete, daß er den Israeliten die Auswanderung gestatten möge. — Die ägyptischen Mumien sind in Linnen eingehüllt, und legen also ein entschiedenes Zeugniß von dem Gebrauch des Flachses in der fernsten Vorzeit ab. Es wird ferner berichtet, daß Isis' Priester sich in Linnen kleideten, weil die Wolle, welche auf dem Körper eines Thieres wachse, nicht ein so reiner Stoff als der Flachs sei, welcher als ein Ertrag der Erde dem Heiligen würdiger wäre. — Ebenso sollen ihn die Juden und die Griechen gebaut haben. — Der Anbau und Gebrauch des Flachses bei den Römern ist ohne allen Zweifel. In älteren Zeiten waren wollene Kleider, namentlich zur unmittelbaren Bedeckung des Körpers bei diesem Volke gewöhnlicher als das Linnen, aber der Gebrauch des letzteren war zur Zeit der Kaiser ganz allgemein. — Merkwürdig ist es, daß der Flachs und das Linnen auch nördlich von den Alpen allgemein waren; Plinius spricht von dem Gebrauch des Linnens bei den Galliern und Germanen, und sagt, daß die Feinde der Römer jenseits des Rheins, die Bataver es kannten, und daß ihre Weiber keine Kleider so schön fanden, als die leinenen. — Nach der Völkerwanderung wurden der Flachsbau und die Leinwandweberei ebenfalls in dem von den Slaven bewohnten Theile Deutschlands, und namentlich in Nord-Deutschland, in großer Ausdehnung getrieben, und noch jetzt sind die Lausitz, Böhmen und Schlesien als vorzügliche Sitze der Leinwandweberei berühmt. Leinwand war daher einer der ältesten und stärksten Ausfuhrartikel Deutschlands. Die Thüringer, welche im Jahre 529 von den Franken unterjocht wurden, mußten Honig und Stücke Leinwand als Tribut geben. — Im 9. und 10. Jahrhundert kannte man auch in Skandinavien allgemein den Gebrauch der Leinwand. Nach Norwegen wurde sie hauptsächlich aus England und nach Schweden und Dänemark von den Hansestädten, wahrscheinlich flanderisches Linnen, eingeführt. Ueber seinen Anbau daselbst findet man erst bestimmte Nachrichten aus dem 17. Jahrhundert.

Wenn Plinius in seiner Naturgeschichte von dem Flachse spricht, so macht er auf das Wunderbare aufmerksam, welches darin liegt, daß aus einem so kleinen Saamen so große Kräfte entwickelt werden können, daß es eine Pflanze giebt, welche Aegypten so nahe an Italien bringen kann (insoweit auf dem Product dieser Pflanze hauptsächlich Schifffahrt und Handel beruhen); aber er ärgert sich zugleich darüber, daß der Mensch durch Hinzusetzen mehrerer Segel an die Fahrzeuge der Natur zu trotzen wagt, er verwünscht den, welcher die Schifffahrt erfand, sowie denjenigen, welcher bewirkte, daß der Mensch nicht allein auf der Erde, sondern auch auf dem Meere, ohne begraben zu werden, umkam; er findet in dem schnellen Wachsen des Flachses, und dem

Eifer, mit welchem derselbe gebaut wird, einen Beweis, daß der Mensch sein eigenes Unglück befördere, ja, er betrachtet den Umstand, daß der Flachs die Erde ausmergelt, und daß er, um benutzt zu werden, ausgerissen werden muß, als Beweis, daß der Anbau dieser Pflanze gegen die Natur streite.

Wenn Plinius in unserer Zeit gelebt hätte, so würde er das Wunder noch größer gefunden haben, weil er alsdann gewußt hätte, daß aus diesem kleinen Saamen nicht nur ein Product hervorkeimt, das die Völker bekleidet und die Schiffe über das Weltmeer bringt, sondern daß dieses Product, nachdem es abgenutzt ist, eine noch größere Rolle spielt; daß es zu Papier verarbeitet, nicht allein den Gedanken von Mann zu Mann bringt, sondern von dem Einzelnen an Tausende und Millionen, daß es Kenntnisse und Aufklärung unter den verschiedenen zahlreichen Völkerschaften der Erde verbreitet, und unseren Antipoden das Evangelium bringt. Und wie viele Tausende sichern nicht durch die Bereitung und Verwendung des Papiers ihre Existenz?

Der Flachs hat in Deutschland nur einige wenige Verwandte. Diese sind: Der gelbblüthige Lein (Linum flavum L.), der Purgir-Lein (Linum catharticum L.), der dünnblüthige Lein (Linum tenuifolium L.), der ausdauernde Lein (Linum perenne L.) und der tausendkörnige Zwerg-Lein (Radiola linoides Gmel.), welche zur Familie der **Leingewächse** oder **Lineen** gehören.

Der Spargel.

Der gemeine Spargel (Asparagus officinalis L.) ist eine ausdauernde Pflanze, welche bei uns auf Wiesen, Waldrändern und an Flußufern hier und da zerstreut vorkommt. Er hat einen aufrechten, walzigen, haarlosen, 2—4 Fuß hohen Stengel, welcher in viele Aeste verzweigt ist. Seine Blätter sind büschelig, kahl und kurzen Borsten ähnlich. Er blüht im Juni und Juli und hat grünlich-weiße Blüthen, welche meistentheils zweihäusig sind. Die Blüthe besteht nur aus einer glockenförmigen, einblättrigen Blüthenhülle, welche an einem gegliederten Stiele sitzt, unterhalb des Fruchtknotens sich befindet, 6theilig ist und nach dem Verblühen abfällt. Diejenigen Blüthen, welche keine Früchte bringen, haben 6 freie, gleichlange

Staubgefäße, welche auf dem Grunde der Blüthenhülle stehen; diejenigen aber, welche Früchte bilden, haben nur einen Griffel mit drei zurückgebogenen Narben. Die Frucht ist eine kugelige, 3fächerige erbsengroße Beere und in jedem Fache sitzen 2 Saamen. Die Farbe derselben ist anfangs grün, später scharlachroth.

Sehr häufig wird jetzt der Spargel in eigens dazu eingerichteten Beeten gezogen. Ein Spargelbeet wird im Herbst in einer sonnigen, nicht nassen Lage 3 bis 4 Fuß tief ausgegraben, und dann mit durchgesiebter Erde gefüllt, welche hauptsächlich aus verwesten Pflanzen, verwestem Mist, nebst etwas feinem Sand, Kalk- und Ziegelstaub besteht, aber weder Thon, noch Steinchen, noch frischen Mist enthalten darf. Im März setzt man die Pflanzen so ein, daß jede nach allen Seiten 3 Fuß Raum hat. Dabei gräbt man für jede einzelne Pflanze ein 1½ Fuß weites, 1 Fuß tiefes Loch und läßt in dessen Mitte einen 4 Zoll hohen Erdhügel, auf welchen die Pflanze gesetzt, und, nachdem ihre Wurzeln gut ausgebreitet sind, 3 Zoll hoch bedeckt wird. Im Herbst füllt man die Gruben vollends zu. — Erst im dritten Jahre darf man von einem neuangelegten Beete stechen und zwar die stärksten Pfeifen; auch später läßt man jährlich von jeder Pflanze 1 bis 2 Stengel emporwachsen, schneidet sie jedoch im Herbst 3 Zoll über der Erde ab.

Man benutzt nämlich die jungen meist fingersdicken Stengeltriebe, um sie, gekocht und mit Essig zubereitet oder an die Suppe gethan, zu essen. Sie sind zwar wenig nährend, wirken aber durch einen eigenthümlichen Bestandtheil, das Asparagin, nervenstärkend und wurden deshalb ehedem, wie auch die Wurzel, als Arznei angewendet. Jetzt dienen sie einzig und allein als wohlschmeckende Speise, zumal, da man gelernt hat, große und starke und dabei mit sehr zartem Fleische versehene Spargelstengel zu ziehen. Man unterscheidet den weißen und grünen Spargel. Ersterer treibt dicke weiße Keime, die über der Erde röthlich werden, weshalb man diese Sorte auch den rothköpfigen Spargel nennt; letzterer treibt nicht so starke Keime, diese sind aber zarter und ebenfalls genießbar. Am geschätztesten ist der weiße dicke darmstädter und der weiße holländische Spargel.

Zwischen den Spargelpflanzen kann jährlich Salat gezogen werden, und gut ist es, wenn man die Beete jeden Winter mit Asche bestreut und mit Mist, der beste ist der von Hühnern und Tauben, bedeckt. Die Oberfläche muß immer rein vom Unkraut gehalten werden.

Zur Vermehrung nimmt man reife Beeren, reibt sie in einem engen Siebe mit den Händen in Wasser aus, trocknet die Saamen, und säet sie dann in demselben Herbste auf ein Land, welches gehörig gelockert ist, etwa 2 Zoll tief. Im dritten Jahre werden die Pflanzen auf die genannten Beete gepflanzt.

Um einzelne, recht zarte und große Spargel für die Tafel zu haben, stellt man über recht fette, eben aus der Erde kommende, ein umgekehrtes Zuckerglas, beschwert es mit einem Stein und deckt unten an seine Ränder so dicht Erde, daß keine Luft eindringen kann. — Um auch im Winter Spargel zu haben, benutzt man ein altes, aber noch nicht abgelebtes Spargelbeet, umgiebt es im Herbst mit einem 2 Fuß tiefen und breiten Graben, füllt diesen mit Pferdemist, setzt auf ihn einen Bretterrahmen, erhöht den Mist noch bis zu dessen oberen Rande, streut auf das Beet 6 Zoll hoch trocknen, strohartigen, lockeren Mist, bedeckt dann den Kasten mit Fenstern oder Brettern und bei Frost noch mit Strohmatten. Schon nach 14 Tagen treiben die Spargelstengel, man hebt dann alle zwei Tage die Mistdecke fort und sticht die hervorgekommenen Stengel ab. Nach Verlauf von 2 Wochen muß man den Dünger wechseln. Im Frühjahr nimmt man den Kasten ab, wachsen die Pflanzen noch hervor, so kann man es im nächsten Winter wieder benutzen, während des Sommers muß man es aber ruhen lassen.

Bei den großen Gastmählern der Römer wußte man schon den Spargel zu verwenden. Ob sie seine Kultur erst in Deutschland kennen lernten, ist nicht mit Sicherheit anzugeben. Nach Plinius erregte sein Anbau in Deutschland die Aufmerksamkeit der Römer, obwohl es ebenso leicht möglich ist, daß sie den am Seestrande des mittelländischen und schwarzen Meeres und an den Ufern der in dieselben sich ergießenden Flüsse wildwachsenden Spargel in den Bereich ihrer Kultur zogen. — Nach einem Berichte vom Jahre 1565 wurde er häufig in den fürstlichen Gärten Würtembergs gezogen, von wo er sich nach allen Seiten hin verbreitete, und die Engländer erhielten ihn sogar erst im Jahre 1660.

Ebenso ist er nach dem Auslande gewandert, z. B. von den Ländern Asiens besitzt ihn Java, wo er vortrefflich gedeihet. Desgleichen pflanzt man ihn in Nord-Amerika mit vielem Glücke schon seit dem 16. Jahrhunderte an. —

In Deutschland vorkommende Verwandte des Spargels sind der stengelumfassende Knotenfuß (Streptopus amplexifolius DC.), die vierblättrige Einbeere (Paris quadrifolia L.), welche giftig ist, die quirlblättrige Maiblume (Convallaria verticillata L.), die weißwurzelige Maiblume (Convallaria Polygonatum L.), die vielblüthige Maiblume (Convallaria multiflora L.), die gemeine Maiblume (Convallaria majalis L.) und die zweiblättrige Schattenblume (Smilacina bifolia Desf.). Sie gehören zur Familie der **Spargelgewächse** oder **Asparageen.**

Die Himbeere.

Die Himbeere (Rubus Idaeus L.) ist ein ausdauerndes, strauchartiges Gewächs, welches eine kriechende Wurzel hat und sich jährlich aus den Wurzelsprossen erneuert. Die ästigen Stämme stehen aufrecht, biegen sich oben etwas seitwärts und sind mit feinen Stacheln besetzt. Die Blätter sind gefiedert und bestehen entweder aus 3, 5 oder 7 gesägten Blättchen, welche unterseits weißfilzig sind. Die gewöhnlich im Mai, aber auch bis zum August erscheinenden Blüthen haben einen unterständigen, 5spaltigen, ziemlich flachen, bleibenden Kelch, fünf weiße schmale Kronenblätter, eine Menge Staubfäden und einen zahlreichen Fruchtknoten, der einem kegelförmigen Fruchtboden eingefügt ist, bei der Reife saftig wird und in seiner Gesammtheit eine falsche, abfallende, halbkugelige, filzige, rothe Beere bildet. In jedem einzelnen Früchtchen befindet sich 1 Saame. Der Blüthenstand ist eine schwache, wenigblüthige Rispe, welche etwas überhängt und sich immer an den vorjährigen Sprossen befindet. Die Frucht kommt im Juli oder August zur Reife. Man findet den Himbeerstrauch häufig in Wäldern, Hecken und Gebüschen.

Seit vielen Jahren wird er auch in Gärten angepflanzt, und dazu wählt man besonders Sorten mit rothen oder blaßgelben Früchten, die viel größer werden als die wildwachsenden. Man setzt die Büsche einzeln und bindet sie an daneben gesteckte Pfähle fest, damit der Wind sie nicht knickt. Hält man die Erde rings herum rein und locker und düngt dabei tüchtig, so kann man jährlich auf reiche Ernte rechnen; läßt man es aber dahin kommen, daß sich der Boden mit Rasen überzieht, so wird die Pflanzung von Jahr zu Jahr schlechter.

Die Himbeersträucher erneuern sich unaufhörlich, indem jährlich Schößlinge, welche bereift, sonst aber kahl und ebenfalls mit Stacheln besetzt sind, aus den Wurzeln hervortreiben. Diese blühen im nächsten

Jahre, tragen Früchte und sterben sodann ab. Die Stämme dauern also nur 2 Jahre, und man muß diese, nachdem sie getragen haben, jedesmal wegschneiden, um den Schößlingen Platz zu machen, damit diese sich gehörig entfalten und kräftig entwickeln können.

Die Himbeeren sind eine sehr gesunde und gern gesehene Speise. Sie werden entweder frisch genossen, oder man bereitet aus ihnen Essig, Syrup und Gelée.

Die Erdbeere.

Einen lieblichen Anblick gewährt es, wenn wir durch einen Wald schreiten und auf dessen Grunde zwischen Moos und Blättern die kleinen nickenden scharlachrothen Erdbeerfrüchtchen hervorlugen sehen. Die Erdbeere ist in der That gleich dem Veilchen ein liebliches Bild verborgener Bescheidenheit. Wie das Veilchen seinen Blüthenduft dem einsamen Spaziergänger entgegenströmen läßt, so die Erdbeere das Arom ihrer Frucht, sie ladet uns gleichsam dadurch ein, um uns an ihren erfrischenden, angenehm schmeckenden, etwas süßlich-sauren Früchten zu erquicken.

Die Erdbeere ist ein ausdauerndes krautartiges Gewächs, deren Blätter und Stengel alljährlich absterben. Die Blätter sind wurzelständig, stark behaart, aus drei Blättchen bestehend, deren Rand gesägt ist. Die Blüthen stehen immer 2 bis 6, öfters noch mehrere an einem gemeinschaftlichen Stengel, der sich in mehrere Blumenstiele auflöst, und wovon jeder einzelne nur eine Blüthe trägt. Dort, wo er sich theilt, befindet sich noch eine scheidenartige gefranzte Hülle, welche sich zuweilen blattartig ausbildet und alsdann bedeutend vergrößert erscheint. Der Kelch der Blüthe ist in 5 größere und 5 eine äußere Reihe bildende, kleinere Lappen getheilt. Von ihm getragen werden die 5 weißen, rundlichen Kronenblätter. Darauf folgen die zahlreichen Staubfäden, welche die Stengelbüschel umgeben. Die kleinen, trockenen einsaamigen Früchtchen liegen auf dem anschwellenden, fleischig und saftig werdenden, haarlosen Blüthenboden, der dann einer Beere ähnlich sieht, im unreifen Zustande gelblichweiß ist und im reifen schön roth sich färbt. Hin und wieder treiben sie lange Ausläufer, welche zuweilen Wurzel schlagen, dann Sprossen treiben und zuletzt selbstständige Pflanzen werden. Bei uns kommen drei Arten wild wachsend vor.

Die gemeine Erdbeere (Fragaria vesca L.) blüht schon im Mai und Juni. Ihre Blüthenschafte erreichen eine Höhe von 3 bis 6 Zoll. Am Schafte und an den Blattstielen sind die Haare wagerecht-abstehend, an den seitenständigen oder an allen Blüthenstielen dagegen aufrecht oder angedrückt. Ihr Kelch ist zur Fruchtzeit nach den Seiten hin oder rückwärts gerichtet. Sie kommt in Wäldern, in Gebüschen und auf Wiesen überall häufig vor. Ihre halbkugeligen oder länglichen, rothen Früchte sind eine allgemein beliebte und gesunde Speise, welche dadurch noch an Wohlgeschmack gewinnt, daß man sie mit Zucker überstreut, oder mit süßer Milch, oder mit Wein überschüttet.

Die hohe Erdbeere (Fragaria elatior Ehrh.) kommt nur in Bergwäldern stellenweise vor. Sie blüht gleichfalls im Mai und Juni, wird aber bedeutend kräftiger als die erstere und unterscheidet sich von ihr namentlich dadurch, daß die Haare der Blattstiele, der Schafte und sämmtlicher Blüthenstiele wagerecht-abstehend sind. Der Kelch ist bei der Fruchtreife ebenfalls zurückgekrümmt.

Die Knorpel-Erdbeere, Knackelbeere oder Steinbeere (Fragaria collina Ehrh.) blüht ebenfalls im Mai und Juni, hat eine gelblichweiße Blumenkrone und findet sich auf sonnigen Hügeln, Kalkbergen, Gebüschen und Wiesen. Die Haare sind am Schafte und den Blattstielen wagerecht-abstehend, an den seitenständigen und den Blüthenstielen aufrecht oder angedrückt. Sie unterscheidet sich besonders von der gemeinen Erdbeere durch härtere, gewürzhafter schmeckende, gewöhnlich auf der einen Seite mehr als auf der andern roth gefärbte Früchte, an die der Kelch, welcher sich gleich nach dem Verblühen ganz vorwärts beugt, dicht anliegt.

Genießt man die Früchte beider Arten in Menge und anhaltend, so sind sie, wie man sagt, ein Mittel gegen Gicht und Blasenkrampf, ebenso lösen sie den Weinstein von den Zähnen.

Die jungen im Schatten getrockneten Blätter geben, namentlich mit ebenso getrockneten Himbeerblättern, einen Thee, der in verschiedenen Gegenden statt des Grünthee's benutzt wird; ebenso sind sie frisch als Zusatz beim Maitrank in Gebrauch.

In Gärten ist der Anbau der wildwachsenden Erdbeeren weit einträglicher und sicherer als bei den eigentlichen Gartenerdbeer-Sorten, von denen bei uns besonders die Scharlach-Erdbeere (Fragaria virginiana Ehrh.), die Ananas-Erdbeere (Fragaria grandiflora Ehrh.) und die Chili-Erdbeere (Fragaria chiloensis

Ehrh.) angebaut sind. — Der Ertrag der in Gärten gepflanzten, namentlich wilden, Erdbeeren dauert bis in den Herbst. Die wilden Pflanzen werden weder umgesetzt, noch ihrer Ranken beraubt, aber im Spätherbst bedeckt man sie mit einer aus verwesten Pflanzen und Mist vermengten Erde etwa 4 Zoll hoch, wovon im Frühjahr nichts hinweggeräumt wird. Den brennenden Sonnenstrahlen dürfen sie nicht ausgesetzt sein, und deshalb schützt man sie dagegen durch Wände, oder pflanzt sie zwischen Stachel- oder Himbeergebüsche. Die Knorpelerdbeere, deren Früchte wohlschmeckender sind, und die in Gärten auch reichlicher trägt, giebt ihre Haupternte einige Wochen später als die gemeine Erdbeere. Will man sie verpflanzen, so kann dies zu jeder Zeit geschehen, am geeignetsten dazu ist aber der Frühling oder Herbst. —

Nach Ovid und Plinius wurden die wilden Erdbeeren schon von den Römern gern gegessen, ob sie aber dieselben in Gärten zogen, darüber existirt keine bestimmte Nachricht. — Im 16. Jahrhundert wurde die Himbeere in Frankreich noch nicht genossen; ebenso wurde dort die Erdbeere erst zu jener Zeit aus den Wäldern in die Gärten verpflanzt. Die ausgezeichneten Gartenerdbeer-Sorten haben wir aus Amerika erhalten. So stammt die Scharlach-Erdbeere aus Virginien und Karolina, die Ananas-Erdbeere aus Surinam, die Riesen- oder Chili-Erdbeere aus Chili. — In Süddeutschland erhalten alle größeren Erdbeerarten den Namen Breßling, welcher eigentlich nur der Fragaria breslingia, mit weißlichen, dicken, harten, süßen, nicht abfallen den, erst gegen den Herbst reifenden Früchten angehört. — Von der Ananas-Erdbeere waren 1767 die ersten Pflanzen in Paris. — In Würtemberg müssen schon zu Krusius Zeiten die Erdbeeren sehr beliebt gewesen sein, denn er erzählt in seinen schwäbischen Annalen, er habe Jemand gekannt, welcher, um seinen Verwandten Nichts zu hinterlassen, gewünscht habe, daß all sein Vermögen „ein Erdbeer“ sein möchte, welchen er auf einmal verschlucken könnte.

Die Himbeere und die Erdbeere gehören zu einer Pflanzenfamilie, den **Rosengewächsen** oder **Rosaceen**, welche in Deutschland ihre zahlreichen Vertreter hat. Unter diesen sind es namentlich zwei Pflanzengattungen, deren Arten besondere Bedeutung haben; die erste ist die Gattung: Brombeere (Rubus), deren zahlreiche Arten in allen deutschen Gauen häufig vorkommen, und deren genießbare, angenehm-süßlich schmeckende Früchte manchen unsrer ältesten Vorfahren auf seinen Jagden erquickt haben mögen; die zweite ist die Gattung: Rose (Rosa), welche sich der besonderen Ehre zu erfreuen hat, in unseren Gärten in den zahlreichsten und prächtigsten Sorten gezogen zu werden, um uns durch ihren herrlichen Geruch und durch ihren prächtigen Blüthenschmuck zu erfreuen. In welchem Grade die Rose Lieblingspflanze geworden ist, beweist uns der Umstand, daß der Juni, in welchem die meisten Sorten blühen, die Benennung Rosenmonat erhalten hat. Die häufigsten Brombeerarten sind: die strauchartige Brombeere (Rubus fruticosus L.), die Kratzbeere (Rubus caesius L.), und die Felsen-Brombeere (Rubus saxatilis L.). Die häufigeren bei uns wildwachsenden Rosenarten sind: die in mehrere Abarten zerfallende Hunds-Rose (Rosa canina L.), die Weinrose (Rosa rubiginosa L.), die filzige Rose (Rosa tomentosa Sm.) und die Apfel-Rose (Rosa pomifera Hermann). Die meisten in unseren Gärten gezogenen Rosensorten sind ausländischen Ursprungs. Eine der am häufigsten gehegten Rosenarten ist die Zentifolie (Rosa centifolia L.) mit der Abänderung: R. muscosa Mill. (Moosrose) und die Monatsrose (R. damascena Mill.)

Außerdem kommen noch andere zu den Rosengewächsen gehörige Pflanzen bei uns wild vor, z. B. der weidenblättrige Geisbart (Spiraea salicifolia L.), der gemeine Geisbart (Sp. Aruncus L.), der Sumpf-Geisbart (Sp. Ulmaria L.), der knollentragende Geisbart (Sp. Filipendula L.) die gemeine Nelkenwurz (Geum urbanum L.), die Bach-Nelkenwurz (G. rivale L.), das Sumpf-Blutauge (Comarum palustre L.), der niederliegende Gänserich (Potentilla supina L.), der gemeine Gänserich (P. Anserina L.), der silberweiße Gänserich (P. argentea L.), der kriechende Gänserich (P. reptans L.), der gestreckte Gänserich (P. procumbens Sibth.), der Blutwurz-Gänserich (P. Tormentilla Sibth.), der Frühlings-Gänserich (P. verna L.), der glanzlose Gänserich (P. opaca L.), der weiße Gänserich (P. alba L.), der gemeine Odermennig (Agrimonia Eupatoria L.) und der wohlriechende Odermennig (A. odorata Mill.)

Der Hanf.

Wie der Flachs durch seinen Bast einen nicht unbedeutenden Beitrag zu den Bekleidungsstoffen des Menschen liefert, ebenso ist es mit dem Producte des Hanfes, dessen Gebrauch übrigens noch ausgedehnter ist, indem dasselbe seit vielen Jahrhunderten den Völkerverkehr hat vermitteln helfen.

Der gemeine Hanf (Canabis sativa L.) ist eine einjährige Pflanze, die bei uns gewöhnlich 4 bis 6 Fuß hoch wird, aber eine Höhe bis zu 16 Fuß erreichen kann. Er ist ein Gewächs, dessen Blüthen zweihäusig sind. Diejenigen Blüthen, welche nur Staubfäden haben, sitzen alle zusammen auf einer Pflanze, während diejenigen, welche nur den Stempel tragen, auf einer anderen sitzen. Die ersteren Blüthen haben einen fünftheiligen Kelch, keine Blumenkrone und 5 gerade, haarförmige, sehr kurze Staubfäden. Sie sind in einfache oder ästige Trauben zusammengestellt, welche zu 2 bis 3 in den Blattwinkeln stehen; die oberen Trauben sind blattlos und alle zusammen bilden eine große gipfelständige Rispe. Diejenigen Blüthen, welche den Stempel tragen, also Früchte bringen, sitzen zu zweien, theils in den Blattachseln, theils an den Spitzen der Stengel und der Aeste und haben einen einblättrigen, auf einer Seite der Länge nach gespaltenen Kelch; auch ihnen fehlt die Blumenkrone, und auf dem Fruchtknoten sitzen die zwei Griffel, welche fadenartig-keulenförmig gestaltet sind. Die Narben sind stumpf und am Griffel herablaufend. Der Fruchtknoten ist sehr klein, eiförmig-länglich und fast zweibäuchig. Die Fruchthülle ist eine rundliche, nußartige, vom Kelche umschlossene Achene, die sehr dünn und zerbrechlich ist. Sie schließt den hangenden, eiweißlosen Saamen ein. Die Blüthezeit fällt in den Juli und August.

Die Hanfpflanze hat eine senkrechte, gegen die Spitze sich allmälig verdünnende und mehrere Wurzelfasern hervortreibende Wurzel. Der krautige Stengel ist aufrecht, straff, eckig, kurzhaarig-scharf und ästig. Die Blätter sind gestielt, stehen sich gegenüber, sind mit kurzen scharfen Haaren bedeckt, gefiedert und zwar die untersten neun-, die mittleren sieben- und die obersten fünfzählig. Die Blättchen, von denen das mittelste das längste, sind schmal-lanzettlich und spitz-gesägt.

Das Vaterland des Hanfes ist Asien und zwar Persien, Indien u. s. w. Selbst in den Grassteppen nach Osten und Westen vom caspischen Meere finden sich weite Strecken dicht bedeckt mit Hanf; ganze Inseln in der Wolga gleichen Hanffeldern, welche von einem dichten Kranze mannshohen Schilfrohrs wie von einer „Fenz" umgeben sind. Sicher ist dieser Hanf schon seit uralten Zeiten in der Steppe heimisch, denn Herodot erwähnt bereits, daß der Hanf im Scythenlande häufig wachse und vielfache Verwendung fände. Nach ihm sollen sich die Scythen unter Anderem durch den Duft der Hanfsaamen, welche sie auf glühende Steine streuten, berauscht haben, gerade wie ihre Nachkommen in der Gegenwart durch den Haschisch (Hanfsaamenextract) sich in wüste Träume lullen. — Ebenso wächst er am Himalaya selbst bis zu einer Höhe von 7000 Fuß wild und wird bis zu 12 Fuß hoch. Ohne Zweifel ist er von jenen Stätten seit undenklichen Zeiten über China, Japan, die Tartarei, westlich und südlich über Syrien, Kaukasien, Südrußland, Taurien, später auch über ganz Europa und Nord-Asien bis zum 60. Grad N. Br., sowie über Nord- und Süd-Afrika, Nord- und Süd-Amerika verbreitet worden. In neuester Zeit ist er auch nach Australien verpflanzt worden, wo sein Anbau sich immer mehr ausbreitet und für die Zukunft die besten Resultate hoffen läßt. — Jetzt wird er in vielen europäischen Ländern, besonders in Rußland, Polen, Frankreich, Italien, Portugal, Spanien, Preußen, Hannover, Hessen, Würtemberg und Baden sehr stark gebaut. —

Er verlangt einen etwas lockeren und feuchten, sehr fetten Boden, welcher tief gepflügt oder gegraben sein muß. Den Saamen säet man Mitte April, recht dick, wenn man feine Fäden gewinnen will, weitläufiger, wenn man grobe verlangt, und eggt ihn mäßig tief unter. Sobald die Pflanzen 3 bis 4 Zoll hoch sind, werden sie gejätet und, wenn sie zu dicht stehen, einige ausgerupft. Wenn die Blüthezeit vorüber ist, so werden diejenigen Pflanzen, deren Blüthen nur Staubfäden hatten (die männlichen), welche man Fimmel-, Femmel- oder tauben Hanf nennt, an der Spitze bald gelb. Dann zieht man sie aus, und trocknet sie an der Sonne. Den Saamenhanf (weiblichen), auch Bästling, grünen oder späten Hanf, erntet man weit später, wenn die Saamen reif sind, und sodann die Blätter gelb und die Stämme weiß werden. Man läßt sie in Bündeln aufrecht stehen, und bedeckt sie oben zum Schutz gegen die Vögel, welche den Saamen gern fressen, mit Strohhauben. Später schafft man sie nach Hause, drischt den Saamen aus, breitet denselben auf einem luftigen Boden aus und wendet ihn, bis er genügend trocken geworden ist, fleißig um. Die Stengel werden ganz wie der Flachs bearbeitet. Wird der Hanf im Thau geröstet, so erhält man den weißen Hanf, der zu Leinwand und Seilen verarbeitet wird; wird er im Wasser geröstet, so erhält man den schwarzen Hanf, der das feinste Spinnmaterial liefert. Die aus ihm gefertigte Leinwand läßt sich zu sehr haltbaren Hemden verarbeiten; sonst aber fertigt man aus dem Hanf noch Seile, Stricke, den Schuhmacherdraht u. s. w. an. Besonders aber liefert er das Material für die Ausrüstung der Schiffe; er wird zu Segeln, Tauen, Netzen, Sack- und Packtüchern verarbeitet, das Werg aber zum Kalfatern der Schiffe gebraucht.

Der Saame wird in Polen und Rußland genossen; da ihn viele Vögelgattungen gern fressen, so kommt er auch als Vogelfutter in den Handel, doch darf man ihn nicht allzuviel füttern, sondern man muß ihm mit Hafer u. s. w. vermischen, denn er ist ein hitziges und leicht allzu fett machendes Futter. Der Saame gewinnt noch besonders dadurch an Wichtigkeit, daß er sehr ölhaltig ist (25 %), und deshalb preßt man aus ihm ein Oel, welches zum Brennen dient, in manchen Gegenden auch an Speisen gethan wird. Die beim Auspressen des Oels aus den zerstampften Saamen übrig bleibenden Theile, werden zu Kuchen (Hanfkuchen) geformt und dem Rindvieh gefüttert. Endlich hat auch der Saame noch in der Medizin Anwendung gefunden. Die Wirkungen desselben sind einhüllend und krampf- und schmerzstillend.

In Folge der Kultur haben sich mehrere Abarten gebildet, so der bolognesische Hanf, der eine Höhe von 14 Fuß erreicht, der fast baumartige Rheinhanf, der 10 bis 12 Fuß hoch werdende sibirische Hanf u. s. w.

Den meisten und besten Hanf liefern Rußland und Polen. Der größeste Theil davon geht nach England, Holland, Dänemark, Schweden, Spanien, Frankreich und in die deutschen Seestädte. Vom russischen Hanf giebt es mehrere Sorten, z. B. den Reinhanf, der feine und lange Fäden hat und rein ist, den Mittelreinhanf, weniger rein, und den Halbreinhanf, der nicht völlig rein von Werg ist und weder so lange, noch so feine Fäden hat. — Auch Königsberg versendet vielen und guten Hanf.

Die Hanfpflanze hat einen, zwar nicht Jedem unangenehmen, aber doch betäubenden Geruch, und reizbare Leute bekommen, wenn sie sich längere Zeit in Hanffeldern aufhalten, Kopfweh und Schwindel.

In Ostindien, wie in Aegypten bereitet man seit unvordenklichen Zeiten aus den zarten krautigen Theilen des Hanfes eine Substanz — den Haschisch, der sowohl als Belebungs- und Erheiterungsmittel, als auch zur Hervorrufung extatischer Zustände im allgemeinen Ansehen stand. Herodot's Erzählung von den Scythen haben wir bereits erwähnt, und Diodor von Silicien führt an, daß Weiber in Theben ein Mittel besäßen, Kummer und üble Laune zu vertreiben, und es ist sehr wahrscheinlich, daß dies Mittel dasselbe ist, welches Helena dem Telemach unter den Wein mischte. Plinius und Droscorides nennen den Hanf zuerst ein Arzneimittel; Galen kennt bereits seine betäubende Kraft. Bei den alten Indern und Persern heißt er Bangue, bei den Hottentotten — Dacha.

Der indische Hanf (Canabis indica), von welchem der Haschisch bereitet wird, ist nur eine Abart des gemeinen in Europa angebauten Hanfes (Canabis sativa L.). Er erlangt aber im Oriente, ebenso wie der Mohn, viel wirksamere Bestandtheile als bei uns, ja der kultivirte Hanf wird in Arabien und in der Türkei zu diesem Zwecke dem wildwachsenden bei weitem vorgezogen. Indeß variirt der Harzgehalt nach dem Standorte auch hier sehr bedeutend, daher man zwei Sorten: Bang und Gunjah unterscheidet. Man baut den Hanf auf eigenen Beeten und läßt die einzelnen Pflanzen, damit sie sich recht ausbreiten können, 9 Fuß weit von einander stehen. Gleich nach dem Blühen wird das in den Haardrüsen der Blätter und Stielchen in großer Menge vorhandene zähflüssige Harz (Churrus) gesammelt und zwar durch Leute, welche mit ledernen Schurzfellen angethan durch die Hanffelder laufen und dabei die klebrigen Haardrüsen, welche leicht am Leder haften bleiben, abstreifen, oder, indem man, wie in Persien, die zarten Pflanzentheile zwischen Tüchern preßt, oder endlich dadurch, daß man das Harz mit den Händen abstreift.

Außer dem Harz werden auch die jungen mit Blüthen und Früchten besetzten Theile des Hanfes getrocknet, zerrieben und so als Berauschungsmittel verwendet. Das Hanfharz wird in Nepal und Hindostan und das beste in Herat gewonnen; der gepulverte Hanf ist in Nord-Afrika üblich und wird Keef genannt.

Eine dritte Art Haschisch ist das Extract, welches aus eben denselben Theilen des Hanfes durch Kochen mit Syrup oder etwas

Butter bereitet wird. Zu diesem syrupartigen Extracte wird, um den widerlichen Geschmack zu verbessern, Rosen- oder Jasminöl hinzugesetzt. Aus diesem Extracte werden erst eine große Menge der verschiedensten Präparate durch Zusatz gewürzhafter und zuckerhaltiger Substanzen gemacht, welche in Form von Pastillen, Morsellen, Pillen, Latwergen und Confituren, selbst als Liqueure und Arraks in den Handel kommen; auch wird es, um seine Wirksamkeit zu erhöhen und zu modificiren, mit anderen narkotischen Pflanzen, wie Mohn, Stechapfel und Krähenaugen versetzt. Man nimmt endlich das Extract wohl auch für sich allein, oder setzt es in geringer Menge dem Kaffee bei. — Aus den frischen Hanfblättern wird in Hindostan auch ein Trank bereitet.

Der Haschisch bewirkt sowohl durch den Magen als durch die Athmungswerkzeuge in Dunstform aufgenommen, Heiterkeit und Frohsinn bis zur tollsten Lachlust, die angenehmsten Träume, die wonnigsten Gefühle und steigert zugleich die Eßlust. Dr. Morreau sagt von dem, der Haschisch genossen hat: „es sei als ob die Sonne jeden Gedanken bescheine, der durch das Gehirn zieht, und jede Bewegung des Körpers zu einer Quelle von Lust mache." Die Gedanken werden zwar leicht unterbrochen, aber sie bleiben klar und folgen sich ungemein rasch und lebhaft. „Der Geist empfindet dabei einen Stolz, welcher der Erhöhung seiner Thätigkeiten entspricht, die, wie er sich bewußt ist, an Energie und Kraft gewonnen haben. Die Gränzen der Möglichkeit, das Maaß des Raumes und der Zeit hören auf. Die Sekunde ist ein Jahrhundert und mit einem Schritte überschreitet man die Welt." Alles ist voll süßer Düfte und Harmonien, alles erlangt Leben, Bewegung und Sprache, selbst die Töne scheinen sich zu verkörpern, überall erscheinen die wundervollsten Bilder.

Im höchsten Grade ist Streitlust und Raserei die Folge vermehrten Haschischgenusses. Die Assassinen haben ihre Wuth und ausgeübten Grausamkeiten, wie man weiß, nur durch den übermäßigen Genuß dieses narkotischen Reizmittels ausführen können.

Nach Anlage, Temperament, Race u. s. w. sind sowohl die ursprünglichen Wirkungen des Haschisch, als auch dessen Nachwirkungen verschieden. Wie sie bei Einigen spurlos verschwinden, bringen sie bei Anderen Niedergeschlagenheit, Erschlaffung, Mangel an Appetit, Nervenkrämpfe, Besinnungslosigkeit und selbst Delirien hervor, doch kommen durch den Gebrauch des Haschisch bei Weitem nicht jene traurigen Nachwirkungen vor, welche der übermäßige Genuß des Opiums und des Branntweins hervorbringt.

Es ist beinahe unglaublich, daß in der gesammten Türkei, Arabien, Persien, Indien, sowie im nördlichen Afrika, dem Stammlande der Haschischkultur, selbst in Süd-Afrika (Hottentotten), in Central-Amerika und Brasilien, wohin der Haschisch bereits seinen Weg gefunden hat, mehr als 300 Millionen Menschen denselben verzehren.

Die Kultur des Hanfes erstreckt sich weit in das Alterthum hinein. Die Juden bauten ihn zwar nur wenig, aber er war ihnen doch schon bekannt. Die Griechen erhielten ihn später als den Flachs und die Baumwolle, jetzt wird er aber in Griechenland außerordentlich häufig angebaut, während die Anpflanzung des Flachses fast aufgehört hat. Die Römer bauten ihn bereits in frühester Zeit an. — Der Hanf, den Gallien erzeugte, war berühmt, da schon Hiero von Syrakus zu Schiffsseilen den Hanf vom Flusse Rhodanus bezogen haben soll. Schon die Phocier scheinen diese Pflanze in's südliche Frankreich eingeführt zu haben. — In Deutschland kannte man den Hanf gleichfalls früher als den Flachs, und sein Anbau wurde später mit besonderer Vorliebe gehegt.

Der Hopfen.

Zu den Pflanzen, welche nur als Zusätze bei den Producten anderer erscheinen, und die nur bei einzelnen Völkern von eingreifender Natur sind, gehört auch der Hopfen. —

Unsere Vorfahren, die den Wein weniger kannten, bereiteten schon das deutsche Nationalgetränk, das Bier. Sie bereiteten nämlich aus Gerste einen Trank, welcher eine berauschende Kraft besaß, und mancher wackere Krieger labte sich daran, wenn er aus heißer Schlacht in seine nordischen Gauen heimgekehrt war, oder wenn er von heftiger Jagd erhitzt, in seine Hütte trat. —

Nach und nach gewann die Bereitung des Bieres eine größere Ausdehnung; denn je mehr der Geschmack sich verfeinerte, desto mehr bemühte man sich, Bier von besserer Güte zu bereiten. Es wurden besondere Vorrichtungen getroffen, woraus später die eigentlichen Brauereien entstanden. — Wie sehr das Bier bei den Deutschen Bedeutsamkeit erlangt hat, beweiset schon die Menge der verschiedensten

Biersorten, welche jetzt dem Verlangenden dargeboten werden, und wenn Jemand nicht schon eine besondere Vorliebe für eine gewisse Sorte gewonnen hat, dann ist es ihm fast schwer, welche Sorte er wählen soll.

Mit dem größeren Absatz und Verbrauch des Bieres suchte man also eine möglichste Verbesserung herbeizuführen und ihm immer noch mehr Wohlgeschmack zu verleihen. Dadurch gewann auch der Hopfen seine Bedeutung, indem man ihn bei der Bereitung des Bieres verwendete. Wann und wo es zuerst in Gebrauch kam, ihn dem Biere beizumischen, läßt sich nicht angeben, darnach fragt aber auch ein Biertrinker wenig, wenn nur das Bier die beliebte Bitterkeit hat, die ihm einen so pikanten Geschmack verleiht. Und das darf jetzt gerade am allerwenigsten fehlen; denn was trinkt man wohl in der Gegenwart lieber als das Bitterbier, das bairische, das Lagerbier u. s. w.

Karl der Große ließ zwar auf seinen Gütern Bier brauen, da aber in seinen Capitularien nichts vom Hopfen steht, so scheint dieser wenig oder gar nicht dazu benutzt worden zu sein, obgleich ein Schenkungsbrief seines Vaters Pipin vom Jahre 768 von Hopfengärten spricht. Unter Karls Nachkommen kommt aber der Hopfenbau urkundlich vor. Im Jahre 822, also acht Jahre nach Karls Tode, wurden durch den Abt Adelard die Müller des Stiftes Corvey von der Hopfenarbeit befreit. In einer Schrift der heiligen Hildegardis, die im Jahre 1079 als Aebtissin auf dem Rupertsberge starb, kommt der Hopfen zuerst als Zuthat zum Biere vor. Ueberhaupt scheint vom 11. Jahrhundert an das Bier Hopfenbier gewesen zu sein, da es im Rufe stand, daß es sich lange halte, und deshalb in großer Menge ausgeführt wurde. Es versteht sich von selbst, daß der Hopfen hauptsächlich in jenen Ländern gebaut wurde, welche keinen Weinbau hatten. So baute man im Magdeburgischen und in Baiern viel Hopfen; seit 1240 wurde er Ausfuhrartikel.

Die Klöster zogen das Bierbrauen frühzeitig in ihren Bereich. Im Jahre 1106 kommt ein „Becher Hopfen“ als Abgabe in den Urkunden vor. Einige glauben sogar, die kunstmäßige Bereitung des Bieres vermittelst des Hopfens sei von den Klöstern ausgegangen, während nach Andern der Hopfen zuerst in den niederländischen Brauereien angewendet worden zu sein scheint, worauf auch die Volkssage von Gambrinus hindeutet.

Im 14. Jahrhundert war der Hopfenbau allgemein in Deutschland verbreitet und blühte im 15. und 16. Jahrhundert hauptsächlich in Böhmen, Baiern und Norddeutschland. Aus der Mark hatte er sich nach Pommern und aus Böhmen nach Sachsen verbreitet. Im Jahre 1568 wurde in Baiern in einer Forstordnung wegen der Hopfenstangen geboten, beim Schneiden derselben darauf zu sehen, daß die Wälder dadurch nicht zu sehr verwüstet würden. Ebenso ergiebt sich aus der Forstordnung des Kurfürsten August von Sachsen, daß der Hopfenbau auch in diesem Lande stark gewesen sei.

Noch später als Deutschland bekam England das Hopfenbier. Unter Heinrich IV. (1400) und Heinrich VI. (1450) wurde der Anbau des Hopfens sogar verboten; andere Geschichtsschreiber sagen, daß der Hopfen erst 1524 unter Heinrich VIII. durch Leute aus Artois (Niederländer) in England bekannt geworden sei. Erwiesen ist es, daß dieser König, wahrscheinlich, weil er persönlich einen Widerwillen gegen das Hopfenbier hatte, im Jahre 1530 es bei schwerer Strafe untersagte, Hopfen und Schwefel in das Ale zu thun, indem er es eine Bierverfälschung nannte. Demnach blieb das Ale lange ungehopftes Bier, wie es auch die Angelsachsen getrunken hatten, bis man zuletzt doch die Vortheile des Hopfenzusatzes zu bestimmt erkannte, um ihn länger zu verschmähen.

Erst unter Eduard VI., um das Jahr 1552, wurden Hopfenfelder in gesetzlichen Verordnungen erwähnt. Um das Jahr 1603 war der Anbau des Hopfens in England noch unzureichend zum eigenen Verbrauch, denn in diesem Jahre verbot Jakob I. schlechten ausländischen Hopfen einzuführen, und dies brachte die inländische Kultur auf.

Noch später lernte Schweden den Hopfenbau kennen. Im Jahre 1440 mußte jeder Landmann bei Strafe 40 Stangen Hopfen ziehen. Im Jahre 1525 bezahlten die Schweden den ausländischen Hopfen noch mit 1200 Schiffspfund Eisen, dem neunten Theil ihrer Ausfuhr. Selbst unter der Königin Christine holten sie noch allen Hopfen aus Deutschland; doch fing unter ihrer Regierung der Hopfenbau an, ausgedehnter zu werden, aber erst 1660—97 unter Karl XII. kam er zu einiger Vollkommenheit. — Auch nach Australien ist der Hopfen verpflanzt worden.

Der gemeine Hopfen (Humulus Lupulus L.) ist eine echt norddeutsche Pflanze. Er ist bei uns, ferner noch in Skandinavien und in Nord-Amerika ursprünglich einheimisch; dort kommt er jetzt noch häufig wild vor, wo er alsdann an beschatteten Flußufern, in Gebüschen, Hecken, Zäunen und an Bergabhängen, Bäume, Sträucher und Pfähle umrankt.

Er hat eine ausdauernde, senkrechte und ästige Wurzel, deren Aeste wagerecht im Boden umherkriechen und der ganzen Länge nach viele Wurzelfasern hervortreiben. Die Stengel, welche jährlich absterben, kommen mehrere aus einer Wurzel, die sehr lang, dabei schlank und schlaff, stielrund und röhrig sind. Sie treiben viele Aeste, sind mit weichen Stacheln bedeckt, tragen Afterblätter und winden sich links in die Höhe. Die Blätter stehen sich gegenüber, sind lang gestielt, drei- bis fünflappig oder auch ungetheilt, am Grunde herzförmig, scharf gesägt, rippig geadert und auf der Oberfläche sehr scharf. Die Afterblätter sitzen zwischen den Blattstielen sich gegenüber, wenn einzeln, dann sind sie zweitheilig, wenn gepaart, dann sind sie ganz. Sie haben eine eirunde Form, sind ganzrandig und etwas zugespitzt.

Der Hopfen gehört zu denjenigen Pflanzen, welche man zweihäusige oder diöcische nennt. Die männliche, also unfruchtbare Pflanze, führt in verschiedenen Gegenden die Namen: Fimmel- oder Femel-Hopfen, wilder, tauber oder Nessel-Hopfen. Seine Blüthen bilden blattwinkelständige, hängende, von Deckblättern unterstützte Rispen; die einzelne Blüthe hat einen fünfblättrigen Kelch mit länglichen, etwas stumpfen Blättchen. Die Blumenkrone fehlt ganz, dagegen hat sie fünf haarförmige, kurze Staubfäden, deren Staubbeutelchen sich am Gipfel in Löcher öffnen.

Die weibliche Pflanze wird Läufer-, Zapfen- und Weidenhopfen genannt. Ihre Blüthen stehen in einer Kätzchen tragenden Rispe mit großen vertieften, mehrblättrigen Deckschuppen. Jede Blüthe hat noch ein besonderes Deckblättchen, von welchem sie am Grunde gleichsam umfaßt wird. Ihr Kelch ist einblättrig, von eiförmiger Gestalt, ziemlicher Größe, ganzrandig und schief geöffnet. Die Blumenkrone ist ebenfalls einblättrig, fast kugelrund, an der Mündung ausgeschweift, umschließt ganz dicht den Fruchtknoten und fällt nicht ab. Der Fruchtknoten ist rundlich-eiförmig und trägt zwei fadenförmige Griffel, welche spitzige, herablaufende Narben haben. In der weiteren Ausbildung gestaltet sich der Fruchtstand nach und nach zu einem eiförmigen Zapfen, da die Schuppen mit der Frucht, und wenn keine Befruchtung statt gefunden hat, allein fortwachsen. Jedes Deckblatt umhüllt mit dem Kelch ein zusammengedrücktes Schließfrüchtchen mit einem Saamenkorn. — Die Blüthezeit fällt in den Juli und August.

Bei der Bereitung des Bieres gebraucht man nicht die ganze Pflanze, auch nicht den befruchteten Saamen, sondern nur die Schuppen der Fruchthüllen von den weiblichen Saamenträgern, denn die männlichen Rispen bleiben klein und unscheinbar. Es ist daher auch nicht nöthig, daß man beide Pflanzen (männliche und weibliche) kultivirt, da ja die Befruchtung zur Erzeugung der Schuppen weiter nicht nöthig ist, und es würde der Fleck Landes, welcher die männlichen Pflanzen trüge, keinen Gewinn geben.

Zum Anbau darf man keine wilden Pflanzen nehmen, sondern man muß eine vorzüglich gute Sorte zahmen Hopfens wählen. Man giebt ihm eine freie, jedoch vor Sturm geschützte, nach Süden gerichtete Lage, womöglich an einer sanften Anhöhe, fern von Sumpf und Straßenstaub. Der beste Boden ist ein schwarzer, gehörig mit Lehm und Sand gemischter, aber auch jeder gute Gartenboden ist brauchbar.

Die Hopfen-Kultur hat in manchen Gegenden eine sehr große Ausdehnung erlangt, aber man pflanzt nur weibliche Pflanzen und die Leute, welche sich damit besonders beschäftigen, sind weit und breit unter dem Namen: „Hopfenbauern" bekannt. Diese ziehen ihn in besonderen Gärten, den Hopfengärten. Man gräbt im Herbste den Boden wenigstens 2 Fuß tief und düngt ihn tüchtig. Im folgenden April schlägt man in Reihen, je 5 Fuß von einander entfernt, Stöckchen ein, pflanzt um jedes drei 5 Zoll lange, fingerdicke, vorjährige Triebe, die etwa 8 Zoll von einander stehen. Im zweiten Frühjahr setzt man zu jeder Pflanze eine Bohnenstange; im dritten aber, wo das starke Wachsthum und der Ertrag beginnt, eine eigentliche 30 bis 40 Fuß lange Hopfenstange. In den beiden ersten Jahren ist es nur nöthig, das Beet zu jäten und den Boden aufzulockern, vom dritten Jahre ab muß aber außerdem noch in jedem Frühjahre von jeder Pflanze alles dürre Holz weggeschnitten, auch jeder junge Trieb, bis auf die drei kräftigsten entfernt werden. Während des Wachsthums bindet man, so hoch man reichen kann, die Ranken an die Stange, nimmt auch bis zu derselben Höhe alle Seitenranken und bis zu 3 Fuß Höhe alle Blätter weg. Das Düngen wird alle 2 bis 3 Jahre wiederholt. Jede Pflanze dauert 12 bis 15 Jahre und muß dann durch eine neue ersetzt werden.

Die Ernte fällt in den September. Sobald die Fruchtzapfen bräunlich werden, stark gewürzhaft riechen, und, wenn man sie drückt, zusammenkleben, eilt man, bei trockener Witterung die Ranken einige Fuß über dem Boden abzuschneiden, die Stangen behutsam aus der

Erde zu ziehen, und die Zapfen eiligst abzupflücken, wobei man alle kleinen, schwarzen und unreifen absondert. Die Zapfen werden dann auf luftigen Böden ausgebreitet und täglich wenigstens ein Mal gewendet, bis sie trocken sind. Besser werden sie noch, wenn man sie in eigenen Darröfen trocknet. Nachdem sie ganz trocken geworden, werden sie in Säcken oder Kisten fest zusammengepreßt, und an einem trockenen, vor Sonne und frischer Luft geschützten Orte aufbewahrt, um sie später beim Bierbrauen zu verwenden.

Man hat auch noch mit anderen Pflanzen Versuche gemacht, um dem Biere die gewünschte Bitterkeit zu geben, z. B. mit dem Bitterklee (Menyanthes trifoliata L.) mit dem Tausendgüldenkraut (Erythraea Centaurium Pers.), mit der Tamariske (Tamarix germanica), mit der Frucht des Kerzenbeerenstrauchs (Myrica Gale), mit den Zweigen und Beeren des Keuschbaumes (Vitex agnus castus) u. s. w. Aber nur durch den Hopfen ist es möglich, dem Biere die beliebte Bitterkeit zu verleihen, und es sehr vor dem Sauerwerden zu schützen. — Wohl suchen noch speculative Brauer diese Bitterkeit durch andere Zusätze zu vermitteln, die sie billiger haben, als den Hopfen, wie z. B. den in manchen Gegenden häufigen Sumpfporst (Ledum palustre L.), eine Giftpflanze, die ihre schädlichen Stoffe auch dem Biere mittheilt, das nach dem Genusse in der Regel unangenehmes Kopfweh verursacht.

Die jungen Sprossen des Hopfens werden auch, wenn sie eben aus der Erde hervorkommen gesammelt und als ein beliebtes Frühlingsgemüse, das man Hopfenspargel nennt, gern gegessen. In Frankreich wurden sie schon um das Jahr 1560 als Salat zubereitet. Auch die Bastfasern der Hopfenranken können sehr gut verwendet werden, und man bereitet in Schweden aus ihnen Seile und Segeltuch, denn er ist ein naher Verwandter des Hanfes. — Wenn man die dürren Ranken des Hopfens verbrennt, so kann man noch wieder ein anderes, in der Seifenfabrikation vielfach verwendetes Produkt, daraus gewinnen, denn sie sind sehr reich an Laugensalz. — Die Blüthen sind ebenso unter die Arzneimittel aufgenommen worden.

Der Hopfen hat auch seine Feinde, namentlich aus dem Reiche der Insekten, welche ihm als Schmarotzer sehr verderblich werden; unter diesen ist es besonders die Raupe von dem Hopfen-Schmalspinner (Hepiolus Humuli), welche vom August bis zum nächsten Frühjahr in den Wurzeln des Hopfens lebt. Mit ihren großen, starken, schwarzen Kiefern zernagt sie die Wurzeln und verdirbt die Pflanze öfters dermaßen, daß die Hopfengärten zu Grunde gehen, wenn nicht zeitig genug andere Felder dafür eingerichtet und die alten einige Jahre mit Getreide bebaut werden. Ein anderer Feind ist ein pflanzlicher Mehlthau (Alphitomorpha macularis Wallroth), der die Blätter überzieht und wonach die Pflanzen erkranken.

Der Hanf und der Hopfen gehören zu den **Nesselgewächsen**, deren Verwandtschaft schon beim Maulbeerbaume näher bezeichnet worden ist.

Die Cichorie oder Wegwarte.

Seit die Gewohnheit des Kaffeetrinkens selbst in die Hütten der Aermeren gedrungen ist, hat die Cichorie eine größere Bedeutung erlangt, obwohl sie schon früher ihrer Blätter wegen kultivirt wurde.

Zwei Arten der Wegwarte haben sich schon seit langen Jahren als Kulturpflanzen geltend gemacht.

Die gemeine Wegwarte (Cichorium Intybus L.) ist eine ausdauernde Pflanze, deren Stengel jährlich abstirbt und eine Höhe von 1—4 Fuß erreicht. Ihre Wurzel ist spindelförmig und meistens ästig, nicht sehr stark, bedeutend hart, außen gelbbraun und innen weiß. Der Stengel theilt sich in mehrere nach oben strebende Aeste, welche wenig beblättert sind. Die unteren Blätter sind schrotsägeförmig, die oberen sind länglich und ungetheilt; diejenigen, welche neben den Blüthen stehen, sind lanzettlich und haben einen etwas breiteren Grund, der theilweise den Stengel umfaßt. Die Blüthen sind immer mehrere auf einem gemeinschaftlichen Kelche stehend, zu einem Kopfe vereinigt, von denen bei der gemeinen Wegwarte immer zwei oder mehrere zusammengedrängt sitzen. Der Kelch eines solchen Kopfes ist doppelt; der äußere ist 5blättrig und der innere 8blättrig, doch sind die Blättchen unten zusammengewachsen. Am Rande der Blüthenscheibe oder des Kopfbodens, der übrigens nackt und zuweilen etwas zellig ist, befindet sich ein Kranz von Blüthen, welche sich ungewöhnlich lang entwickelt haben, und die übrigen, welche zungenförmig gestaltet sind, wie einen Strahlenkranz einfassen. In jeder Blüthe befinden sich 5 Staubfäden und ein knotenloser Griffel, dessen Narbe fadenförmig und zurückgerollt ist. Die Farbe der Blumenkrone ist blau, seltener rosenroth oder weiß. Die Blüthezeit ist der Juli und August. Der Saame trägt einen federartigen Büschel, den Federkelch oder die Saamenkrone, welcher aus vielen Spreublättchen besteht, und bedeutend kürzer als die **Frucht** ist, welche Achäne genannt wird.

Diese Pflanze wächst häufig wild und findet sich fast überall an Wegen, Triften und Rainen. Außerdem wird sie häufig gebaut und erhält dann eine dicke, fleischige, an 2 Fuß lange Wurzel. Sie verlangt einen fetten Boden, den man sehr tief lockern muß. Die Aussaat erfolgt im März und April, und man erntet die Wurzeln im September und October.

Man baut sie hauptsächlich ihrer Wurzel wegen, denn diese ist zerschnitten, geröstet und zerrieben das gebräuchlichste und hauptsächlichste Kaffeesurrogat, welches demselben eine dunklere braune Farbe und einen bitterern Geschmack giebt. In den Cichorienfabriken wird der sogenannte Cichorienkaffee daraus präparirt. Früher war der Handel damit noch weit ausgebreiteter als jetzt, denn die vielen anderen wohlfeileren Kaffeesurrogate und selbst die billigeren Kaffeepreise haben den Gebrauch des Cichorienkaffee's bedeutend eingeschränkt. — Auch die Blätter der Wegwarte werden als Salat genossen, und man pflanzt selbst einzelne Wurzeln im Herbst in den Sand der Keller, um während des Winters die hervorsprossenden Blätter zu benutzen. Außerdem sind sie ein gutes Viehfutter und in England baut man sie sogar zur Fettweide für die Hämmel.

Die ersten Nachrichten über ihren Anbau in Deutschland datiren sich aus Karls des Großen Zeiten. In Griechenland erwähnt ihres Anbaues, und zwar wegen der Blätter, schon Theophrast, und zu Plinius Zeiten wurde sie in Aegypten wegen ihrer Wurzel kultivirt. — Man hielt diese Pflanze auch für geeignet, nach Amerika verpflanzt zu werden, und man baut sie bereits seit 1560 in Mexico und in Peru mit vielem Erfolge an.

Die Endivien-Wegwarte (Cichorium Endivia L.) ist zweijährig. Ihre **Blätter** sind länglich und buchtig-geschweift; die unter den Blüthen stehenden sind breit-eirund, am Grunde herzförmig und umfassen den Stengel ganz. Der Federkelch ist vier Mal kürzer als die Achäne. Sie blüht im Juli und August und hat eine blaue oder weiße Blumenkrone.

In Gärten kommt sie mit krausen, fast gefiederten, mit großen, breiten, gezähnten, und mit langen, schmalen Blättern vor. Man säet den Saamen vom Mai bis Juli in ein gutes Land und versetzt später die Pflänzchen so, daß sie etwa 1 Fuß von einander entfernt stehen. Der Boden muß jedoch immer rein vom Unkraut gehalten werden.

Sobald die Blätter groß genug sind, bricht man die schlechten ab und bindet die bleibenden 2 bis 3 Zoll unter der Spitze bei trockener Witterung so zusammen, daß sie die inneren, das sogenannte Herz, einschließen, wodurch diese allmälig eine gelblich-weiße Farbe bekommen, und, wie man es bezeichnet, „gebleicht" werden. Zu dem Bleichen sind 3 bis 4 Wochen nöthig. So zugerichtet ist die Pflanze für den Küchengebrauch fertig. Bei eintretenden Fröſten bedeckt man sie entweder mit Töpfen oder verpflanzt sie in den trockenen Sand der Keller, oder hängt sie auch wohl nur bis zum Verbrauch daselbst auf.

Sie stammt aller Wahrscheinlichkeit nach aus Indien, obgleich sie über ganz Europa und Nord-Afrika (Aegypten) verbreitet ist, denn das Cichorium Cosnia Ham., welches in Indien sowohl um Patna und Kamaon, als in Nepal wildwachsend angetroffen wird, ist sicherlich dieselbe Pflanze.

Die früheste Kultur hat diese Pflanze sowohl in Nord-China als auch in Japan einheimisch gemacht. — Schon den alten Griechen als Kulturpflanze bekannt, wird sie noch heutiges Tages in Griechenland angebaut und gegessen. Theils die jungen Sprossen, theils die Blätter werden gekocht und mit Oel und Essig zubereitet. Ebenso genossen die Römer ihre Blätter als Salat. — Die Abarten: divaricata, humilis und nana sind aller Wahrscheinlichkeit nach erst durch die Kultur entstanden.

Der Garten-Salat.

Eine der beliebtesten Frühjahrsspeisen ist der Salat, und deshalb wird er in jedem Garten gezogen. -- Der Garten-Salat (Lactuca sativa L.) ist eine einjährige Pflanze, mit spindelförmiger Wurzel. Sein Stengel erreicht eine Höhe von 2—3 Fuß, der sich in viele verzweigte Aeste theilt, die, wie bei der Cichorie ebenfalls straff nach oben gerichtet sind, und eine Menge Blüthen tragen. Die gewöhnlich etwas krausen Blätter sind auf der stark fleischigen Mittelrippe stachlig oder auch glatt und von vielen hervortretenden Adern netzförmig durchzogen. Der Rand ist entweder glatt, gezähnelt oder zuweilen sogar schrotsägig-fiederspaltig. Diejenigen, welche am Stengel sitzen, sind ungestielt, umfassen denselben mit ihrem herzpfeilförmigen Grunde gänzlich und sind weniger kraus; die oberen und die, welche die Blüthenstiele stützen, sind nur nach dem Stengel hin etwas zusammengelegt, zugespitzt, mit herzförmigem Grunde. Der Blüthenstand ist eine doldentraubige, oben eine Fläche bildende Rispe. Mehrere Blüthen, die alle zungenförmig sind, sind von einem gemeinschaftlichen Kelche umschlossen, dem Boden desselben eingefügt und stehen in zwei bis drei Reihen. Der Kelch des Kopfes besteht aus mehreren, dachziegelartig über einander liegenden Blättchen. Die Farbe der Blumenkronen ist blaßgelb. In jeder Blüthe befinden sich 5 Staubfäden, die mit den Staubbeuteln verwachsen sind, und ein knotenloser Griffel mit fadenförmiger, zurückgerollter, zweitheiliger Narbe. Die Früchte (Achänen) sind braun und haben auf beiden Seiten fünf Streifen; ihr Schnabel ist weiß und ebenso lang, oder etwas länger als die Achänen.

Die Blüthezeit fällt in den Juni und dauert bis zum August. Man läßt aber nur die wenigsten Pflanzen Stengel treiben, und benutzt schon in der ersten Zeit ihrer Entwickelung die jungen Blätter, um sie meistentheils roh zubereitet, als Gemüse zu verzehren.

Man hat in Gärten grünen, gelblich-grünen, braun-rothen, und braunroth-gefleckten Salat, mit kreisrunden oder langen, blasig-gewölbten oder glatten Blättern. Die Blätter der einen Sorte bilden mehr oder weniger dichte Köpfe, und deshalb nennt man sie Kopfsalat; je dichter und zarter die Köpfe sind, desto angenehmer ist ihr Geschmack. — Diejenigen Sorten, welche keinen Kopf bilden, nennt man Stechsalat. Diese sind immer sehr dicht gesäet, und man sticht die jungen Pflänzchen, sobald sie einige Blätter haben, zum Gebrauche aus. — Den Saamen streut man im ersten Frühjahr auf fetten, möglichst sonnigen Boden aus. Man kann die jungen Pflänzchen, wenn ihre Blätter 1 bis 2 Zoll lang sind, leicht verpflanzen, und dies muß beim Kopfsalat jedesmal geschehen, wenn sich seine Köpfe gut ausbilden sollen. Um längere Zeit jungen, brauchbaren Salat zu haben, erneuert man die Aussaat von Zeit zu Zeit bis in den Herbst hinein. Um auch während des Winters Salat genießen zu können, zieht man ihn mehrfach in Mistbeeten.

Daß der Garten-Salat keine eigene Art, sondern vielmehr eine Abart des im Süden des Kaukasus und der angränzenden Länder einheimischen und von da über ganz Europa und bis an den Altai verbreiteten wilden Salat (Lactuca Scariola L.) ist, scheint nun wohl mit Sicherheit entschieden zu sein. Diese Art findet sich auch bei uns auf wüsten Plätzen und an Wegen nicht sehr häufig.

Der Garten-Salat findet sich nirgends wild wachsend, wohl aber treffen wir ihn nicht selten verwildert an.

Die Römer kultivirten bereits den Garten-Salat, und Plinius kennt schon alle unsere wichtigsten Varietäten dieser Kulturpflanze, nämlich L. capitata, L. crispa, L. laciniata und noch mehrere andere. Bei den Mahlzeiten der vornehmeren Familien fehlte der Garten-Salat nicht, und die römische Familie der Lactucini wurde durch ihre Salat-Pflanzungen berühmt. — Die alten Griechen bauten wenigstens zwei Abarten: L. capitata und L. crispa. Noch jetzt gehört er zu den Lieblingspflanzen Griechenlands. Der gemeine Mann begnügt sich damit, den rohen Salat mit einigen Oliven, einem Stückchen Käse und Brot zu essen. — Den Persern war der Salat sogar schon zur Zeit des Cambyses bekannt. — In Deutschland fand er sich in den Gärten Karls des Großen vor; in England findet er sich erst seit 1562.

Gegenwärtig ist der Salat nicht bloß über ganz Europa und Asien (bis Cochinchina, Nord-China und Japan), sondern auch über alle übrigen Welttheile verbreitet.

Außer dem schon erwähnten wilden Salat oder Lattich kommen noch einige andere Lattich-Arten in Deutschland vor. Diese sind: der Gift-Lattich (L. virosa L.), der weidenblättrige Lattich (L. saligna L.), der steife Lattich (L. stricta W. K.), der Mauer-Lattich (L. muralis Less.), der klebrige Lattich (L. vimenea C. H. Schultz.), und der ausdauernde Lattich (L. perennis L.). Von diesen Arten verdient noch der Gift-Lattich besondere Beachtung. Sämmtliche Lattich-Arten haben nämlich besondere Gefäße in sich, die sogenannten Milchgefäße, in denen sich ein weißer Saft, Milchsaft, befindet. Der Geschmack desselben ist bitter, aber beim Gift-Lattich ist er so stark, daß er sogar narkotisch wirkt und durch seinen Genuß Krankheiten verursacht. —

Die Cichorie und der Salat gehören zu der großen Familie der **Vereinblüthler** oder **Compositen**, die in unserer Heimath eine umfangreiche Zahl von Vertretern aufzuweisen hat. Mehrere von diesen haben sich als Zierpflanzen einen Platz in unsern Blumengärten erworben, andere dienen freilich nur in geringerem Umfange als Gewürz- und Küchenkräuter, und noch andere liefern wichtige medicinische Medicamente.

Zierpflanzen sind z. B. mehrere Aster-Arten, von denen bei uns die Strand-Aster (Aster Tripolium L.), die weidenblättrige Aster (A. salignus Willd.) und die kleinblüthige Aster (A. parviflorus Nees.) mehrfach wild oder verwildert vorkommen; die Maßliebe (Bellis perennis L.), welche gefüllt als Tausendschönchen hinreichend bekannt ist, die einjährige Sonnenrose (Helianthus annuus L.), die geschlitzte Rudbeckie (Rudbeckia laciniata L.), die gekrönte Pinardie (Pinardia coronaria Less.), die gebräuchliche Ringelblume (Calendula officinalis L.) — Gewürz-, Küchen- oder auch Nutzpflanzen sind: die gebaute Madie (Madia sativa Mol.) als Oelpflanze, der Erdapfel (Helianthus tuberosus L.), die Schafgarbe (Achillea Millefolium L.), die Scharte (Serratula tinctoria L.), der Färber-Saflor (Carthamus tinctorius L.). — Arzneipflanzen sind: der gemeine Huflattich (Tussilago Farfara L.), der echte Alant (Inula Helenium L.), das Sand-Immerschön (Helichrisum arenarium DC.), der Wermuth (Artemisia Absinthium L.), der gemeine Beifuß (Artemisia vulgaris L.), der gemeine Rainfarn (Tanacetum vulgare L.), die schon erwähnte Schafgarbe (Achillea Millefolium L.), die römische Kamille (Anthemis nobilis L.), die echte Kamille (Matricaria Chamomilla L.), der Berg-Wohlverleih (Arnica montana L.), die größere Klette (Lappa major Gärtn.), die filzige Klette (Lappa tomentosa Lmk.), die gemeine Benedicte (Cnicus benedictus Gärtn.), die gebräuchliche Kuhblume (Taraxacum officinale Web.), der Gift-Lattich (Lactuca virosa L.).

Außer diesen kommen noch viele andere Vereinblüthler bei uns vor, unter denen die Kornblume (Centaurea Cyanus L.) die häufigste und bekannteste ist.

Der Buchweizen.

Der Buchweizen (Polygonum Fagopyrum L.), auch bekannt unter dem Namen Haidekorn, ist besonders für die von der Natur stiefmütterlich bedachten, sandigen und torfigen Gegenden eine Wohlthat, denen er den Ertrag der nahrhafteren Kornarten hinreichend ersetzt und neben dem Roggen die einzige Pflanze ist, welche den Anbau dieses Bodens möglich macht. Nur hier kommt er zur geeignetsten Entwickelung, denn auf fettem Boden wächst er stark in's Kraut und liefert wenig Körner. Er ist eine einjährige Pflanze, die man erst von Mitte Mai bis Mitte Juni aussäen darf, weil sie gegen den Frost sehr empfindlich ist. — Da der Buchweizen sich gern in viele Aeste ausbreitet, so säet man ihn nicht sehr dicht und eggt ihn flach ein. Sein Stengel ist stets aufrecht, 1—2 Fuß hoch, und theilt sich namentlich auf besserem Boden in mehrere Aeste. Er ist meistens von blutrother Farbe, und da, wo sich die Aeste theilen, zu starken Knoten verdickt, von denen sich eine Linie herabzieht, welche von kurzen, flaumigen Härchen gebildet wird. Die Blätter sind herz-pfeilförmig, zugespitzt, glänzend und von vielen Adern netzförmig durchzogen. Die Blüthen stehen in den Blattwinkeln zu einzelnen Blüthentrauben und an den Enden der Zweige doldentraubig vereinigt. Eine Blumenkrone ist nicht vorhanden, und der Kelch, welcher blumenkronenartig gefärbt, ist meistens weiß, aber auch rosenroth, besteht aus einer fünftheiligen, am Grunde in's Grünliche übergehenden Blüthenhülle, welche sich zur Blüthezeit flach ausbreitet. Die 8 Staubfäden sind dem Grunde der Blüthenhülle eingefügt, und umgeben die auf dem oberständigen Fruchtknoten stehenden 3 Griffel, deren Narben kopfförmig gebildet sind. Ebenso, wie sich die Blüthen nach und nach entfalten, reifen auch die Früchte nicht gleichzeitig, die unteren immer erst; man erntet ihn daher, wenn die meisten Früchte reif sind. Bei nasser Witterung mißräth er leicht, wenn diese jedoch nicht zu lange anhält, so haben entweder schon die unteren Blüthen Früchte angesetzt, oder die oberen gelangen doch dazu. Die Frucht bildet eine dreikantige, an den Kanten ganzrandige, zugespitzte Nuß von brauner Farbe, deren Schaale einen weißen mehligen Kern einschließt. — Er blüht im Juli und August.

Der Buchweizen wird gebaut, um ihn in futterarmen Gegenden als Grünfutter für Pferde und Rindvieh zu verwenden, und um die reifen Saamen als Nahrungsmittel zu benutzen. Diese geben eine sehr nahrhafte Grütze und ein feines Mehl, das man zu Klößen u. dgl. verbraucht. Gleichzeitig eignet sich der Saame besonders gut zur Mast für das Geflügel und anderes Vieh. Das frische und getrocknete Kraut enthält einen braunen Farbestoff und wird in der Färberei benutzt. Die Blüthen enthalten einen besonderen Honigreichthum, den die Bienen sehr fleißig ausbeuten, zumal der Buchweizen zu einer Zeit, im Juli und August, blüht, wo nur noch von allen Honigpflanzen das Haidekraut reichlicher seine Blüthen entfaltet.

Der Buchweizen ist bei uns nicht ursprünglich einheimisch, sondern er ist erst aus Asien zu uns gelangt. Aus den nordwestlichen

Gegenden des chinesischen Reiches, woher die großen verheerenden Völkerschwärme kamen, ist seine Kultur auf unbekannte Weise an die Küsten des Mittelmeeres vorgedrungen und von da durch die Sarazenen weiter verbreitet worden. Weder den alten Griechen noch den Römern war er bekannt, aber nach Griechenland soll er schon durch die Slaven gelangt sein. In Deutschland scheint er allerdings schon im 15. Jahrhundert bekannt gewesen zu sein, denn in einer plattdeutschen Bibelübersetzung jener Zeit wird die Stelle Jesaias 28, 25 übersetzt: „he seyet Bockwete" (er säet Buchweizen). Eine ausgebreitetere Kenntniß von ihm in Europa überhaupt erhielt man aber erst zu Anfange des 16. Jahrhunderts. La Bruyère, Leibarzt Franz I., sagt 1530, der Buchweizen sei vor Kurzem aus Asien über Griechenland nach Europa gekommen; ebenso schreibt Ruellius 1536. Im 16. Jahrhundert war der Buchweizen bereits die allgemeine Speise des armen Volkes in Frankreich. England kennt seinen Anbau seit 1597.

Während sich jetzt der Buchweizen im ganzen mittleren und nördlichen Europa, sowie in Nord-Asien (China) einer sehr ausgedehnten Kultur erfreut, ist derselbe in Nordindien und auf Ceylon nur auf geringe Strecken beschränkt und erst seit neuerer Zeit bekannt.

Einerlei Ursprunges mit dem Buchweizen ist der tatarische Knöterich (Polygonum tataricum L.) der sich zuweilen zwischen ersterem findet, sonst aber ist er, obwohl hier und da angebaut, weit weniger verbreitet. In Europa ist er erst seit dem 18. Jahrhundert bekannt. Deutsche Botaniker brachten die Frucht zunächst nach Petersburg, von wo sie weiter wanderte. Nach Finnland brachte sie ein Soldat, der in der Tartarei gefangen gewesen war. — Er unterscheidet sich vom Buchweizen dadurch, daß er kräftiger ist und nicht so leicht durch Frost leidet; seine Blüthen sind grünlich und viel kleiner, und seine Nüsse haben ausgeschweift-gezähnte Kanten.

In China und Nepal wird zu gleichem Gebrauche das Polygonum emarginatum Roth. gebaut, dessen ursprüngliches Vaterland die Gränzen China's und Nordindien's sind.

Der Buchweizen hat bei uns mehrere Verwandte, als: den Wiesen-Knöterich (Polygonum Bistorta L.), den ortwechselnden Knöterich (P. amphibium L.), den ampferblättrigen Knöterich (P. lapathifolium L.), den gemeinen Knöterich (P. Persicaria L.), den Wasserpfeffer (P. Hydropiper L.), den **Vogel-Knöterich** (P. aviculare L.), den **windenartigen Knöterich** (P. Convolvulus L.), den **Hecken-Knöterich** (P. dumetorum L.), den **goldgelben Ampfer** (Rumex maritimus L.), den **grüngelben Ampfer** (R. palustris Sm.), den **geknäuelten Ampfer** (R. conglomeratus Murr.), den **stumpfblättrigen Ampfer** (R. obtusifolius L.), den **krausen Ampfer** (R. crispus L.), den **Fluß-Ampfer** (R. Hydrolapathum Huds.), den **Riesen-Ampfer** (R. maximus Schreb.), den **Hain-Ampfer** (R. sanguineus L.), den **gemeinen Ampfer** (R. Acetosa L.) und den **kleinen Ampfer** (R. Acetosella L.), welche zu der Familie der **Knöterichgewächse** oder **Polygoneen** gehören.

Die Weber-Karde.

Die **Weber-Karde** (Dipsacus Fullonum Mill.) ist eine Pflanze, deren Kultur erst in neuerer Zeit zu ausgebreiteterer Ausdehnung gelangt ist. Sie ist **zweijährig**; im ersten Jahre bildet sich nur ein Büschel Blätter aus, die im Herbst absterben, und im nächsten Frühjahr sproßt ein Stengel hervor, der Blüthen und Früchte trägt. — Die Karde hat eine einfache, spindelförmige **Wurzel**. Ihr **Stengel**, der sich zuweilen auf besserem Boden verzweigt, ist aufrecht, wird 4 bis 6 Fuß hoch, ist kantig-gefurcht und auf den Kanten, je weiter nach oben, desto mehr, mit kurzen, starken, etwas abwärts gekrümmten Stacheln besetzt. Die **Blätter** welche im ersten Jahre den Büschel bilden, sind groß, fast stiellos, mit Adern netzig durchzogen, auf dem Rückennerven mit Stacheln besetzt; sonst sind sie kahl und haben einen gekerbt-gesägten Rand, der hier und da mit einigen Stacheln versehen ist. Der Stengel trägt in der Mitte ähnliche Blätter, die sich gegenüber stehen, keinen Stiel haben und am Grunde breit zusammengewachsen sind; sie sind nur wenig und die oberen gänzlich ungetheilt. Die **Blüthen** stehen in **Blüthenköpfe** vereinigt, welche meist 2 bis 3 Zoll lang sind. Der **Kopfkelch** ist vielblättrig; ebenso hat jede Blüthe noch einen besonderen Kelch, dessen Saum beckenförmig und gezähnt ist, und eine äußere besondere Hülle, welche nicht abfällt und in ein kurzes, gezähntes Krönchen endigt. Die **Hüllblättchen** sind linealisch, wagerecht-abstehend und an der Spitze etwas abwärts gebogen. Die vierspaltige **Blumenkrone** ist dem Kelchschlunde eingefügt, und ihre

Farbe ist lila oder weißlich. Die 4 Staubfäden stehen auf dem Grunde der Blumenkrone, während der Fruchtknoten mit dem eigentlichen Kelche verwachsen ist. Dieser ist einfächrig, einsaamig und trägt einen Griffel mit einfacher Narbe. Der gemeinschaftliche Blüthenboden ist kegelförmig gestaltet und mit steifen, länglichen Spreublättchen besetzt, die eine stark nach unten gekrümmte Spitze haben. — Die Blüthezeit ist der Juli und August.

Diese stachelig-hakigen Spreublättchen erlangen nach der Reife der Frucht, wenn sie trocken sind, eine außerordentliche Festigkeit und eignen sich deshalb besonders zum „Kardätschen“ d. h. Rauhen oder Aufkratzen wollener Tücher. Da zu diesem Zwecke die Köpfe in Tuchfabriken häufig gebraucht werden, so wird die Pflanze in der Mark hier und da (z. B. bei Brandenburg), sonst auch in Deutschland, sehr häufig aber und im Großen im südlichen Frankreich kultivirt. Historische Nachrichten über den Anbau und den Gebrauch der Weber-Karde finden sich nur aus der Zeit Karls des Großen. Derselbe hatte für die leibeigenen Weiber und Mägde auf den Hofgütern besondere Häuser, die „Weiberhäuser“ eingerichtet, in die zum Verfertigen von Kleidungsstücken außer Flachs und Wolle: Waid, rothgefärbte Wolle, Färberröthe, Kardendisteln u. s. w. geliefert werden mußten.

Außer der Kardendistel, welche in Süd-Europa einheimisch ist, kommen noch einige Karden-Arten bei uns wild vor, von denen die an Wegen, auf Schutt und an Ufern wachsende wilde Karde (Dipsacus silvestris Mill.) der Weber-Karde sehr ähnlich ist, aber wegen ihrer geraden und biegsamen Spreublättchen nicht benutzt werden kann. Die beiden anderen Arten, die schlitzblättrige Karde (D. laciniatus L.) und die behaarte Karde (D. pilosus L.) sind nur mit starken Borsten besetzt. Außer diesen kommen bei uns noch die Acker-Knautie (Knautia arvensis Coult.), der Wiesen-Abbiß (Succisa pratensisa Mnch.), die Tauben-Skabiose (Scabiosa Columbaria L.), die gelbliche Skabiose (Sc. ochroleuca L.) und die wohlriechende Skabiose (Sc. suaveolens Desf.) als verwandte Arten vor. In ihrem ganzen Baue stehen sie den Vereinblüthlern sehr nahe, haben aber wie diese, keine verwachsene, sondern freie Staubgefäße. Sie gehören zu der kleinen Familie der **Kardengewächse** oder **Dipsaceen**.

Der Mohn.

Der Mohn gilt allgemein als die Blume des Schlafes, und da er bereits zu den Attributen des Morpheus (Gott des Schlafes) gehörte, so muß seine schlafbringende Eigenschaft schon sehr lange bekannt gewesen sein. — Diese Eigenschaft findet sich jedoch nur hauptsächlich in einer Art, in dem schlafbringenden Mohn.

Der schlafbringende Mohn (Papaver somniferum L.) ist eine einjährige Pflanze, mit einfacher oder etwas ästiger, senkrecht in die Erde gehender Wurzel und mit nur wenigen Wurzelfasern. Sein Stengel wird 2 bis 5 Fuß hoch, meistens kommt nur einer zuweilen auch mehrere aus einer Wurzel. Er ist ganz aufrecht, dabei ästig, stielrund und kahl. Die Blätter sind länglich und ungleich gezähnt, auf der Oberfläche meergrün und auf der Unterfläche fast schimmelgrün; die wurzelständigen sind gestielt, länglich oder lanzettförmig-länglich und gebuchtet, von den stengelständigen sind die unteren noch ganz kurz gestielt, die oberen aber sitzend und stengelumfassend und dabei ganzrandig. Die Blumen stehen einzeln, entweder an den Gipfeln oder in den Blattachseln, und sind sehr lang gestielt. Vor dem Aufblühen sind die Blüthenstiele sehr stark gekrümmt, so daß die Knospen mit ihrem oberen Theile ganz nach unten gerichtet sind. Sobald dieselben sich aber entfalten, richtet sich der Blumenstiel auf und nimmt eine aufrechte Stellung an, die er von nun an beibehält. Der Blumenstiel ist, wie der Stengel, stielrund aber am oberen Theile mit steifen, ausgebreiteten Haaren besetzt. Der Blüthenkelch ist zweiblättrig, länglich, ausgerandet und nach dem Verblühen abfallend (hinfällig); jedes Blättchen ist stark vertieft und kahl. Die vierblättrige Blumenkrone hat rundliche, mehr breite als lange Kronenblätter, welche gegen die Basis fast keilförmig, am Ende zugerandet, ganzrandig oder schwach ausgeschweift sind. Die Farbe derselben ist entweder weiß mit einem lila oder bräunlichen Grunde, oder schön purpurroth mit ebenfalls lila oder bräunlichem Grunde. Staubgefäße finden sich in einer Mohnblüthe sehr viele, etwa 100, welche den Stempel büschelförmig umgeben. Sie sind kürzer als die Kronenblätter, oberwärts verbreitert, stachelspitzig und von weißer oder bläulicher Farbe, während die zweifächrigen Staubkölbchen blaßgelb sind. Der oberständige Fruchtknoten ist rundlich-urnenförmig gestaltet, der Griffel fehlt gänzlich und die fast deckelförmige, spitzig gekerbte, etwas gewölbte, zehn- bis funfzehnstrahlige Narbe sitzt unmittelbar auf dem Fruchtknoten. Die Frucht ist eine kahle, urnenförmige Kapsel, welche mit der bleibenden, vertieften Narbe gekrönt ist. Die Kapsel ist einfächrig, erscheint aber durch die scheidewandartigen Saamenträger halb-vielfächrig, welche unter der Narbe zwischen den Saamenträgern durch Löcher aufspringt, die mit den Strahlen der Narbe abwechseln. Die Saamenträger sind gleichzählig mit den Strahlen der Narbe, sitzen an der inneren Wand der Kapsel fast scheidewandartig und nehmen den inneren Raum derselben gegen die Achse hin öfters kaum bis zum vierten Theile ein. Die Saamen, deren sich in einer Kapsel sehr viele befinden, sind sehr klein und nierenförmig, bei dem weißblühenden schmutzig-weiß, oder mehr oder weniger bräunlich; bei dem rothblühenden, kohl-schwarz und mehr oder weniger bläulich oder schiefergrau überdeckt. — Die ganze Pflanze enthält im grünen Zustande einen weißen, dickflüssigen Milchsaft.

Die Blüthezeit des Mohns fällt in den Juli und August. —

Im April säet man den Mohn in fruchtbaren, lockeren und nicht nassen Boden, nachdem derselbe vorher gepflügt und geeggt ist. Die jungen Pflanzen werden zwei bis drei Mal gejätet und dabei die zu dicht stehenden ausgerupft, denn jedes Pflänzchen muß von dem anderen wenigstens eine Spanne weit entfernt sein. Wenn im August die Köpfe reif und dürr sind, schneidet man dieselben ab, oder zieht die ganze, ebenfalls dürre Pflanze auf und bindet sie zu Bündeln zusammen. Die Köpfe werden mit einem Messer oder einer besonderen Maschine geöffnet, um den Saamen herauszuschütteln.

Bei uns wird der Mohn hauptsächlich wegen seines Saamens gebaut, der viel fettes Oel enthält, welches ausgepreßt wird, um es theils zur Malerei, da es bald trocknet, theils zum Brennen, theils zum Essen zu benutzen, da es sehr wohlschmeckend ist. Für den letzteren Fall muß man es erst einige Monate stehen lassen, damit es sich klärt und alle nicht öligen Theile zu Boden sinken, denn frisch genossen, wirkt es schädlich. Die beim Auspressen des Oels übrig bleibenden Theile geben die Mohnölkuchen, welche, vom Menschen in Menge genossen, ebenfalls schädlich wirken, gewöhnlich aber auch nur dem Viehfutter beigemischt werden. Außerdem werden die Saamenkörner, gerieben, mehrfach zum Küchengebrauch oder in Konditoreien verwendet. Für Vögel sind sie ein sehr angenehmes Futter, und können namentlich dem Stieglitz und Zeisig ohne Schaden als tägliches Futter dienen. — Als Arzneimittel findet der Saame gleichfalls seine Verwendung, und der weiße Milchsaft ist in vielen hartnäckigen Krankheiten in verschiedener Form die vorzüglichste Arznei. Leider ist dieser Milchsaft, unter dem Namen Opium bekannt, ein wahres Gift für viele Völker geworden, indem es von Millionen Bewohnern des Orients als eins der vorzüglichsten Erregungsmittel benutzt wird.

Im Morgenlande wird der Mohn weder größer noch schöner als bei uns, aber man verwendet dort einen großen Theil des Bodens zum Mohnbau, um eben das Opium daraus zu gewinnen. Es scheint, daß die Mohnkultur und die Bedeutung der Pflanze als Erregungsmittel lange Zeit in den mittelasiatischen Ländern und im Nord-Afrika ohne bedeutenden Einfluß auf das Wohl und Wehe von deren Bewohnern betrieben worden sei, bevor sie jenen Aufschwung erhielt, der ihr seit Anfang des 16. Jahrhunderts zu Theil wurde. Die Kultur des Mohns drang in einer verhältnißmäßig sehr späten Zeit nach Vorder- und Hinterindien, China, Korea und Japan. Offenbar hängt diese Erscheinung mit der Verbreitung des Islam zusammen, deren Bekenner in dem Genusse dieses erregenden Saftes Muth und Todesverachtung erlangten und auf keine Weise besser in ihrem rauschähnlichen Fanatismus erhalten werden konnten. Gewiß hat das Verbot des Weines noch beigetragen, dem Opium einen größeren Einfluß zu verschaffen.

Auf solche Weise mußte sich die Mohnkultur nicht nur über Aegypten, Arabien, Armenien, Persien ausdehnen, sondern überall hingelangen, wo arabisch-persische und turkestanische Eroberung ihren Halbmond aufpflanzte und Colonisation und Handelsverkehr einführte, also nach Hindostan. So sehen wir denn auch auf einmal, wahrscheinlich durch besondere uns nicht bekannt gewordene Verhältnisse begünstigt, in Central-Hindostan, zumal in Malwa die Opiumkultur in einem größeren Maaße auftreten und dadurch zur Pflanzschule nicht bloß Indiens, sondern des östlichen Theiles der nördlichen Hemisphäre werden.

Der wirksamste Theil der Mohnpflanze als Betäubungsmittel ist die unreife Saamenkapsel. Diese wird von den kaukasischen Tartaren in den Wein gethan, um ihn noch berauschender zu machen, oder es wird ein Absud davon bereitet und dieser getrunken. Man nennt ihn in Persien Kooknar. Die Rajputen in Indien trinken noch gegenwärtig ein aus zerquetschten Mohnkapseln bereitetes Getränk. Gewöhnlich wird aus derselben durch Einschnitte eine Substanz — das Opium — gewonnen, und diese entweder aufgelöst oder in Pillenform genossen, oder der Rauch davon eingeschlürft.

Ersteres ist in den westasiatischen (muhamedanischen) Ländern, Letzteres in Indien und China und besonders bei den Malayen u. s. w. der Fall.

In China, sowie auch auf Borneo, Sumatra und Java wird es nicht etwa allein von der Hefe des Volkes geraucht, sondern auch sehr häufig in den Häusern der Vornehmen und Reichen. Dies geschieht meist nach Gastmählern, zu welchen der Hausherr seine Freunde eingeladen hat, und man raucht dort nach dem Essen Opium, wie man etwa bei uns eine Flasche Wein trinkt. Auch giebt es daselbst öffentliche Häuser, wo Opium verkauft und geraucht wird, welche dort die bei uns eingerichteten Kaffeehäuser vertreten.

Die Wirkungen des Opiums, welches in der Form des Rauches eingenommen wird, sind folgende: Der Geist wird aufgeheitert und über die gewöhnliche Sorge des Lebens erhoben. Süße Bilder umschweben den Rauchenden, leicht erreichbar ist ihm das Gewünschte, trefflich ausgeführt das Vollbrachte. Sein Körper dünkt ihn aus ätherischen Stoffen gewoben. Endlich kommt der süße Moment des Verschwimmens aller Gedanken, dann vollständige Betäubung. Bald aber zeigen sich auch die nachtheiligsten Nachwehen durch Schwindel, Kopfschmerz, Durst und Ekel. Die Augenlider sind wie zusammengeleimt, ein übelriechender Schleim fließt aus der Nase, es stellen sich Schmerzen in Knochen und Muskeln ein, und Hartleibigkeit und Durchfall folgen sich abwechselnd.

Da die Lust nach wiederholtem Opiumgenuß gesteigert wird und die erste geringe Dosis nicht mehr ausreicht, jene angenehmen Wirkungen hervorzurufen, so erfolgen auf gesteigerten Gebrauch bald unangenehme Zufälle. Das Auge des Gewohnheitsrauchers wird trübe, die Zunge belegt, Augen und Nase triefen, Schwindel und Kopfweh werden permanent, die Verdauung und die Secretionen sind vollständig zerstört und schmerzlich. In weiterer Folge tritt endlich Abmagerung ein. Die Muskeln werden welk und schlaff, der Gang schwankend, während dumpfe nagende Schmerzen den Elenden zu neuem und vermehrtem Genuß des Opiums treiben. Zuletzt stellen sich Durchfälle und Koliken ein, Athmungsbeschwerden gesellen sich hinzu, bis endlich der Tod den Unglücklichen von seiner unbesiegbaren Neigung befreit.

Noch traurigere Wirkungen entstehen durch den übermäßigen Genuß des Opiums zuweilen auf Borneo und Java unter den Malayen. Es ergreift den unmäßigen Opiumesser eine eigene Art Raserei, welche ihn nöthigt, über Alles, was ihm in den Weg kommt, mit Wuth herzufallen. Indem er „Amock, Amock!“ (d. h. tödte, tödte!) ruft, wird er als vogelfrei angesehen und wie ein toller Hund niedergemacht, weil er jedem Verderben bringt, der ihm begegnet.

Es ist begreiflich, daß dieses Reizmittel bei der Leichtigkeit, mit der man sich ihm hingiebt, und bei der Schwierigkeit, von solch süßer Gewohnheit abzustehen, leicht der Ruin einer ganzen Bevölkerung werden kann; und in der That ist der Opiumraucher nicht nur für jede anstrengende Arbeit unfähig, sondern wird zuletzt auch leicht zum Verbrecher, der erst bettelt und borgt, dann betrügt und stiehlt und endlich mordet. Um so gefährlicher wird ein solches Reizmittel aber, wenn es beide Geschlechter zu ergreifen und sodann die Auflösung des Hauses und der Familie herbeizuführen droht. Deshalb ist es begreiflich, daß die chinesische Regierung Alles aufzubieten suchte, dem Umsichgreifen des entnervenden und entsittlichenden Opiumgenusses und namentlich des Opiumrauchens, das für den Chinesen sowohl, als für den Malayen einen besonderen Reiz zu haben scheint, Einhalt zu thun. Da die darauf gelegten hohen Steuern wenig fruchteten, so wurde der Opiumverkauf unter die möglichst beengenden Schranken gesetzt, ja das Rauchen des Opiums im ganzen Lande von Zeit zu Zeit untersagt. Wurde ein Opiumraucher nach Jahresfrist ungebessert betreten, so wurde er im Gesichte gebrandmarkt; im Wiederholungsfalle erhielt er sogar 100 Stockschläge und wurde des Landes verwiesen. Nutzte auch dieses nicht, so hieb man ihm den Kopf ab.

Aber alle diese wohlmeinenden und ernergischen Maaßregeln trugen wenig günstige Früchte, denn es stellt sich aus den Exportlisten der ostindischen Compagnie heraus, daß die Ausfuhr von Opium nach China von Jahr zu Jahr im Steigen begriffen ist. Schon im Jahre 1794 schickte die ostindische Compagnie 200 Kisten Opium nach China. Es hat sich dieses Gift, „das des Menschen Herz und die gute Sitte des Volkes verdirbt," bis jetzt auf mehr als 88,000 Kisten, entsprechend einem Werthe von wenigstens 7 Millionen Pfund Sterling, vermehrt.

Aber nicht allein China verbraucht eine so fabelhafte Menge Opium, sondern auch viele andere Länder; nimmt doch selbst seit den letzten Jahren sogar in vielen Seestädten Europas die Sitte des Opium-Essens und Rauchens beim gemeinen Manne täglich zu. Man beginnt diesen Stoff auch dem Biere, namentlich dem Porterbiere, beizumischen, und England hat allein seit 1822 jährlich 40 bis 50,000 Pfund verthan. Von Smyrna kommen jährlich an 400,000 Pfund nach Europa; das englische Ostindien hat von 1816 bis 1830 jährlich

8000 Kisten dieses Giftes, an Werth 1,200,000 Pfund Sterling, im Jahre 1835 sogar 26,018 Kisten, an Werth 25,000,000 Thaler, in den Handel gebracht; im Jahre 1839 hatten die Engländer über 200,000 Kisten, jede von 150 Pfund, zusammen über 20 Millionen Thaler an Werth, nur allein in Kanton liegen und sämmtlich bloß zum Einschmuggeln nach China bestimmt. —

Auch das in fester Form genommene Opium bringt beinahe dieselben Wirkungen hervor wie der eingeschlürfte Rauch. Für den Opium-Esser sind hierzu ebenfalls, wie für den Raucher, in den muhamedanischen Ländern eigene Boutiquen eingerichtet, doch sucht dieser lieber die Einsamkeit. Man beginnt, wie beim Rauchen, mit 1—2 Gran täglich und steigt rasch bis zu 100 und mehr Gran. Bei mäßigem Genusse steigert das Opium innerlich genommen die Körperkraft, so wie die Ausdauer zur Arbeit, läßt leicht Hunger und Durst ertragen und macht den Körper für große Strapazen tauglich. Dem Muhamedaner ist das Opium „eine Gabe Gottes.“

Um Benares und Patna in der Ganges-Ebene, den Centralpunkten der gegenwärtigen Opium-Kultur, welche für China das meiste Opium liefern, wird der Mohn im November gesäet. Er blüht im Februar und reift im März, während er in den Mohn-Distrikten Armeniens vom Juli bis August, wie bei uns, in Blüthe und Frucht steht. — Im britischen Indien werden auch die Blumenblätter des Mohnes vor dem Abfallen gesammelt und mit Hülfe des Feuers zu flachen Kuchen zusammengebacken, da man ihrer zur Formirung der Opiumkuchen nicht entbehren kann.

Zur Gewinnung dieser Substanz, die nichts anderes als der eingedickte und eingetrocknete Milchsaft des Mohnes ist, werden nur die Kapseln benutzt, da sich an denselben die zahlreichsten Milchsaftgefäße befinden und dieselben besonders im jungen Zustande der Frucht am meisten strotzen. Man bedient sich zu dieser Operation eines eigenen Instruments, das aus vier eng an einander schließenden Klingen, deren untere Enden mit spitzen Kerbzähnen versehen sind, zusammengesetzt ist. Man macht damit in Indien Längsschnitte in die Kapseln, in Armenien dagegen Querschnitte. Schon Tags darauf wird der ausgeflossene Saft mit einem Messer oder einer Kelle abgeschabt und in ein irdenes Gefäß gesammelt. Ein und dieselbe Kapsel kann in kurzen Zwischenräumen mehrmals verletzt werden, um den Saft zu gewinnen, der in Indien dünnflüssiger als im Oriente ist. Die weiteren Operationen beschäftigen sich damit, diesem verdickten Safte diejenige Consistenz zu verschaffen, die ihn zu längerer Aufbewahrung und zur Versendung tauglich macht und zugleich, da es ein Handelsprodukt ist, eine gewisse Gleichförmigkeit ertheilt.

Der in Indien frisch gesammelte Saft bildet eine feuchte, körnige, blaßrothe Masse, aus der sich eine dickliche kaffeebraune Flüssigkeit (Pussewah) leicht absetzt. Beide Theile werden zuerst gesondert, aber auch der flüssige weiter verwendet. Die körnige Masse wird nun drei bis vier Wochen hindurch unter stetem Aufrühren im Schatten getrocknet, bis sie eine gewisse Dichtigkeit erlangt hat. Aus dieser so verdickten Masse werden die sogenannten Opiumbrote gemacht. Ein messingenes halbkugelförmiges Gefäß bildet die Form, in welches, nachdem eine Unterlage aus den Mohnblumenblättern gemacht ist, ein abgewogenes Klümpchen der dichten Substanz hineingedrückt und ebenfalls mit Blumenblättern bedeckt wird. Damit diese Hülle den Kuchen fest umschließt, bedient man sich eines mehr flüssigen Klebemittels, wozu die dünnere Opiumsubstanz (Pussewah) verwendet wird. Die schließlich noch mit einer pulverförmigen, trockenen Hülle umgebenen Brote müssen darauf längere Zeit hindurch einer Trocknung unterworfen werden, was nur durch Luft und Sonne geschehen darf. Erst bis zum October ist dieselbe vollendet, und nun kann das Opiumbrot als Handelswaare verpackt und versendet werden.

Auch in Kleinasien (Smyrna) wird das Opium zu ähnlichen Kuchen geformt, aber mit den häutigen Früchten zweier Ampferarten (Rumex orientalis und R. patientia), das ägyptische Opium dagegen wieder in Mohnblätter, eingehüllt. — Das persische Opium sieht aber verschieden aus. Es hat eine Stangenform und ist in Papier gewickelt.

Zum Rauchen wird das Opium erst weiter zubereitet und heißt dann Chandu (Tschandu). Erbsengroße Massen davon kommen in die Opiumpfeife, sind bald verzehrt und müssen immer wieder durch ein Kügelchen ersetzt werden, daher der Opiumraucher die brennende Lampe immer neben sich nöthig hat.

Ueber das Alter der Mohnkultur geben wir folgende Notizen. — Die alten Aegypter bauten ihn, um daraus Oel zu pressen; den Griechen war er ebenfalls Oelpflanze. Sie hatten ihn aus dem Orient erhalten. Man zog ihn aber nur in Gärten, und streute den Saamen oft auf das Brot, um ihn zu essen. Auch wurde er mit Honig zum Nachtisch aufgetragen, nachdem er vorher geröstet worden war. Ebenso hatte man ein besonderes Backwerk, das man mit Eiweiß bestrich und dann mit Mohnsaamen bestreute. Aber nur die Varietät vom weißen Mohn (Papaver officinale Gm.) wurde zu diesem Gebrauche verwendet. Zu Homer's Zeiten muß er schon in Kleinasien angebaut worden sein. Theophrast kannte bereits 4 Varietäten, Ktesias und Hippocrates empfahlen ihn als Heilmittel, und Dioscorides unterschied wilden und angebauten und weißen und schwarzen Mohn. Den zartblumigen Mohn mit purpurnem Blatte zum Klatschen zogen sie in ihren Gärten als Zierpflanze. — Die Perser gewannen in frühester Zeit Oel aus seinem Saamen. In Deutschland wurde er in Karls des Großen Gärten, und zwar ebenfalls als Oelpflanze angebaut, und jetzt hat er sich über alle Theile unseres Vaterlandes verbreitet, so daß er nicht nur als Nutzpflanze überall vorkommt, sondern auch mit verschieden-gefärbten, gefüllten, und vielfach zerschlitzten Blüthen als Zierde in den Gärten kultivirt wird.

Der schlafbringende Mohn hat noch mehrere verwandte Arten, welche bei uns wild wachsen, nämlich die Klatschrose (Papaver Rhoeas L.), deren Blüthen offizinell sind, den zweifelhaften Mohn (P. dubium L.), den Sand-Mohn (P. Argemone L.), den Bastard-Mohn (P. hybridum L.), den gelben Hornmohn (Glaucium luteum Scop.), den rothen Hornmohn (G. corniculatum Curt.) und das giftige aber auch offizinelle größere Schellkraut (Chelidonium majus L.), welche zu der Familie der **Mohngewächse** oder **Papaveraceen** gehören.

Die Kartoffel.

Unter den Nahrungspflanzen gebührt der Kartoffel eine Stelle in erster Reihe, denn sie wird so häufig genossen, daß sie für Manchen das tägliche Brot ausmacht. Daher ist ihr Anbau ein ganz allgemeiner und überall verbreiteter.

Die Kartoffel (Solanum tuberosum L.) ist eine Pflanze, welche, obwohl sie meistentheils durch die Wurzelknollen fortgepflanzt wird, zu den einjährigen gezählt werden muß, denn die Knollen halten sich nicht länger als ein Jahr. Von ihrem Wurzelstock verbreiten sich lange, strangförmige Sprossen, die man unterirdische Ausläufer nennt, und die eine größere Menge Knollen von verschiedener Gestalt tragen. An diesen Knollen befinden sich viele Knospen, welche im nächsten Jahre treiben und neue Pflanzen bilden. Der Stengel ist krautartig, kantig, aufrecht, einfach oder ästig und erreicht eine Höhe von 1 bis 3 Fuß. Ihre **Blätter** sind unpaarig-gefiedert mit ungleichen, abwechselnd stehenden, sehr kleinen, ganzrandigen Blättchen, zwischen denen noch viel kleinere blattartige Gebilde stehen. Die Unterseite der Blättchen ist mit zottigen oder flaumartigen Haaren bedeckt, und sie fühlen sich auf der Oberfläche rauh an. Die **Blüthen**, welche im Juli und August erscheinen, stehen in langgestielten Trugdolden an der Spitze oder an der Seite der Aeste. Die Blüthenstiele sind in der Mitte gegliedert. Der **Kelch**, welcher nicht abfällt und sich noch unter der Frucht findet, ist einblättrig und in fünf Theile gespalten. Die **Blumenkrone**, unter dem Fruchtknoten angewachsen, hat eine radförmige Gestalt, ist nur wenig in fünf Theile gespalten, hat einen fünfeckig gefalteten Saum und ist von bläulicher, blaßvioletter, weißlicher oder röthlicher Farbe. Die 5 Staubfäden, auf dem Grunde der Blumenkrone sitzend, haben aufrechte, zusammenschließende, an der Spitze in zwei Löcher aufspringende Staubbeutel. Der **Fruchtknoten** sitzt auf dem Grunde des Kelches und trägt einen Griffel mit einfacher Narbe. Die **Frucht** ist eine kugelrunde Beere von gelblich-grüner Farbe, in der eine Menge kleiner Saamen sich finden.

Der **Nutzen** der Kartoffel ist tief eingreifend in die Existenz der Menschen, indem die an den Wurzeln sich bildenden Knollen zu allgemeinem Nahrungsmittel benutzt werden, und es vergeht wohl kein Tag, wo nicht die Kartoffel in irgend welcher Gestalt auf unseren Tisch kommt. Wenn man sie ordentlich hat zur Reife gelangen lassen, so ist sie sehr mehlreich, äußerst wohlschmeckend und gehört zu den gesundesten Nahrungsmitteln, steht aber dem Brot, weil sie fast gar keinen Stickstoff enthält, an Nährkraft nach, und darf daher, wenn der Mensch kräftig bleiben soll, niemals allein, wie z. B. in Irland, sondern abwechselnd mit Milch, Fleisch, Eiern und anderem Gemüse genossen werden. Seit der Kartoffelbau größere Aufnahme gefunden hat, ist eine Hungersnoth, wie in früherer Zeit so oft, in Europa fast nie so gefährlich und so allgemein wiedergekehrt, obwohl sich die Menschen seitdem bedeutend vermehrt haben. Ihr Ertrag ist fast immer ein bedeutender, und dem Minderbegüterten wird es möglich, für geringen Lohn sich ein Stück Acker mit Kartoffeln besetzen und seinen Bedarf gewinnen zu können.

Viele Kartoffeln werden zur Bereitung des **Spiritus** verwendet, der zu mancherlei nützlichen Zwecken dient, aber leider auch für viele Menschen ein verderbliches Gift geworden ist, da sie ihn in Menge trinken und dadurch ihre Gesundheit völlig untergraben. — Der bei der Spiritusbereitung entstehende Abgang, „Schlampe" genannt, wird zur Viehmast benutzt, wodurch Rindvieh und Schweine in sehr kurzer Zeit bedeutend fett werden. Ueberhaupt ist die Kartoffel roh oder gekocht ein außerordentlich wichtiges Viehfutter und findet bei der Schweinemast allgemeine Verwendung. Ebenso wird das Kraut, theils frisch, theils getrocknet, zu Viehfutter benutzt, während man die trockenen Strünke zum Einstreuen in Viehställe verbraucht.

Der hauptsächlichste Bestandtheil der Kartoffel ist Stärke, und man gewinnt aus ihr das bekannte, in vielfacher Hinsicht wichtige Stärkemehl. Für die Gewinnung desselben reibt man geschälte rohe Kartoffeln zu Brei, den man mehrmals wäscht und durch ein Haarsieb seihet. Die durchsickernden Theile sinken zu Boden, das Wasser wird abgegossen und der Bodensatz getrocknet, der nun ein äußerst feines weißes Mehl geworden ist. Wenn man dasselbe zwischen den Fingern reibt, so hört man einen leisen knirschenden Ton, wodurch es sofort vom Getreidemehl zu unterscheiden ist.

Man hat jetzt unter den Kartoffeln eine sehr große Menge von Spielarten, welche sich durch Verschiedenheit der Farbe, der Gestalt und des Geschmacks unterscheiden. Der wichtigste Unterschied besteht jedoch darin, daß manche Früh-, manche Spätsorten sind. Die ersteren legt man bei günstiger Witterung schon im April, und sie reifen vom Juli an bis Ende August. Eine noch frühere Sorte ist die, welche unter dem Namen: „Sechswochenkartoffel" bekannt ist und seit neuerer Zeit besonders von Gärtnern und Gemüsehändlern zum Verkauf in größerer Menge gebaut wird. Die Spätkartoffeln legt man im Mai, und sie reifen im September und October.

Die Kartoffel verträgt fast jeden Boden, gedeiht aber immer sicherer und besser in frischem Sandboden, während ein nasser und sehr zäher Boden ihr weniger zusagt, und wenn sie auch große Knollen entwickelt, so haben diese nicht einen sehr angenehmen Geschmack. Mergelhaltiger Boden bewirkt leicht einen Ausschlag der Schaale. Durch starke Düngung kann man den Ertrag bedeutend vermehren. Da aber der frische Dünger dem Geschmacke der Knollen nachtheilig ist, so wird derselbe schon im Herbst untergepflügt, oder doch schon im Winter ausgebreitet.

Durch vielfache Versuche hat sich herausgestellt, daß man viele und gute Kartoffeln gewinnt, wenn man mittelmäßig große Knollen ganz legt, jede etwa 5 Zoll tief und 1 bis 1½ Fuß weit auseinander. Da man aber die Erfahrung gemacht hat, daß für den Aussatz Stücke, welche möglichst viel Keime enthalten, ebenfalls geeignet sind, so hat sich der Gebrauch eingeschlichen, die Kartoffeln für die Aussaat zu theilen, um möglichst wenig dafür zu verwenden.

Wenn die Pflanzen 4 bis 5 Zoll hoch sind, werden sie behackt, oder mit dem Schaufelpfluge vom Unkraut gereinigt; ehe die Blüthenknospen erscheinen, werden sie noch behäufelt. Letzteres geschieht darum, daß möglichst viel vom Stengel mit Erde bedeckt ist, denn dann treibt derselbe viel Wurzeln, und es können sich daher um so mehr Knollen bilden.

Die Reife der Knollen erkennt man daran, daß das Kraut gelb wird und abstirbt. Dieses Merkmal ist für die letzten Jahre freilich nicht mehr vorhanden gewesen, wo die allgemein verbreitete Kartoffelkrankheit dieses so wichtige Gewächs zu vernichten drohte. Dieselbe machte sich daran kenntlich, daß das Kraut schwarz wurde, plötzlich vertrocknete und bei der Berührung zu feinem Pulver zerfiel, dann aber die Knollen Flecke erhielten und sehr schnell in Fäulniß übergingen. Wenn auch seit einigen Jahren die Krankheit in ihrem Umfange nachgelassen hat, so findet man noch immer die meisten Kartoffelfelder schwarz gefärbt und vertrocknet, und nur wenige zeigen jenes natürliche Merkmal.

Die Aufbewahrung der Kartoffeln geschieht in frostfreien Kellern, in Erdgruben oder in Miethen. Letztere werden auf trockenem Boden angelegt, indem man die Kartoffeln etwa 5 Fuß hoch und 6 bis 8 Fuß breit anhäuft, sodann etwa 8 Zoll hoch mit Roggenstroh und bei eintretendem Frost 1 bis 2 Fuß hoch mit Erde bedeckt. Da diejenigen, welche während des Winters nicht verbraucht worden sind, anfangen zu treiben, so muß man sie abkeimen und, wenn kein Frost mehr zu fürchten ist, auf einem Boden ausbreiten. Sie schrumpfen zwar zusammen, halten sich aber noch den ganzen Sommer hindurch. Denen aber, welche zur Aussaat dienen sollen, darf man die Keime nicht abbrechen.

Eine ganz eigenthümliche Weise, Kartoffeln zu gewinnen und die Ernte im Frühjahr zu halten, ist folgende: Man läßt einige von den Saatkartoffeln bis zum August liegen, pflanzt sie dann in gut zubereitetes, meistens als Beet eingerichtetes Land 9 Zoll tief, schneidet, sobald die ersten Fröste eintreten, das Kraut einen halben Fuß über der Erde ab, bedeckt das Beet 1½ Fuß hoch mit Laub, Stroh, altem Mist oder vermengter Erde, läßt diese Decke bis Ende März liegen, öffnet es und hält sodann eine schöne Ernte gesunder, kräftiger Knollen, welche in der kalten Jahreszeit gewachsen sind, und sich zu der gewöhnlichen Frühlings-Aussaat vorzugsweise eignen.

Die Kartoffel ist amerikanischen Ursprunges, aber sie ist nicht bloß für jenen Erdtheil eine der wichtigsten mehlreichen Nahrungspflanzen geblieben, sondern sie ist es auch für Europa und die anderen Welttheile geworden.

Es steht über allen Zweifel, daß sie zur Zeit der Entdeckung Amerika's schon auf dem größten Theile der Anden Süd-Amerika's und zwar von Chili bis Neu-Granada kultivirt wurde, daß man sie jedoch damals in Mexico noch nicht kannte, und sie gleichfalls kurz darauf erst in Nord-Amerika kennen lernte.

Die Kartoffel ist eine Meerstrandspflanze, dem hügeligen und felsigen Boden eigen. Sie findet sich jetzt noch in Chili wild, denn Eduard Pöppig fand sie daselbst in sehr großer Menge längs der Meeresküste an sehr vielen Stellen, welche dem Anbau durch Menschenhände unzugänglich sind. Am meisten wächst sie dort nahe am Wasser und am üppigsten an lehmigen Abstürzen oder in Felsspalten. Außerdem findet sie sich aber auch von Chili bis Peru, wo sie in diesem Zustande selten weiter als einige Meilen landeinwärts geht, und stets fern von den gegenwärtigen Kartoffelpflanzungen erscheint. Ebenso findet sie sich noch auf den benachbarten Inseln von Chili, auf Chiloe und Chanos unter 45° S. Br.

Die Blüthen der wilden Kartoffel sind immer weiß, und ihre Knollen erreichen höchstens eine Länge von 2 Zoll, deren Geschmack fade, aber nicht bitter ist.

Außer dieser Stammpflanze der angebauten Kartoffel, welche selbst im wilden Zustande in mehrere Abarten übergegangen ist, finden sich auf der West- und Ostseite der Anden noch einige andere Solanum-Arten mit zu Knollen verdickten Sprossenspitzen, wie: Solanum Commersonii Poir., Solanum maglia Dun. und Solanum immite Dun. — In der argentinischen Republik, und zwar im Gebirge Famatina kommt gleichfalls eine Kartoffel wild vor, die jetzt schon bei Chilecito gebaut wird. — Aber auch in Mexico, wo das Solanum tuberosum sicherlich erst spät von Süd-Amerika hingelangte, finden sich einige Solanum-Arten, wie Solanum demissum Lindl., Solanum cardiophyllum Lindl. und Solanum verrucosum Schlecht., welches letztere zwar sehr schmackhafte aber kleinere Knollen hervorbringt.

Die segensreiche Kartoffel war vor 350 Jahren noch nicht allzusehr verbreitet; welche Bedeutung hat sie aber in Europa erhalten, seitdem sie in der Hütte und im Palast gegessen wird! Sie ist in der That das vorzüglichste Geschenk, die Krone aller neuen Agrikulturpflanzen, welche uns Amerika geboten hat. In manchen Ländern Europas z. B. wie schon oben angedeutet, in Irland, sind Kartoffel- und Haferbrot die gewöhnliche Nahrung, und mißrathen erstere, wie in den Jahren 1845 bis 1851, so sind Hunderttausende dem Mangel und Hunger Preis gegeben. — Auch in Deutschland haben die Kartoffeln als Nahrungsmittel für den Menschen, als Futter für das Vieh und als Stoff zur Bereitung des Stärkemehls, des Branntweins und sogar des Zuckers die größte Wichtigkeit erlangt und sind auch bei uns in manchen Gegenden, wie auf dem Thüringer Wald, im Voigtlande, im Erzgebirge, auf dem Schwarzwalde, überhaupt in einem großen Theile Süddeutschlands das vorzüglichste Nahrungsmittel, die Grundlage dichterer Bevölkerung geworden.

Diese Wichtigkeit verdanken sie ihrer Ergiebigkeit. Derselbe Acker, mit Kartoffeln bepflanzt, liefert noch einmal so viel Nahrungsstoff, als wenn er mit Weizen bestellt wäre.

Mißräth aber in einem Lande die Kartoffelernte, so sind die Armen in der unglücklichsten Lage, da es für sie kein wohlfeileres Lebensmittel mehr giebt, und die Existenz der armen Bevölkerung auf das Gedeihen der wohlfeilsten Brotfrucht gegründet ist. Auch kann für Mißjahre kein Vorrath aufgespeichert werden, da die Kartoffeln in einem Jahre aufgezehrt werden, und der Einfuhr steht die Masse und das Gewicht derselben entgegen. —

Schon ein Jahr nach der Entdeckung von Amerika scheint der Name der Kartoffel genannt worden zu sein, wiewohl sie anfangs oft mit den Bataten verwechselt wurde. Sie heißt in Peru: Papa, Papas, Pagny. Mehrere Pflanzen, sagt schon Garcilasso in Xerez' Geschichte der Entdeckung von Peru, die von den Indianern gegessen wurden, besonders in den Provinzen, wo der Mais nicht gedieh, wuchsen unter dem Boden. Das vorzüglichste dieser Gewächse hieß Papa und vertrat die Stelle des Brotes. Der Papa wurde gekocht oder geröstet gegessen, oder zu Brühen verwendet." Der erste Schriftsteller, welcher der Kartoffel unter dem Namen Ayes, Agies, erwähnt, ist Peter Martyr. Derselbe schreibt unter dem 13. September 1493 an den Erzbischof von Granada: „Colon (Kolumbus) fand eine Insel (Hispaniola), deren Einwohner von einem Wurzelbrot leben. An einem kleinen Strauche wachsen Knollen, so groß wie Birnen oder kleine Kürbisse. Wenn diese reif sind, werden sie, wie bei uns Rüben und Rettige, herausgegraben; dann trocknet man sie an der Sonne, zerschneidet sie, reibt sie zu Mehl und bäckt sie zu Brot, das man gekocht ißt. Diese Knollen heißt man Agies.“ Auch sagt er, daß zur Zeit der Eroberung von Peru die ganze Bevölkerung des Reiches sich von Mais und Papas nährte. Selbst die Europäer zogen nach seinen Berichten die Kartoffel dem Weizen vor. Noch viele Andere erwähnen ihrer Kultur in Peru und selbst in Brasilien.

Nach Irving fand Kolumbus schon bei seiner ersten Reise im Jahre 1492 auf Kuba die Kartoffel, „damals ein unscheinbares Knollengewächs,“ wie er sagt, „gering geachtet, aber eine kostbarere Entdeckung, als alle Specereien des Ostens.“ Jedoch hörte man beinahe 100 Jahre in Europa Nichts von dieser Frucht.

Ein Sklavenhändler, Namens Hawkins, erhielt sie im Jahre 1565 in St. Fé in Neuspanien als Schiffsprovision und brachte die erste Nachricht davon nach Europa. Er beschrieb sie als die trefflichste Wurzel vom höchsten Wohlgeschmack.

Uebrigens scheint die Kartoffel auf zwei Wegen in das Innere von Europa gekommen zu sein, aus Virginien durch die Engländer nach England und Irland und durch die Spanier schon früher aus ihren amerikanischen Besitzungen, und zwar aus den Gebirgen um Quito, nach Spanien und von da nach Italien, denn Humboldt sagt ausdrücklich, daß die Kartoffeln in Spanien und Italien schon allgemein gewesen seien, als sie von Virginien nach England geschickt wurden. Durch die Spanier scheint diese Frucht zwischen 1560—70 nach Italien und Burgund gebracht worden zu sein.

Gewisser ist es, daß im Jahre 1584 Walter Raleigh sie aus Virginien nach Irland brachte, wo er sie zuerst in seinem Garten in Youghall bei York anpflanzen ließ. Nach Virginien selbst waren sie schon früher, vielleicht von den Indianern, gebracht und kultivirt worden.

Gewöhnlich schreibt man die Einführung der Kartoffel in Europa dem englischen Admiral Franz Drake zu, allein bei der ersten Reise dieses Seemanns 1573 wird diese Frucht nicht erwähnt, und wenn er sie auch 1586 bei seiner Rückkehr von einer zweiten Reise nach England brachte, so gebührt doch Raleigh der Ruhm des ersten Verbreiters, wiewohl Drake dadurch nicht das Verdienst abgesprochen werden soll, die Kartoffel unter seinen Landsleuten und im Auslande bekannter gemacht zu haben. Die ersten Saamenkartoffeln gab Drake dem berühmten englischen Bataniker Gerard, der sie im Jahre 1596 in seinem Garten zu London zog. — Man hielt die Kartoffel in England Anfangs eher für einen Leckerbissen, als für ein gewöhnliches Nahrungsmittel. Man benutzte sie lange Zeit zu Confituren und Confect oder mit Mark und Gewürzen gebacken. In einem geschriebenen Haushaltungs-Buche der Königin Anna, Gemahlin Jakobs I., welche 1618 starb, ist der Einkauf einer geringen Quantität Kartoffeln 2 Schillinge das Pfund aufgeführt.

In England und Irland scheinen aber die Kartoffeln bald wieder in Vergessenheit gerathen zu sein, denn um's Jahr 1610 oder 1623 brachte sie Raleigh zum zweiten Male aus Virginien nach Irland und ließ sie anpflanzen. Im Jahre 1663 wurden von der englischen Regierung Maßregeln getroffen, den Anbau der Kartoffeln zu befördern, um auf diese Weise der Hungersnoth vorzubeugen, und doch dauerte es noch lange, bis sie allgemein angepflanzt wurden. Erst gegen die Mitte des 18. Jahrhunderts wurden sie in England allgemeiner bekannt und seit dieser Zeit in größerem Umfange angebaut, aber selbst 1783 und 84 wurden sie in einigen Gegenden nur in den Gärten des Adels und der Reichen gezogen.

In Schottland wurden die Kartoffeln bis 1728 nur in Gärten gepflanzt; aber selbst noch im Jahre 1740 wußte man in manchen schottischen Gärten wenig von ihrer Kultur. Erst in den letzten Jahren des 18. Jahrhunderts fing man an, sie auf den Feldern anzubauen.

Im armen Irland, wohin die Kartoffel zuerst gekommen ist, übertrifft dieselbe alle Nationalspeisen, sowohl an Verbreitung als an Beliebtheit. Sie erscheint dort auch in mehr Varietäten als in England und ist geradezu das einzige Nahrungsmittel für Millionen von Irländern, und selbst von den Wohlhabendern wird sie hoch geschätzt. Bei 4/5 sämmtlicher Bewohner Irlands ist sie ohne allen Zusatz die einzige Nahrung, und glücklich ist dort die Familie zu preisen, welche sich Kartoffeln in hinreichender Menge verschaffen kann.

Gewöhnlich verzehren die irischen Armen die Kartoffeln mit dünner Buttermilch oder auch mit Häring; die, welche sich Beides nicht verschaffen können, mit Salz. Mit dem Häring gehen sie sehr sparsam um, und oft essen sie ihn nicht, sondern reiben nur die Kartoffeln ein wenig daran herum, um ihnen doch den Geschmack von irgend etwas zu geben. Der Häring oder der Salzbehälter hängt dabei über dem Tische an einem Bindfaden von der Decke herab. Eine andere Art, die Kartoffeln zu speisen, ist bei den phantasiereichen Irländern, „Kartoffel mit Punkt.“ Wenn nämlich die Leute so arm sind, daß sie sich weder einen Häring noch Salz verschaffen können, so essen sie die Kartoffeln ohne jede Zuthat, und zeigen, ehe sie dieselben in den Mund führen, auf die Stelle hin, wo sonst Häring oder Salz hängen.

In Italien, wohin die Frucht, wie wir oben gehört haben, schon frühe aus Spanien gekommen war, ist sie übrigens bis auf den heutigen Tag noch nicht recht einheimisch geworden. Nach Toskana waren die Kartoffeln 1625 durch Karmelitermönche aus Spanien gebracht worden, allein das Volk liebte sie nicht, und sie wurden dort bis auf die neueren Zeiten nur für den Bedarf der Reisenden und Fremden gebaut. Wie jedoch die Theurung der Jahre 1770 und 71 die Verbreitung der Kartoffel in Deuschland beförderte, so bewirkte die Mißernte vom Jahre 1817 den vermehrten Anbau derselben in Italien. Regierungen und Privatleute befahlen und beförderten nunmehr ihre Kultur, und unterstützten die Landleute durch Vertheilung von Saatkartoffeln und Prämien. Wohlhabende gingen mit ihrem Beispiel voran, und es gelang endlich, sie in den Apenninen so einheimisch zu machen, wie in den Alpen. Aus den Ebenen hat sie jedoch der Mais sogleich wieder verdrängt, sobald die Theurung aufhörte; auch ist ihnen hier Boden und Klima weniger günstig.

Ebenso waren die Kartoffeln in Portugal um das Jahr 1798 noch selten.

In Frankreich wurden sie im Jahre 1616 als Seltenheit auf die königliche Tafel gebracht und 1630 wahrscheinlich zuerst angebaut. Am frühesten kannte man sie in Lothringen und in Lyonnais. Uebrigens wurden sie auch in Frankreich nicht vor der Mitte des 18. Jahrhunderts allgemein verbreitet, und erst die Hungersnoth von 1793 trug dazu bei, ihren Nutzen als allgemeines Nahrungsmittel zu zeigen, während sie früher hauptsächlich als Schweinefutter benutzt wurden.

Die meisten Verdienste um ihre Einführung in Frankreich erwarb sich Parmentier, ein Apotheker, der sie in Deutschland kennen gelernt hatte. Zuerst pflanzte er sie 1771 im Garten des Invalidenhauses. Ludwig XVI. überließ ihm in der weiten Ebene von Sablons 50 Morgen unfruchtbaren Bodens, welche Parmentier mit Kartoffeln anbaute. Als er die ersten Blüthen dem Könige brachte, steckte dieser eine derselben in sein Knopfloch; Marie Antoinette trug Abends solche Blüthen in ihrem reichen Haare; Herzöge, Prinzen, Grafen und vornehme Herren suchten jetzt die Freundschaft des bisher unbekannten Apothekers, um — von ihm auch eine solche Blume zu erhalten; ganz Paris sprach nur von ihm. Der König selbst sagte ihm: „Frankreich wird es Ihnen einst danken, daß Sie Brot des Armen erfunden haben."

Ganz ohne Zwang ging es aber beim Landvolk mit der Verbreitung der Kartoffel nicht ab. Parmentier verkaufte sie zuerst zu sehr niederen Preisen an die Landleute in der Umgegend, aber wenige kauften davon; im folgenden Jahre vertheilte er sie unentgeltlich; Niemand wollte davon haben. Endlich gebrauchte er eine wohlberechnete List. Er stellte die unentgeltlichen Austheilungen ein und ließ beim Schall der Trompete in allen benachbarten Dörfern verkünden, daß Jeder nach aller Strenge des Gesetzes gestraft werden würde, der die Kartoffelfelder beschädige oder bestehle. Bald meldete man ihm von allen Seiten, daß seine Felder geplündert würden; die Kartoffel hatte nun den Reiz der verbotenen Frucht erhalten, und ihre Kultur verbreitete sich mit reißender Schnelligkeit fast über alle Theile von Frankreich.

Und doch mußte noch in diesem Lande, wenigstens in einigen Gegenden, erst die Theurung von 1817 dazu kommen, um die Kartoffeln noch mehr zu verbreiten. Jetzt werden in ganz Frankreich Kartoffeln gebaut und von Zeit zu Zeit neue Arten eingeführt. Ein Prinz von Rohan führte die Rohankartoffel ein, die sich durch ungeheure Knollen auszeichnet. Er sandte, wird uns erzählt, einem seiner Pariser Freunde eine einzige Kartoffel dieser Sorte zu, welche allein 30 Menschen habe satt machen können.

Im Jahre 1844 machte man in Frankreich den Versuch, Winterkartoffeln zu ziehen, indem man am 24. August Kartoffeln legte und am 2. April 1845 wieder ausgrub. Die Knollen waren zwar den Winter hindurch gewachsen, hatten aber ihre volle Reife nicht erlangt. Vielleicht könnte in südlichen Ländern, wo der Boden auch im Winter die Triebkraft nicht verliert, bei zweckmäßiger Behandlung der Versuch doch gelingen, und so eine doppelte Ernte erzielt werden.

Die Schweiz bekam die Kartoffel aus dem Elsaß und Holland;

im Jahre 1730 wurde sie in Bern gebaut. Hier verstand man es schon, sie in Scheiben zu zerschneiden, zu dörren, auf der Mühle zu mahlen, und das Mehl sowohl zu Brot, als zu Brei zu benutzen.

In Deutschland war der berühmte Botaniker Klusius der Erste, welcher die Kartoffel 1588 in Wien und Frankfurt als botanische Seltenheit anpflanzte, nachdem er zwei Knollen aus Belgien erhalten hatte. Dorthin waren sie aller Wahrscheinlichkeit durch den päpstlichen Gesandten gekommen, der sie Taratouffli nannte, woraus später die deutsche Benennung: „Kartoffel“ hervorging.

Im 17. Jahrhundert scheint ihr Anbau überhaupt keine sonderlichen Fortschritte gemacht zu haben, am wenigsten aber in den unteren Volksklassen, denn sie hatten Vorurtheile und die Macht der Gewohnheit gegen sich. Die deutschen und slavischen Volksstämme, an Mehlspeisen und Hülsenfrüchte gewöhnt, die Italiener an ihre Polenta aus Maismehl, die Franzosen an Gemüse und Brot, wollten ihre alte Kost gegen die Kartoffeln, welche sie Schweinefutter nannten, nicht vertauschen.

In den deutschen Ländern scheint sie denn auch erst durch den dreißigjährigen Krieg mehr verbreitet worden zu sein. Zwar sagt Caspar Bauhin 1613: „dieses Kraut ist jetztmalen bei den Deutschen, Engelländern, Franzosen, Italienern und Spaniern gar gemein.“ Allein noch fehlte viel, daß die Kartoffel in allen Gauen Deutschlands zur allgemeinen Nahrung geworden wäre, denn nur hier und da finden sich sichere Spuren ihres Anbaues zu jener Zeit. Verschiedene Nachrichten beweisen uns hinreichend, daß die eigentliche Verbreitung von Ort zu Ort und von Land zu Land erst im 18. Jahrhundert erfolgte.

Nach Berlin waren schon 1650 die Kartoffeln gekommen, und der kurbrandenburgische Hofmedicus Dr. Elsholtz kennt schon 1666 rothe und weiße Kartoffeln und sagt auch, daß man sie durch den Saamen fortpflanzen könne; ebenso kannte er das Verfahren, sie im Winter in Gruben aufzubewahren. Nach ihm wurden sie gleichfalls auf mancherlei Art zubereitet; aber doch werden sie noch 1699 als merkwürdige und seltene Pflanzen im kurfürstlichen Garten zu Berlin beschrieben, und ihr Anbau verbreitete sich in den preußischen Staaten erst vom Jahre 1738 ab durch eingewanderte Pfälzer. Schon Friedrich Wilhelm I. wandte die Kartoffeln für den Unterhalt der Armen und Kranken in der Charité an und wollte sie auch in Pommern einführen, wo er aber die Vorurtheile der Bewohner mit Gewalt unterdrücken mußte. Dies hatte jedoch noch nicht durchgegriffen, und Friedrich der Große mußte ähnliche Maaßregeln anwenden.

Am auffallendsten bewährte sich der Nutzen der Kartoffeln im siebenjährigen Kriege, welcher auch, sowie früher der spanische Erbfolgekrieg von 1700—1713 in Süddeutschland, am meisten zur Verbreitung des Kartoffelbaues beitrug. Denn ohne den Grafen von Schlaberndorf, der sie auf Friedrichs Befehl in die schlesischen Aemter schickte, und sie zur Aussaat vertheilen ließ, wäre in Schlesien bei dem Andrange so vieler Heere die Hungersnoth schrecklich geworden, wie sie es in dem Fehljahre 1770 wirklich wurde, wo in Schlesien 100,000, in Böhmen 180,000 verhungerten und noch 20,000 Böhmen nach Schlesien, in's „Land der Kartoffeln" auswanderten. Dessenungeachtet hatte noch 1763 Friedrich der Große den schlesischen Kammern befehlen müssen: „Durch Dragoner darauf zu vigiliren, daß die Bauern Kartoffeln pflanzten."

In Böhmen konnten sie anfänglich auch nicht Eingang finden, bis man sie auf die Felder pflanzte und auch hier, wie in Frankreich, den Leuten Gelegenheit gab, sie zu stehlen. Zur vollen Anerkennung gelangten sie erst nach 1772. Um dieselbe Zeit verbreiteten sie sich auch in Ungarn; jedoch sind sie in einigen Gegenden dieses Landes noch jetzt nicht bekannt, werden wenigstens nicht angebaut.

Nach Mecklenburg kamen sie schon 1708 und zwar von England aus. Ein Edelmann, der als Offizier dort gekämpft hatte, nahm bei seiner Rückkehr einige Knollen mit in sein Vaterland.

Schweden erhielt sie 1726 durch Jonas Alström, sie fanden aber Anfangs wenig Zutrauen. In Finnland wurden sie 1737 bekannt, ihr Anbau aber erst 1762 allgemeiner eingeführt. Der Kartoffelbau macht immer mehr Fortschritte in Schweden und Norwegen und verspricht dem Landmanne nicht geringe Vortheile, aber die Früchte bleiben klein. Bei Röraas baut man sie schon lange, ungeachtet sie nicht viel größer als Haselnüsse werden. Ein wahrhaft romantisches Kartoffelfeld, das letzte im Norden, sahe Dr. F. Unger auf einem ungeheuren Felsblock, der neben der Straße auf dem Wege zwischen Dalevaagen und Dalseidet (bei Bergen in Norwegen) lag.

In Europa wird die Kartoffel nunmehr überall, sogar in Island, wo unsere Kornarten nicht mehr gedeihen, angebaut. Doch mußte noch im Jahre 1844 die russische Regierung Belohnungen aussetzen, um das Volk zum Kartoffelbau zu ermuntern. In Griechenland kam die Frucht erst durch die Deutschen (Baiern) in Gebrauch, verbreitet sich aber jetzt allmälig weiter. In Montenegro ist sie erst durch den letzten Vladiken eingeführt worden; sogar in Illyrien geschah ihre Einführung erst in neuerer Zeit.

Europa hat schon Gelegenheit gehabt, dem Mutterlande der Kartoffeln einen Gegendienst zu erweisen, indem bereits 1826 mehrere Schiffsladungen dieser Frucht von Hamburg aus nach Amerika abgingen.

Von Amerika selbst sind von Zeit zu Zeit neue Arten zu uns gekommen, so wie auch durch Kultur, Verschiedenheit des Bodens und des Klimas eine Menge Abarten bei uns entstanden sind.

Vor 60—70 Jahren wurden die Kartoffeln auch nach Asien, und zwar nach Bengalen, an das Himalajagebirge, nach Ceylon, Madras, China, namentlich in die Gegend von Macao, Java, Kamtschatka und auf die Philippinen verpflanzt. Nach Indien wurden sie vom Kap der guten Hoffnung, wo sie schon früher durch die Holländer angebaut worden sind, um's Jahr 1800 eingeführt, worauf die Kultur derselben sich über ganz Bengalen verbreitet hat. In Persien führte sie der englische Gesandte Malcolm in den 1820er Jahren ein, daher sie auch in diesem Lande nach ihm Malcolmpflaumen genannt werden.

Australien hat von Europa aus die Kartoffeln ebenfalls erhalten. Sie gedeihen auf Neuholland ziemlich gut, sind aber doch nicht so schmackhaft, wie die auf Neuseeland und Vandiemensland, von wo sie in sehr großen Quantitäten nach Sidney ausgeführt werden.

So wächst dieses herrliche Knollengewächs in der ganzen Welt, in den Thälern und auf den Bergen, auf den Hügeln und auf den Ebenen, auf der Andeskette in Amerika in einer Höhe von 9—10,000 Fuß, in den Schweizeralpen, z. B. im Kanton Bern, erhebt sich die Kartoffelgränze bis zu einer Höhe von 4500 Fuß.

Der Tabak.

Obwohl der Tabak keine Nahrungspflanze ist, so hat doch die Macht der Mode einen solchen Einfluß auf seine Verbreitung und seinen Verbrauch geübt, daß er jetzt gleich den ersten Nahrungspflanzen sehr häufig kultivirt wird. Er ist einer der mächtigsten Hebel des Handels geworden, und auf ihm beruht die Existenz vieler Tausende.—

Es giebt drei Arten, von denen jedoch die erstere sich der ausgedehntesten Kultur erfreut und eine Menge der verschiedensten Tabakssorten liefert.

Der große breitblättrige oder Virginische Tabak (Nicotiana Tabacum L.) ist einjährig, hat eine, einen Wurzelstock bildende, ästige Wurzel, welche mit vielen Wurzelfasern und Wurzelzasern besetzt ist und eine gelblich-weiße Farbe hat. Der Stengel ist einfach, oder theilt sich in mehrere einfache Aeste. Er ist von krautartiger Beschaffenheit, wird 3 bis 5 Fuß hoch, ist stielrund und mit kurzen Haaren bedeckt, welche Drüsen tragen und dadurch die ganze Pflanze etwas klebrig erscheinen lassen. Die Blätter stehen abwechselnd, erscheinen durch die hervorstehenden Adern stark gerippt, sind dabei etwas wollig, länglich-lanzettlich, lang zugespitzt und von gelblich-grüner Farbe; auf der unteren Seite sind sie etwas blasser und wegen der drüsentragenden Haare klebrig. Die wurzelständigen Blätter, welche sich aber in der Blüthezeit nicht mehr vorfinden, sind oval-länglich, zugespitzt, einen bis anderthalb Fuß lang, gestielt und an dem Stiel verschmälert herablaufend; die unteren stengelständigen sind umgekehrt-eirund, lanzettförmig, ebenfalls zugespitzt, aber sitzend, und die oberen stengelständigen sind linien-lanzettförmig, lang zugespitzt, ebenfalls sitzend oder etwas stengelumfassend. Die Blumen, welche schon im Juli erscheinen, aber öfters noch bis in den September und October gefunden werden, sind groß, gestielt und stehen entweder rispenständig oder auch einzeln. Sie werden als Knospen sehr oft abgebrochen, damit die Blätter sich üppiger entwickeln können. Die Rispen, welche Nebenblätter tragen, finden sich theils am Gipfel, theils in den Blattachseln. Die Blumenstiele, ebenfalls von den drüsentragenden Haaren klebrig, sind stielrund und die Nebenblätter lanzett-linienförmig. Der Kelch ist eine einblättrige, röhrige, etwas bauchige Blüthendecke, welche in fünf Theile gespalten, klebrig, von gelblich-grüner Farbe und halb so lang, wie die Blumenkrone ist. Die Zipfel sind bleibend, linien-lanzettförmig, zugespitzt und an der Spitze abstehend. Die Blumenkrone ist ebenfalls einblättrig, trichterförmig, an der Spitze fünfspaltig und tellerförmig erweitert. Sie bildet eine lange walzenförmige, gegen den Schlund etwas aufgeblasene, an der Außenseite etwas klebrige Röhre von rosenrother Färbung. Die Kronenzipfel sind oval-rundlich, zugespitzt und nach dem Aufblühen zurückgekrümmt. Die fünf fadenförmigen, unten zottigweichhaarigen, ungleichen Staubfäden stehen auf dem

Grunde der Blumenkrone. Die zweifächrigen Staubkölbchen sind ebenfalls etwas zottig-weichhaarig und hell schwefelgelb. Der kegelförmige, kahle und mit zwei Furchen versehene Fruchtknoten ist überständig und trägt den fadenförmigen, kahlen, nach oben etwas gebogenen Griffel mit der grünen, kopfförmigen, etwas zottig-weichhaarigen, klebrigen Narbe. Die Frucht ist eine zweifächrige, zweiklappige, oval-runde, kaffeebraune Kapsel, welche kürzer als der bleibende Kelch ist und zahlreiche, sehr kleine kaffeebraune Saamen einschließt, die eiförmig, stachelspitzig und höckerig gestaltet sind.

Der breitblättrige Tabak (Nicotiana latissima Mill.) ist ebenfalls einjährig, blüht im Juli und August und unterscheidet sich hauptsächlich durch seine breiten, ei-lanzettförmigen, aus geöhrtem Grunde am Stengel herablaufenden Blätter.

Der Bauern-Tabak (Nicotiana rustica L.) ist auch einjährig, wird 2—3 Fuß hoch, blüht im Juli und August, hat eine kleinere gelblich-grüne Blumenkrone, die aus einer walzenförmigen Röhre besteht und einen rundlichen Saum mit stumpfen Zipfeln hat. Die Blätter sind gestielt und eiförmig.

Von der ersten und letzten Art finden die Blätter in der Medizin, jedoch nur sehr selten, Anwendung. Häufiger werden sie zur Bereitung der Rauch- und Schnupftabake benutzt, die in der Jetztzeit allgemeines und unentbehrliches Bedürfniß geworden sind.

Keine Pflanze hat wohl eine größere Verbreitung erlebt, keine ist wohl so sehr zum Bedürfniß aller Völker und Stände geworden, keine verschafft, ohne zur Speise oder zum Trank zu dienen, einen größeren Genuß, wie der Tabak. Vom Lehrjungen, der zum ersten Male seinen Porto Caserno mit Entzücken raucht, bis zum gebildetsten Stutzer, der mit graziöser Haltung seine echte Havanna oder Manilla schmaucht, von dem Galeerensclaven, der aus seiner Rindendose seinen Tabak schnupft, bis zum Minister, der auf dem Deckel seiner brillantenen Tabatière das Bild seines Monarchen glänzen sieht: Alle genießen mit Entzücken das „edle Kraut.“

Und wer möchte jetzt noch den Tabak entbehrlich nennen? Der niedrigste Tagelöhner würde seinen „rothen Reiter“ oder seine „drei Könige“ so lebhaft vertheidigen, wie der Dandy seine Java-Cigarre; der Türke würde seinen Tschibauk, der Matrose sein Primchen zu schützen wissen; die junge Elegante würde ihr parfümirtes Cigaretto, die gräuliche alte Hexe am Nordseegestade ihren kurzen Tonstummel um keinen Preis missen wollen. Der Maurer, der so viel Zeit gebraucht, eine Prise „Rothen“ zu nehmen, als der Schauspieler zu einer Flasche Champagner; der Schulmeister Jean Paul's, der schnupfte, um zu nießen und seine Kinder „Helf Gott, Herr Schulmeister!“ rufen zu hören; der Diplomat, dem die Prise Spaniol eine Verlegenheit bemäntelt, Alle, Alle würden ihn bis auf's Aeußerste vertheidigen.

In Amerika dem Vaterlande der Tabakspflanze, war das Rauchen schon bei mehreren Völkerschaften in Gebrauch. Die Entdecker Amerika's sahen mehrere von den Eingebornen Kuba's mit Feuerbränden umhergehen, indem sie getrocknete Kräuter, die sie in ein Blatt davon wickelten und so eine Rolle bildeten, an einem Ende anzündeten und das andere in den Mund nahmen. Diese Rollen, aus welchen sie beständig Rauchwolken ausstießen, nannten sie Tabacco, ein Name, den man seitdem auf die Pflanze selbst, woraus die Rollen gemacht wurden, übertragen hat.

Nach Oviedo, der Alcalde zu St. Domingo war, und von dem wir die erste genauere Beschreibung des Tabaks vom Jahre 1535 haben, rauchten die Insulaner ihren Tabak durch die Nase. Eine Kalabasse füllten sie mit einem Kräuterpulver, das sie Cogioba, Cohoba, Guioja nannten. In die Kalabasse steckten sie einfache oder gabelförmig gestaltete Röhren, so daß eine oder beide Oeffnungen in die Nasenlöcher paßten. Es scheint, daß die berauschende Kraft zuerst von ihren Zauberern bei Wahrsagungen angewendet wurde. Wohl mag der Tabaksrauch auch gegen die Moskitos angewendet worden sein. Die Wilden in Panama wickelten ein Blatt Tabak dicht zusammen, zündeten es an einem Ende an und ließen sich durch das andere Ende den Rauch von einem Knaben in's Gesicht blasen. Die Indianer in Canada hatten eine große, mit allerlei Bändern und Läppchen gezierte Tabakspfeife, die sie Calumet nannten.

Als Jacques Cortier 1534 auf seiner Reise nach Canada den Lorenzstrom hinabfuhr, sah er die Wilden ebenfalls rauchen. Sie zogen den Rauch durch ein Rohr mit einem Mundstück ein, so daß sie sich ordentlich benebelten, dann bliesen sie ihn durch Mund und Nasenlöcher wieder aus, und diese Wirkung, sagten sie, halte sie warm und gesund.

Zu Oviedo's Zeit (1535) hatten schon die Neger angefangen, auf den Pflanzungen ihrer Herren für sich Taback zu bauen und die Blätter zu rauchen, was auch viele Spanier thaten, weil sie es für ein Heilmittel hielten.

Die Amerikaner auf dem festen Lande nannten das Kraut Petum, woraus bei den Kaufleuten später die Aufschrift „Petum optimum" entstanden ist.

Die Mexikaner, bei welchen sich die Hofleute des Kaisers nach dem Essen durch dieses narkotische Mittel zu ihrer Siesta einschläferten, und wo, wie in Peru, die Eingebornen rauchten und schnupften, nannten die Tabakspflanze Yetl oder Pyetl; das Rohr, wodurch man es rauchte, hieß, wie die zusammengerollten Blätter bei den Einwohnern von Kuba und Hayti, Tabacos, und von ihm hat die Insel Tabago durch die Spanier ihren Namen erhalten, weil sie viel von diesem Rauchkraute daselbst antrafen. Daß das Rauchen in Amerika überhaupt eine uralte Sitte war, beweisen die unter andern amerikanischen Alterthümern ausgegrabenen Pfeifenköpfe.

Wer den Tabak zuerst nach Europa gebracht hat, ist unbestimmt. Es wird dies verschiedenen zugeschrieben. So viel ist aber gewiß, daß im Jahre 1559 der erste Tabakssaame, und zwar wahrscheinlich aus Brasilien, nach Portugal kam. Die Pflanze galt für ein hauptsächliches Heilmittel. Der französische Gesandte in Lissabon, Namens Nicot, welcher diesen Saamen erhalten hatte, säete ihn 1560 in seinen Garten, wo die Pflanzen gut gediehen. Von ihm hat nachher die Tabakspflanze ihren lateinischen Namen „Nicotiana" erhalten. Der Verwandte eines seiner Pagen heilte sich zufällig durch Tabaksumschläge den schon weit vorgeschrittenen Nasenkrebs, und der Gesandtschaftskoch einen Pulsaderschnitt an der Hand. Diese beiden Kuren erregten Aufsehen; man nannte die Pflanze Gesandtenkraut, und Jedermann wünschte davon zu bekommen. Nicot schickte noch im nämlichen Jahre die Pflanze nebst der Gebrauchsanweisung nach Frankreich, wo sie Katharina von Medicis, Mutter und Vormünderin Franz II., in ihren eigenen Gärten zu Paris und Marly pflegen ließ und von ihren Heilkräften Gebrauch machte. Der Tabak bekam in Frankreich verschiedene Namen: Herbe de la reine mère, Herba medicea, das Pulver: Poudre à la reine, und nach dem damaligen Großprior aus dem Hause Lothringen, der den Tabak stark brauchte: Herbe du Grand prieur. Nach dem Kardinal Prosper Poblicola de la Cruce, der den Tabak nach seiner Zurückkunft aus Portugal, wo er päpstlicher Gesandter gewesen war, mit nach Rom brachte und in Italien bekannt machte, nannte man ihn Herbe de la sainte croix, sowie nach dem Bischof Nikolaus Tornabona, der den Tabak 1580 ebenfalls nach Italien brachte, Tornabona.

Die Pflanze wurde nun nach und nach bekannter und von mehreren Botanikern jener Zeit in Gärten angepflanzt, so daß man in den Jahren von 1560—80 in Portugal, Spanien, Frankreich, Deutschland, in der Schweiz und Italien Tabakspflanzen fand. Im Jahre 1565 lernte Geßner in Zürich den Tabak kennen; er hatte ihn von Adolph Occo, Stadtphysicus in Augsburg, der ihn in Deutschland zuerst anpflanzte, erhalten. In demselben Jahre war er auch in Bern angepflanzt worden. Aber immer noch galt er als Heilkraut.

Auch zu Klusius Zeiten rauchte man den Tabak noch nicht, sondern baute ihn wegen seiner Heilkräfte an. „Er wird," sagt dieser, „nicht sowohl als Zierpflanze, sondern wegen seiner ausgezeichneten Eigenschaften, absonderlich von einigen edeln, der Kräuterkunde beflissenen Matronen sorgfältig gezogen, welche aus seinen frischen, oder im Schatten getrockneten Blättern durch Destillation einen Saft gewinnen, woraus eine Salbe bereitet wird, mit der sie mit glücklichem Erfolg alte faulende, bösartige Geschwüre, den Brand, die Räude, Flechten, Krätze und Nebel der Augen heilen."

Ebenso günstig spricht sich 1656 Pancovius in seinem Kräuterbuche über die Heilkräfte des Tabaks aus: „Dieses Kraut macht Niesen und Schlaffen, reinigt den Gaumen und Haupt, vertreibt die Schmerzen und Müdigkeit, stillet das Zahnweh und Mutteraufsteigen, behütet den Menschen vor der Pest, verjaget die Läuse, heilet den Grind, Brand, alte Geschwüre, Schaden und Wunden."

Durch solche übertriebene und abenteuerliche Behauptungen über die Heilkräfte der narkotisch wirkenden Pflanze begünstigt, schlich sich nun auch in Europa die Sitte ein, die Blätter derselben in kleinen Töpfen oder Rollen zu verbrennen und den Rauch durch den Mund zu ziehen, oder auch sie gepulvert in die Nase zu stopfen, und ehe 150 Jahre vergingen, rauchte und schnupfte man in der alten Welt Tabak von Lissabon bis Peking und von Island bis zum Vorgebirge der guten Hoffnung.

Holländische und englische Matrosen scheinen die Sitte des Rauchens zuerst nach dem Norden von Europa gebracht zu haben. „Schiffsleute," sagt Lonicer 1570, „so aus Indien und Portugal kommen, pflegen die Blätter dieses Krauts gedörrt oder zusammengewickelt in ein Trichterlein oder Röhrlein, von Palmenblättern gemacht, zu stecken und zünden solches an einem Ende an, schöpfen, ziehen und saugen den Rauch oder Dampf mit dem Munde in den

Leib. Solches vertreibt ihnen den Hunger und Durst und giebt ihnen solche Kraft, daß sie ganz stark, kräftig und fröhlich darnach werden und auch davon entschlafen, als wenn sie von Wein trunken worden."

Nach England soll die Sitte des Rauchens durch die Flotte Drake's (1583 oder 86) aus Virginien gebracht worden sein; hier hatten die Briten zuerst unter den Wilden Tabakspfeifen von Thon gesehen. Der erste bedeutende Mann aber, der rauchte, war Walter Raleigh, der 1578 von Virginien Tabak mitbrachte, was ihm nachher bei einem Processe zum Verbrechen angerechnet wurde.

Zuerst nahmen blos Matrosen und Schiffssoldaten die Sitte an, allein bald riß sie auch unter den höheren Ständen ein. Unter Jakob I. fingen sogar die Hofleute das Rauchen an; ja man rauchte in Theatern und Kirchen. Der König selbst erklärte sich dagegen und erließ 1604 ein Verbot gegen das Rauchen bei einer Strafe von 6 Schilling für das Pfund, ließ auch Schnupfer und Raucher vom gemeinen Volk erbärmlich prügeln, Edle barfuß, mit geschorenem Bart, aus London verweisen. Später schrieb er sogar zwei Schriften gegen die Schädlichkeit des Rauchens; allein vergebens und schon 1585 gab es sogenannte Tabakshäuser, wie es Bier- und Weinschenken gab.

Auch in anderen Ländern, wo sich das Tabakrauchen mit reißender Schnelligkeit verbreitete, erhoben sich Verfolgungen gegen den Tabak. Geistliche und weltliche Obrigkeit eiferten bis zu Ende des 17. Jahrhunderts gegen das Tabakrauchen und Schnupfen, das merkwürdigerweise, gegen alle Regeln der Mode, nicht von der vornehmen Welt, sondern von Matrosen und Soldaten ausgegangen war. Sogar auf den Kanzeln predigte man dagegen. Skriver, ein eifriger Theolog des 17. Jahrhunderts, sagt in einer solchen Strafpredigt: „Man sehe und höre es doch an, wie es an Sonn- und Feiertagen in den Schänken und Krügen dahergeht; da füllet und überfüllet man sich mit diesem Getränke, und damit man immer mehr saufen könne, macht man den Hals zur Feuermauer und zündet dem Teufel ein Rauchwerk an."

Solche Predigten halfen eben so wenig, wie die Strafen der weltlichen Obrigkeit. Das Tabakrauchen verbreitete sich immer weiter. Einige junge Engländer, welche die Universität Leyden besuchten, lehrten und theilten die Sitte des Rauchens den Holländern als eine seltene Merkwürdigkeit mit.

Nach Deutschland soll der Gebrauch des Tabaks durch die

Heere Karls V. aus Spanien gekommen sein, sowie er sich auch von Holland aus über Belgien nach Deutschland verbreitete. Durch schwedische Soldaten, die aber den Tabak erst in Deutschland kennen lernten, kam das Rauchen 1630 nach Sachsen.

In der Türkei, wohin das Rauchen 1605 durch europäische Kaufleute gekommen war, verbot Amurat IV. noch in demselben Jahre das Tabakrauchen bei Todesstrafe, und um die Sitte lächerlich zu machen, ward 1610 ein Türke mit durch die Nase gestoßener Pfeife in den Straßen herumgeführt.

Ebenso streng wurde das Rauchen in Rußland verboten, vornehmlich wegen der dadurch verursachten Feuersbrünste. Selbst der Patriarch mischte sich in den Streit und behauptete, der Tabaksrauch besudle die Bilder der Heiligen. Im Jahre 1634 wurde die Strafe des Nasenabschneidens darauf gesetzt, im Jahre 1650 das Verbot erneuert, überhaupt war in Rußland unter allen europäischen Ländern das Rauchen am längsten verboten. Die Altgläubigen in Rußland haben jetzt noch einen Abscheu vor dem Tabak, sie nennen ihn ruchloses, Gott mißfälliges Gras und babylonisches Kraut.

In Schweden kam der Tabak unter der Königin Christine mehr in Gebrauch, denn als nicht lange vorher ein Schiff an der schwedischen Küste gestrandet war und die Bauern Tabaksrollen zu sehen bekamen, so glaubten sie, es wären Stricke, um das Vieh damit anzubinden; aber schon 1641 war das Rauchen allgemein in diesem Lande.

In Norwegen soll der Rauchtabak schon 1616 bekannt gewesen sein, man verkaufte die Elle für 3 Mark.

In Bern erließ man 1661 eine neue, nach Art der zehn Gebote eingetheilte Polizeiordnung, in welcher zu den strengsten Verboten gehörte: Du sollst nicht rauchen. Dieses Verbot wurde 1675 erneuert, und das niedergesetzte Tabaksgericht: Chambre du tabac hat sich bis in die Mitte des 18. Jahrhunderts erhalten. — Im Jahre 1670 wurde das Rauchen in Glarus mit einer Krone bestraft; in Appenzell fing man 1653 an zu rauchen. Anfänglich liefen die Kinder denen nach, welche auf den Straßen rauchten; da ließ der Rath die Tabaksraucher vorladen und bestrafen, auch den Gastwirthen befehlen, diejenigen anzuzeigen, welche bei ihnen rauchen würden. In anderen Theilen der Schweiz wurden ebenfalls Tabaksraucher und Gastwirthe, welche das Rauchen in ihren Häusern geduldet hatten, gerichtlich verfolgt; in einigen Kantonen kamen sie sogar an den Pranger.

In Siebenbürgen und Ungarn wurde im Jahre 1689 das Rauchen bei 300 Gulden Strafe verboten, im ersteren Lande das Tabakpflanzen sogar mit Einziehung der Güter bedroht.

Das Schnupfen soll bei den Spaniern zuerst aufgekommen und von ihnen auf die Italiener und Deutschen übergegangen sein. Die ersten Tabaksschnupfer in Spanien sollen um das Jahr 1620 existirt haben. In Portugal, wo gegenwärtig das ganze Volk, Mann und Weib, Jung und Alt, schnupft, war das Schnupfen im Jahre 1663 schon so beliebt, daß Alfons VI. nach der Schlacht bei Almexial jedem der englischen Soldaten, die so tapfer für ihn gefochten hatten, zwei Pfund Schnupftabak anbieten ließ. Die in vieler Hinsicht belebende Wirkung des Tabakpulvers auf den Geist machte das Schnupfen bald allgemeiner beliebt, und namentlich ging es von Spanien aus nach Frankreich über. Doch soll schon die Königin Katharina von Medicis ihrem Sohne, König Karl IX., der oft an heftigen Kopfschmerzen litt, das Tabakschnupfen als Heilmittel angerathen haben. — Die Tabaksdosen sind im 17. Jahrhundert aufgekommen. Auf einem Gemälde aus dieser Zeit sieht man einen Herrn, der in der rechten Hand eine Art Kugel hält, aus welcher er durch eine kleine Röhre auf den Rücken der linken Hand Tabak schüttet und ihn so in die Nase bringt. Als später der französische Hof den auswärtigen Großen goldene Tabatièren als Zeichen einer besonderen Gnade zu schenken anfing, verbreitete sich das Schnupfen auch über die anderen Länder, jedoch zuerst nur unter den höheren Ständen. Der im Jahre 1763 gestorbene sächsische Minister Brühl hatte mehrere Hundert Kleider und für jedes eine besondere Tabatière.

Im Jahre 1624 that Papst Innocenz VIII. Alle in den Bann, die in den Kirchen zu Sevilla schnupfen würden, weil schon damals spanische Geistliche Tabak in der Messe nahmen; die Pedelle wurden beauftragt, den Schnupfern die Dosen wegzunehmen, eine Maaßregel, die viel Gewinn abwarf, da diese meistens von Silber oder von Gold waren. Papst Innocenz XII. erneuerte 1690 diesen Bann für diejenigen, welche in der Peterskirche zu Rom schnupften, und erst 1724 wurde das Verbot durch Benedikt XIII. aufgehoben, weil dieser sich selbst an den Tabak gewöhnt hatte.

Anfangs waren es nur Männer, welche rauchten und schnupften; doch scheint das Wunderkraut schon frühe auch die Lüsternheit des weiblichen Geschlechts gereizt zu haben, davon zu naschen. Die Geschichte liefert dazu eine Menge Belege.

Gegen das Ende des 17. Jahrhunderts trat ein Wendepunkt für den Tabak ein. Als die verschiedenen Staatsmänner Europas auch die finanziellen Kräfte des Wunderkrauts kennen lernten, wurde der Tabak nicht nur geduldet, sondern sein Anbau sogar befohlen, und durch eine feierliche Akte, Monopol genannt, dem lange verfolgten Fremdlinge das Heimathsrecht ertheilt.

Durch die weitere Verbreitung des Kaffees gewann auch die des Tabaks, da Viele es als einen außerordentlichen Genuß erkannten, zu einer Tasse Kaffee zu rauchen.

Die jetzt so sehr verbreiteten Cigarren sind in Deutschland schon zu Anfang des 18. Jahrhunderts durch die französischen Heere bekannt geworden; verbreitet aber haben sie sich unter uns erst seit dem Durchzug der spanischen Truppen des Marquis Romano durch Deutschland im Jahre 1808. In neuester Zeit hat der Verbrauch der Cigarren die ruhigere Consumtion des Tabaks in den Pfeifen fast ganz verdrängt; zwar zum Nutzen der Kaufleute, nicht aber zum Vortheil der Raucher, da das Rauchen der Cigarren, obwohl bequemer, den Augen und dem Gaumen schädlicher ist, ganz abgesehen von dem gesteigerten Kostenpreis, als das ruhige Verdampfen des Tabaks in den Pfeifen.

Sobald also die Regierungen einsahen, daß der Tabak ein unentbehrliches Lebensbedürfniß geworden sei, so dachten sie darauf, wenigstens das Geld dafür im Lande zu behalten, und begünstigten schon aus diesem Grunde den inländischen Anbau der Tabakspflanze. Denn obwohl der Tabak im Allgemeinen der wärmeren Zone angehört, so eignen sich doch einige Arten davon für einen ausgedehnteren Verbreitungsbezirk, und haben eine so große Zähigkeit gegen die Einwirkungen des Klimas, daß man sie unter dem Aequator und in der gemäßigten Zone, selbst bis über den 55° N. Br. hinaus ziehen kann, wo die mittlere Sonnenwärme nur 15,8 Grad beträgt.

In Holland wurde schon 1615 bei Ammersfort der erste Tabak gepflanzt; im Jahre 1620 brachte Robert Königsmann die erste Tabakspflanze aus England nach Straßburg; doch verbot hundert Jahre später der Magistrat dieser Stadt aus landwirthschaftlichen Gründen den Anbau desselben auf seiner Markung.

In Schweden muß der Tabaksbau um's Jahr 1690 angefangen haben, da die Regierung 1687 die Einfuhr fremden Tabaks verbot, 1696 aber gegen halben Zoll erlaubte.

Im Jahre 1676 versuchten ein Paar Juden den Tabaksbau in der Mark Brandenburg, der jedoch erst 1681 und 1687 zu Stande kam.

In Baiern wurde der Tabaksbau durch Hans Johann Schwingshärlein 1630, und in Thüringen durch Wilhelm Heumann bei Wasungen eingeführt.

In Hessen und in der Pfalz fing man 1697, in Würtemberg während des 30jährigen Krieges, im Kanton Basel 1786 an, Tabak zu bauen.

Im Jahre 1626 wurde der Tabak schon verfälscht. Man brachte es darin bald so weit, daß ein der Verfälschung des Tabaks Angeklagter losgesprochen wurde, weil er bewies, daß zu dem Tabak, den er verkaufte, kein Blatt Tabak kam. Nach und nach behielten die Regierungen den Tabakshandel sich vor, kauften fremden Tabak, ließen den im Lande erzeugten an die Regien abliefern, und duldeten keinen andern, als den ihrigen, wobei sie ungeheure Summen gewannen.

So erhielt 1740 Frankreich von der Tabaksregie 2 Millionen Reichsthaler, 1753 Portugal aus der Verpachtung des Tabakshandels 2½ Million Thaler, Spaniens Einnahme vom Tabak betrug 7,330,930 Thaler, 1769 erhielt Dänemark von seinem Tabaksregal 40,000 Thaler, 1770 Oesterreich von Tabaksgefällen 806,000 Thaler, 1773 Neapel und Sicilien aus seinem Tabaksregal 446,000 Thaler.

Auch in den Kolonien verschiedener europäischer Völker wurde der Tabak bald in größerem Umfange angebaut. Im Jahre 1616, ja schon 1581, fingen die Kolonisten in Virginien an, ihn zu pflanzen. In Neuspanien durfte zur Zeit der spanischen Herrschaft zum Nutzen des Monopolsystems nicht überall Tabak gebaut werden. Nur in einigen Distrikten der Intendantschaft Veracruz war es erlaubt, und diese gaben 2 Millionen Pfund. Dagegen verkaufte die Regierung in Neuspanien für 38 Millionen Livres bei einer Bevölkerung von 2½ Millionen und gewann dabei 20 Millionen.

Bekanntlich erzeugt Kuba den besten Tabak und seine Havannacigarren sind weltberühmt. Jährlich wurden 400,000 Ballen Tabak à 120—140 Pfund erzeugt. Jetzt werden bereits 200 Millionen Cigarren zu einem Werth von 3 Millionen Piaster ausgeführt.

Außerdem wird in Amerika Tabak gebaut: a) in Westindien: auf Portorico, 3½ Mill. Pfund, Hayti, b) in Süd-Amerika: in Caraccas, namentlich in der Provinz Varinas, c) in Mittel- und Nord-Amerika: Mexico, Virginien, Kentuky, Karolina, Maryland. Im Jahre 1834—35 führten die Tabaksdistricte von Nord-Amerika 59 Millionen Pfund für 8⅕ Millionen Dollars aus.

Im Anfang des 17. Jahrhunderts fing der Tabaksbau auch in

Ostindien an. — Die Chinesen haben wahrscheinlich den ersten Tabak aus Indien erhalten, wohin die Portugiesen 1599 den Saamen der Pflanze gebracht hatten. Auch die Perser scheinen durch die Portugiesen mit dem Tabak bekannt geworden zu sein, wenigstens erhielt Persien noch 1628, zwei Jahre nach der Vertreibung der Portugiesen vom persischen Meerbusen, seinen Tabak aus Indien. Die Japanesen, bei welchen gegenwärtig sogar das weibliche Geschlecht raucht, sollen den Gebrauch durch die Jesuiten kennen gelernt haben.

Australien baut jetzt ebenfalls Tabak, wo man ihm, da er ganz gut gedeiht, immer größeres Terrain einräumt. — Afrika hat ihn gleichfalls erhalten. So ist er nach Congo und in verschiedene Gegenden der Westküste Afrika's eingeführt; in Nordafrika wird er seit 1831 gepflanzt, wo er ganz vorzüglich gedeiht, und daher erntete man hier 1847 bereits 150,000 Centner.

Der Gebrauch und der Anbau des Tabaks hat nunmehr die ganze Erde durchwandert, denn in Europa herrscht das Rauchen und Schnupfen unter Reichen und Armen, aber in den Vereinigten Staaten Amerika's wird es oft bis zum Uebermaaß getrieben. Nicht ungewöhnlich ist es dort, Knaben den ganzen Tag mit einer Pfeife oder einer Cigarre im Munde zu sehen, und es gehört eben nicht zu den Seltenheiten, den Tod eines Kindes in der Zeitung mit dem Zusatz angezeigt zu sehen: „wahrscheinlich in Folge des übermäßigen Schmauchens."

Der Tabak wird, außer in Amerika und Europa, in Ostindien und in China angebaut. Von den Spaniern wird auf den Philippinen vieler und in ganz Indien geschätzter Tabak gewonnen, der für die spanische Verwaltung um so mehr Gewinn abwirft, da seine Kultur monopolisirt ist, so daß sogar zahlreiche Beamte überall herum reisen, um den unerlaubten Anbau dieses Krautes zu verhindern.

In Europa wird Tabak in großer Menge aber von verschiedener Güte gebaut. Holland und Belgien bauen viel Tabak; England betreibt den Tabaksbau, zu Gunsten seiner Kolonien, nicht stark; bedeutender ist er in Schottland; Dänemarks und Schwedens Tabaksbau deckt nicht den ganzen Verbrauch dieser Länder. In Rußland ist der Tabaksbau erst seit 1762 in Aufnahme gekommen; die Türkei und Ungarn bauen vielen und zugleich vorzüglichen Tabak. Italien erzeugt ihn in mehreren Theilen, weniger die Schweiz. Frankreich baut ihn in acht Departements; Spanien baut zwar wenig, verarbeitet aber sehr viel amerikanischen Tabak.

Deutschland baut in Europa den meisten, aber freilich darunter sehr geringe Waare; die bessern Sorten sind der Pfälzer, der Hanauer und Nürnberger; minder gut wird der Tabak in Sachsen, Thüringen, Hannover, Westphalen rc.

Das unscheinbare Kraut, das den Menschen so viel Genuß gewährt, ist durch den Anbau, die Fabrikation und den Handel für Millionen eine höchst ergiebige Quelle des Erwerbes, für Tausende eine Quelle des Reichthums geworden.

Im Jahre 1821 schätzte man die Einfuhr des amerikanischen Tabaks in Europa auf 64⅗ Millionen Pfund; man darf sie aber wohl durchschnittlich auf 80 Millionen Pfund anschlagen. Im Jahre 1835 wurden nur über Bremen, Deutschlands Haupteinfuhrort für amerikanischen Tabak und Hauptfabrikort der Cigarren, 29,670,000 Pfund Tabak eingeführt, und 1845 führten die deutschen Zollvereinsstaaten rohen Tabak 323,039 Centner, Rauchtabak 15,848 Centner, Cigarren 23,762 Centner ein.

Die Kartoffel gehört zu den Nachtschattenarten, von denen bei uns noch wild wachsen: der schwarze Nachtschatten (Solanum nigrum L.), der zottige Nachtschatten (S. villosum Lmk.), der mennigrothe Nachtschatten (S. miniatum Bernh.), der niedrige Nachtschatten (S. humile Bernh.) und der Bittersüß-Nachtschatten (S. Dulcamara L.). Andere hier vorkommende Verwandte sind außer dem Tabak noch der gemeine Teufelszwirn (Lycium barbarum L.), die gemeine Judenkirsche (Physalis Alkekengi L.), die judenkirschenartige Giftbeere (Nicandra physaloides Gaertn.), die gemeine Tollkirsche (Atropa Belladonna L.), das schwarze Bilsenkraut (Hyoscyamus niger L.), und der Stechapfel (Datura Stramonium L.). Viele von ihnen enthalten die stärksten Gifte und haben schon manche Unglücksfälle herbeigeführt; sind aber wieder in der Hand des Arztes die wirksamste und heilsamste Arznei. Sie gehören zu der Familie der **Nachtschattengewächse** oder **Solaneen.**

Die Runkelrübe.

Die gemeine Runkelrübe (Beta vulgaris L.) ist eine theils einjährige, theils zweijährige Pflanze, die eine einfache, aber sehr starke und fleischige Wurzel hat. Ihre Blätter sind gestielt, die unteren sind eiförmig, stumpf und sogar etwas herzförmig, die oberen rauten-eiförmig. Der Stengel wird 2—4 Fuß hoch, ist aufrecht und wie die ganze Pflanze glatt, aber mit starken Längsfurchen versehen. Von den Blüthen stehen immer mehrere zusammengedrängt, so daß diese, als drei- und mehrblüthige Blüthenknäuel, unterbrochene Aehren bilden. Die Blüthe ist unvollständig. Sie hat nur eine kleine, fünfspaltige, fleischig werdende Blüthenhülle, welche am Grunde mit der Röhre den Fruchtknoten einschließt, auf welchem die 5 Staubfäden stehen. Griffel sind zwei vorhanden, welche eine eiförmige Narbe tragen. Die Frucht ist an der Blüthenhülle angewachsen und enthält einen wagerecht liegenden Saamen. Die Blüthezeit beginnt im Juli und dauert bis in den September.

Die ursprüngliche Art ist der noch jetzt am Meeresstrande des mittelländischen (Griechenland) und zum Theil auch des atlantischen Oceans (canarische Inseln) wild wachsende gemeine Mangold (Beta foliosa Ehrenb.). Die Wurzel desselben ist kaum dicker als der dünne Stengel.

Jetzt wird diese Pflanze sehr häufig im Großen angebaut, und es bildeten sich von ihr durch die Kultur hauptsächlich zwei Unterarten, der Garten-Mangold (Beta vulgaris Cicla L.) und der Rüben-Mangold (Beta vulgaris rapacea Koch.) mit mehreren Varietäten.

Die erstere hat eine fast schwarze Haut, dunkelbraune Blätter, schön-rothes Fleisch und meist eine schmale, lange Wurzel; man nennt sie insbesondere rothe Rübe oder Salatrübe und verzehrt sie, gesotten und in Scheibchen geschnitten, als Salat. Es giebt davon auch welche mit prächtig-rothen oder gelben Blattrippen, die sich sogar in Blumentöpfen sehr schön ausnehmen.

Weit wichtiger sind aber die großen Runkelrüben mit dicker und fleischiger Wurzel, welche man für's Vieh oder für die Zuckerbereitung baut. Dem Vieh giebt man sie in der Regel roh; sie sind ihm sehr gesund, nahrhaft und vermehren sehr bedeutend den Milchertrag der Kühe. Auch die Blätter, welche man, bevor die Rüben ausgegraben werden, theilweise abblattet, werden täglich gefüttert, und besonders den Schweinen gereicht.

Vom Menschen werden die Wurzeln dieser Sorte nicht als Gemüse gegessen, aber man kocht daraus in vielen Hauswirthschaften einen Syrup, oder röstet sie als Zusatz zum Kaffee. Aeußerst wichtig ist der Umstand, daß sie guten Zucker in reichlicher Menge liefern. Zur Zuckerbereitung werden die Rüben verkleinert, ausgepreßt, der Saft mit gelöschtem Kalke gekocht, abgeschäumt, durch Knochenkohle geführt, abgedampft und in Fässer gethan. So hat man den Rohzucker erhalten, welcher in den Raffinerien noch vollständig zugerichtet und gereinigt wird. Man kann auch den Saft aus getrockneten Rübenstückchen, die man in Wasser weicht, gewinnen.

Am eifrigsten hat man die Bereitung des Zuckers aus Runkelrüben in Frankreich angegriffen, welches im Jahre 1838 schon über 1 Millionen Centner nach unserem Gewicht Rübenzucker erzeugte und 1841 bereits 386 Runkelrübenzucker-Fabriken besessen hat. Man hat dort aber in späteren Jahren, um die französischen Kolonien aufrecht zu erhalten, diese Fabriken so gedrückt, daß schon viele davon eingegangen sind. Jetzt kommen sie wieder mehr in Aufnahme. Eine Uebersicht der Erzeugung und des Verbrauchs vom Runkelrübenzucker in dem Betriebsjahre 1857 bis Ende Januar 1858 giebt folgende Notizen: Die Anzahl der in Frankreich in Betrieb befindlichen Runkelrüben-Fabriken beträgt 340; in derselben Zeitfrist des vorhergehenden Jahres betrug die Anzahl nur 282. Die Gesammtheit der fabricirten Waare betrug 114,169,001 Kilogramm, im Jahre 1856 nur 74,025,581 Kilogramm. In Deutschland sind ebenfalls viele Rübenzucker-Fabriken errichtet worden, und die Bewohner desselben werden wohlhabender werden, jemehr inländischer Zucker gewonnen wird, und je weniger Geld für dieses Produkt in's Ausland geschickt zu werden braucht.

Für Zuckerfabriken darf man übrigens nicht jede beliebige Runkelrübensorte bauen, sondern diejenige, welche man Zucker-Runkelrübe nennt, und die sich durch ihren großen Zuckergehalt auszeichnet. Ebenso dürfen sie nicht auf nassem, oder salpeterhaltigem, oder frischgedüngtem Lande, am wenigsten auf solchem, wo Schafe gepfercht sind, gebaut werden; am besten gedeihen sie nach Rübsen, Wintergetreide, Klee und auf guter Brache.

Ferner müssen die Zucker-Runkelrüben beim Behacken immer so behäufelt werden, daß die ganze Wurzel mit Erde bedeckt ist, und nicht, wie bei den meisten Arten, der obere Theil herausragt.

Das Abblatten darf man eigentlich erst etwa 14 Tage vor der Ernte, und zwar mit den ausgewachsenen Blättern beginnen, wenn man auf große Rüben rechnet, weil beim früheren Abblatten zu viel Wachsthum für die sich neu erzeugenden Blätter nöthig wird, und dieses die Wurzel in ihrem Wuchs sehr beeinträchtigt. Trocknen kann man die Blätter, welche in einzelnen Gegenden noch als Gemüse benutzt werden, nicht, gewiß aber könnte man sie wie Sauerkraut einmachen.

Am besten gedeihen die Runkelrüben auf einem lockeren, recht fetten Boden, mag er feucht oder trocken sein, sie kommen jedoch auch fast auf jeder Bodenart fort. Sehr wichtig ist für ihren Anbau auch noch der Umstand, daß sie von Erdflöhen, Schnecken und Raupen meist gar nicht Schaden leiden, und daß sie selbst in sehr trockenen Sommern gerathen und nur selten fehlschlagen.

Im April säet man den Saamen in 18—20 Zoll von einander entfernten Reihen, etwa nur ¼ Zoll tief und drückt den Boden fest. Später nimmt man die meisten Pflänzchen heraus und läßt nur so viel stehen, daß jede einzelne etwa 20 Zoll Raum um sich hat. Die herausgenommenen Pflänzchen werden wieder in anderen Boden gepflanzt, und oft benutzt man dazu solchen, der schon eine Ernte gebracht hat. Die Wurzeln dieser gepflanzten Rüben erreichen bis zum Winter immerhin noch eine bedeutende Stärke.

Im Sommer wird das Erdreich durch Jäten und Hacken rein und locker erhalten. Im Herbst wird die Ernte vor eintretendem Frost vorgenommen, und dabei müssen die Wurzeln möglichst vor Beschädigungen geschützt werden. Die Blätter schneidet man ab und bewahrt die Wurzeln bis zum Verbrauch in Kellern oder Erdgruben, wo sie sich zuweilen bis zum nächsten Herbste halten. Um Saamen zu ziehen, setzt man im Frühjahr, wenn keine Fröste mehr zu erwarten sind, die besten von diesen Wurzeln an sonnigen Orten aus, bindet die Stengel an Stäbe und schneidet sie ab, wenn die Saamen bräunlich und hart werden. Man darf aber nicht mehrere Sorten nebeneinander pflanzen, denn dadurch arten sie leicht aus.

Schon die Griechen bauten den Mangold oder die Runkelrübe, wie jetzt die Perser und Inder als Gemüse. Aristophanes wirft dem Euripides vor, daß seine Mutter eine Gemüsehändlerin war und mit Mangold gehandelt habe. — Die Römer kannten zwei Arten. — Karl der Große empfahl auf seinen Gütern den Anbau desselben und von da hat er sich allgemein in Europa verbreitet und ist bis Nord-Amerika gedrungen. Es ist dadurch erklärlich, daß sich die Zahl der Abarten um ein Bedeutendes vermehren konnte, um so mehr, als dieser Pflanze eine große Neigung zur Abänderung, selbst zur bleibenden und daher erblichen, zukommt. — In England wird er seit 1570 angebaut.

Die Runkelrübe gehört zu der Familie der **Gänsefußgewächse** oder **Chenopodeen**. Davon kommen in Deutschland wild wachsend vor: die Meerstrands-Runkelrübe (Beta maritima L.) am Ufer der Nordsee, das gemeine Salzkraut (Salsola Kali L.), das krautartige Glasschmalz (Salicornia herbacea L.), das Acker-Knorpelkraut (Polycnemum arvense L.), der unechte Gänsefuß (Chenopodium hybridum L.), der steife Gänsefuß (Ch. urbicum L.), der Mauer-Gänsefuß (Ch. murale L.), der gemeine Gänsefuß (Ch. album L.), der meergrüne Gänsefuß (Ch. glaucum L.), der vielsaamige Gänsefuß (Ch. polyspermum L.), der stinkende Gänsefuß (Ch. Vulvaria L.), der ährentragende Erdbeerspinat (Blitum capitatum L.), der ruthenförmige Erdbeerspinat (Bl. virgatum L.), der gute Heinrich (Bl. Bonus Henricus C. A. Mey.), der rothe Erdbeerspinat (Bl. rubrum Rchb.), der häufig zum Küchengebrauche angebaute gemeine Spinat (Spinacia oleracea L.), die gebaute und verwilderte Garten-Melde (Atriplex hortense L.), die glänzende Melde (A. nitens Rebent.), die Ufer-Melde (A. littorale L.), die ausgebreitete Melde (A. patulum L.), die spießblättrige Melde (A. hastatum L.) und die Stern-Melde (A. roseum L.).

Druckfehler.

Seite 5, Zeile 13 von oben statt: Dyhammel lies: Duhammel.
„ 16, „ 1 „ unten statt: Amerikanische lies: Amerinische.
„ 22, „ 9 „ unten statt: eben lies: aber.
„ 27, „ 15 „ oben statt: fest lies: fast.
„ 28, „ 13 „ unten statt: hervorgewachsen lies: herangewachsen.
„ 34, „ 5 „ unten statt: Bülthen lies: Blüthen.
„ 47, „ 8 „ oben statt: Wassernebel lies: Wassernabel.
„ 60, „ 6 „ oben statt: Spitze lies: Spelze.
„ 104, „ 14 „ unten statt: Pflotterbse lies: Platterbse.
„ 129, „ 1 „ unten statt: him lies: ihm.
„ 143, „ 4 „ oben statt: Aepypten lies: Aegypten.
„ 189, „ 8 „ unten statt: die Stengelbüschel lies: den Stempelbüschel.
„ 151, „ 14 „ unten statt: abfallen den lies: abfallenden.
„ 173, „ 7 „ unten statt: pratensisa lies: pratensis.

Inhalts=Verzeichniß.

Druck von W. Vormetter, Berlin.

FSC
www.fsc.org
MIX
Papier | Fördert
gute Waldnutzung
FSC® C083411

Zeitfracht Medien GmbH
Ferdinand-Jühlke-Straße 7
99095 Erfurt, Deutschland
produktsicherheit@kolibri360.de